普通高等教育精品规划教材

高等学校信息管理学专业系列教材

第三版

信息资源数据库

周　宁　吴佳鑫　编著

U0132057

WUHAN UNIVERSITY PRESS
武汉大学出版社

图书在版编目(CIP)数据

信息资源数据库/周宁,吴佳鑫编著.—武汉:武汉大学出版社,2010.9
普通高等教育精品规划教材
高等学校信息管理学专业系列教材
 ISBN 978-7-307-07983-0

Ⅰ.信…　Ⅱ.①周…　②吴…　Ⅲ.①信息系统—高等学校—教材
②数据库系统—高等学校—教材　Ⅳ.①G202　②TP311.13

中国版本图书馆 CIP 数据核字(2010)第 131151 号

责任编辑:林　莉　　责任校对:王　建　　版式设计:詹锦玲

出版发行:**武汉大学出版社**　(430072　武昌　珞珈山)
(电子邮件:cbs22@whu.edu.cn　网址:www.wdp.com.cn)
印刷:湖北民政印刷厂
开本:720×1000　1/16　　印张:26　字数:463 千字　插页:1
版次:2000 年 10 月第 1 版　　2006 年 9 月第 2 版
　　2010 年 9 月第 3 版第 1 次印刷
ISBN 978-7-307-07983-0/G·1705　　定价:30.00 元

目 录

1

第 1 版前言

在当今知识经济时代,信息是物质、能源之后的"第三级资源"。人们每天都在生产信息、消费信息。信息资源的开发与利用水平已成为衡量一个国家发展状况和综合国力的重要尺度。信息是国家的战略资源和人类的宝贵财富。在因特网快速发展的今天,建立信息系统、发展信息产业已成为各国追求的目标。而信息系统的基础是数据库。

数据库技术诞生于 20 世纪 60 年代末,如今已过"而立"之年。它已从幼年走向了成熟期。数据库系统已经历了第一代(层次式数据库系统和网状数据库系统)、第二代(关系数据库系统),现正在开发和应用第三代数据库系统。数据库理论和方法不断出现新突破。面向对象的数据库系统、多媒体数据库系统、分布式数据库系统、数据仓库、Web 数据库、知识库与智能数据库系统、工程数据库、并行数据库、主动数据库、模糊数据库等新亮点不断涌现,使数据库大家族更加兴旺。

《信息资源数据库》是为信息管理专业编写的新教材。全书共分三个部分:

第一部分为数据库系统原理,分五章(第一章至第五章)讲述。第一章为数据库系统引论,从信息资源管理的需要引入了信息模型,数据模型和数据库技术,对数据库系统、数据库管理系统作了全面而简要的介绍。第二章讨论了关系数据库系统,从数学理论的高度定义了关系与关系模型、关系代数与关系演算;并对国内外流行的关系数据库管理系统进行了介绍。第三章论述了关系数据库的标准语言 SQL,从理论与实践上进行了深入讨论。第四章介绍了关系模型设计理论,对于函数相关性和关系的规范化形式的不同级别进行了讨论。第五章论述数据库设计专题,从数据库设计条件、设计过程和完整性措施进行了讨论。数据字典是设计和管理数据库的工具,也在本章进行专门介绍。根据有关的国际标准,对设计的信息资源数据库进行了分类,它是转入第二部分内容的自然过渡与衔接。

第二部分为信息资源数据库,分四章(第六章至第九章)论述。第六章为文献资源数据库,对文献型的源数据库(全文数据库)和咨询数据库(二次文献库)分别进行讨论,并对文献信息的数字化、标准化、网络化管理专题进行了具体探讨。本章还讨论了文献数据库的设计、建立与维护的理论和实践问题。第七章讨论了数值数据库与事实数据库。结合我国的应用实际,对科技成果数据库、物价数据库、科学数据库的利用进行了具体讨论。第八章为多媒体数据库,从理论方法、设计、建立与应用进行了讨论。第九章为 Web 数据库,它是因特网快速发展的产物。Web 数据库讨论了其特点、基本结构和实现技术,并对虚拟数据库进行了探讨。第二部分的四章论述了因特网环境下信息资源数据库的研究内容和最新成果,突出了专业特色。

第三部分为数据压缩及数据库技术的新进展。数据压缩是与数据库技术紧密相关的研究课题,在"信息爆炸"的今天研究它尤为重要。第八章具体讨论了数据压缩的理论与方法,对于传统数据库和多媒体数据库的数据压缩技术进行了探讨。第十一章讨论了数据库技术的新进展,就目前研究的主要领域分专题进行了具体论述。

由于 IMS 系统和 DBTG 系统是第一代数据库系统的代表,它的内容不可缺少。但考虑到这两个系统已先后逐步退出市场,加之课时有限,因而我们参考国外一些大学现行教材的处理方法,将其在附录中安排,作为教学参考或阅读材料。

第一部分为数据库原理教学大纲规定的内容,第二部分为专业建设需要的内容,这两部分为必选教学内容。第三部分,多数是"超纲"的新课题,为任选内容。根据教学需要,教师可自由取舍。

本书的编写出版得到了武汉大学各级领导的关心和支持,武汉大学出版社的同志为此付出了辛勤的劳动。多年来,得到了中国科学技术信息研究所、中国科学院科学数据库等单位大力支持和许多同行专家的关心、支持和帮助。撰稿过程中,参阅了大量文献和技术成果,在此一并致以衷心的感谢。由于作者水平有限,书中缺点和不足之处难免,敬请读者提出宝贵意见。

作　者

2000 年 7 月于珞珈山

第 2 版前言

科技进步日新月异,数据库领域内的新理论、新技术层出不穷。信息资源数据库第 1 版的出版转眼已过去 5 年;所以,第 2 版比第 1 版的内容有较大的更新。

数据模型是数据库的核心。第 2 版增写了第 2 章数据模型。在系统描述第一代数据库系统的数据模型(用层次模型图和网状模型图描述)、第二代数据库系统的数据模型(关系模型即用二维表的集合进行描述)和第三代数据库系统的数据模型(用对象类层次结构描述)的基础上,根据实际需要引入了实体联系(E-R)模型、鸭掌模型、对象关系(即扩展的 RDM)模型等。数据库的模型方法是第 2 版的重要内容。

数据库管理系统(DBMS)是数据库系统(DBS)的大管家。一些流行的关系数据库管理系统(RDBMS)也独立成章(第 12 章)。在分别讨论了 Access、VFP、DB2、Informix、INGRES、Oracle、Sybase、SQL Server 之后,针对国内数据库系统的应用实际,对 Oracle 和 SQL Server 的应用作了说明,结合实例对系统安装与利用进行具体讨论。

在关系数据库系统中,补充了关系变量、超码、关联度与势等内容。在文献数据库中,对近几年发展较快的 MARC21(ISO 2709/XML)进行了重点论述,结合应用实际作了实例说明。第 2 版重写了大部分章节。例如,随着科研与应用的深入,价格数据库、中国科学院系统的数据库工程发展很快,我们重写了数值数据库、科学数据库等。

总之,第 2 版对第 1 版进行了增写、重写、改写与调整工作,使《信息资源数据库》(第 2 版)以全新的面貌奉献给读者。

第 2 版的内容可分为三大部分。

第一部分为数据库系统原理。具体论述了数据库的基础知识、基本理论

1

(第 1 章数据库与数据库系统、第 2 章数据模型、第 3 章关系数据库系统、第 5 章关系模型设计理论)和基本技能(第 4 章 SQL、第 6 章数据库设计)。

第二部分(第 7~9 章)为信息资源数据库。具体讨论数据库在信息资源管理中的应用。第 7 章论述常规数据库(文献数据库、事实数据库、数值数据库与综合数据库)。第 8 章讨论多媒体数据库的关键技术与广泛应用。第 9 章讨论 Web 数据库。信息资源是国家的战略资源与宝贵财富。开发与利用信息资源数据库是我们面临的重要任务。

第三部分(第 10~12 章)论述了数据库的新技术与新进展。第 10 章是数据压缩。它是因特网环境下数据库应用的基础技术。无论是常规数据库还是多媒体数据库,一是要快速传送,二是要紧缩存储。这就必须研究数据压缩。若没有数据压缩的丰硕成果,多媒体数据库可能至今还不能达到实用化水平。DBS 的大管家是 DBMS。第 12 章专门讨论了一些流行的 RDBMS。它们是第 11 章数据库新成果的支撑。无论是分布式数据库、并行数据库、主动数据库和工程数据库,还是数据仓库与数据挖掘、知识库与智能数据库系统、模糊数据库都需要大型 RDBMS 高版本的支持。根据目前国内数据库市场的分析,我们还对 SQL Server 和 Oracle 系统的具体应用进行了探讨。

在第 2 版书稿的撰写过程中,刘玮、张芳芳、吴佳鑫、张少龙分别参加了第 5、7、9、12 章初稿的撰写与插图绘制工作。

第 2 版的出版得到了国内同行许多专家的帮助,武汉大学各级领导给予了关心和支持,武汉大学出版社的同志付出了辛勤劳动,在此一并表示衷心感谢。由于作者水平有限,错漏之处难免,欢迎读者批评指正。

作 者

2006 年 6 月

第3版前言

光阴似箭,数据库技术从诞生、快速发展已到了"不惑之年"。由于信息资源管理的计算机化、数字化、网络化逐步普及,使其现代化、自动化水平提高到一个新阶段。数据库技术已成为信息资源管理的最佳技术。

本书第2版出版后,在数据库领域又出现了许多新理论、新技术、新成果。为此,第3版对第2版中的大部分章节作了改写、增写、重写和调整。特别是补充了一批实践方面的新知识和实例,使之更适合培养全面发展的人才。

第3版保留了第2版的体系结构,全书分三大部分共12章。

第一部分(第1~6章)为数据库系统应用基础。它系统论述了数据库系统的基本理论、基础知识和基本方法,以及数据库设计理论与方法等。

第二部分(第7~9章)具体讨论了信息资源数据库的分类方法,分别讲述了文献数据库、事实数据库、数值数据库和多媒体数据库的建立、标准化、维护和应用的理论与实践问题。对当前流行的 Web 数据库的系统结构、Web 服务器与数据库服务器的连接技术进行了系统论述,力求理论与实际应用紧密结合。

第三部分(第10~12章)对数据库相关技术(数据压缩)和数据库系统新进展进行专题讨论,为了扩展知识面和提高学员的应用水平,对国内流行的 8 种 RDBMS 进行了专题介绍。

综上所述,第3版在第2版注重数据库理论与应用技术并重的基础上,加大了实际应用技术的比重。它有利于学员拓宽知识面,具有更强的实际工作能力。

参加本书第3版撰稿的有吴佳鑫、刘玮、张少龙、张芳芳,全书由周宁、吴佳鑫统稿。

1

　　本书的出版得到国内许多专家的支持和帮助,武汉大学出版社的同志为此付出了辛勤的劳动,在此一并致以谢忱。由于作者水平所限,书中错漏之处难免,恳请读者不吝指正。

作　者

2010 年 4 月 11 日

1 数据库与数据库系统

当今世界,科学技术飞速发展,人类由工业社会向信息社会迈进。信息已成为继物质、能源之后的"第三级资源",它是国家的战略资源和人类的宝贵财富。各国竞相开发信息技术、发展信息产业、鼓励信息生产、促进信息消费。信息生产与消费水平已成为衡量一个国家发展状况和综合国力的重要尺度。

随着社会信息化、信息社会化程度的提高,管理和利用海量信息是我们面临的紧迫任务。人们在实践中认识到数据库技术是信息资源管理的最佳技术。

1.1 数据与信息资源

计算机每日都在处理着大量数据,人们时刻都在共享信息资源。在日常生活中,数据和信息是密不可分的。

1.1.1 数据资源

数据是未经加工处理的事实,即原始的、"生"的事实。在日常生活中,我们会接触到大量的数据。

例如,东方商城每天要接待 10 万名顾客,每天大约要开 68 000 张发票。而这 68 000 张发票的汇总、分析、统计可以向我们提供大量的信息,如:顾客信息、商品流通信息、营业额、热销商品信息、商城的业绩等。我们可以用各种报表、直方图、折线图或圆饼图准确而又形象地表示出来。

在日常生活中,我们每天可以从网上和电视上看到股市行情。如,一个股票交易日从早上开盘起,各只股票随着时间的推移,股票行情千变万化。我们看到的这些仅仅是一些数据,它是未经加工的事实。但只要我们调出某股票的 K 线图(见图 1.1),就会立即获得这只股票的具体信息。通过价格波动曲线显示,我们不仅可以清楚地看到该只股票的价格变化信息,而且通过 K 线图分析可以预测其走势。及时获取准确信息是决定投资策略的依据,正确的决策是在全球市场中求生存、谋发展的关键。

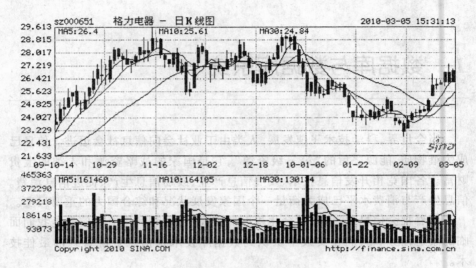

图 1.1 格力电器 K 线图

从以上实例可知:信息块是由数据组成的;只有处理过的数据才能产生信息;只有准确的数据才能加工、生产出正确的信息;信息像物资、能源一样是国家的战略资源;一个国家信息生产的规模和信息消费水平是衡量一个国家综合国力和发展水平的重要尺度。

1.1.2 数据、信息与知识的关系

数据(data)是事实、概念或指令的一种形式化的表示形式,适合于用人工或自然方式进行通信、解释或处理。它是离散的、互不关联的客观事实,孤立的文字、数值和符号,缺乏关联和目的性。

信息(information)是数据所表达的客观事实。人们对数据进行系统组织、整理和分析,使其具有相关性。数据是信息的载体,信息是数据的内容。信息和数据在有些情况下不严格区分。

数据、信息和知识的关联性十分密切(如图 1.2 所示)。知识(knowledge)是由信息加工和提炼而成的结晶。信息是加工知识的原材料,它是现代社会

的宝贵资源。在知识经济时代的今天,知识尤为重要。知识是人们对客观规律性的认识。

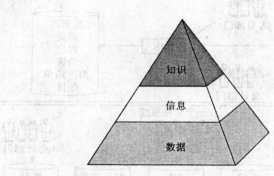

图 1.2 数据、信息与知识的关系

1.2 数据库的诞生与发展

从 1946 年 ENIAC(Electronic Numerical Integrator and Calculator)问世,计算机的应用日益广泛。先以科学计算为主,后来是数据处理唱主角。在数据处理阶段,人们先用文件系统管理信息。由于文件系统的先天不足,实践迫切要求人们采用一种优于文件系统的新技术,数据库就应运而生了。

数据库(data base)是关于某企(事)业单位业务管理的、集成的有穷数据集合。数据库里不仅存储数据,而且还存储数据之间的联系。

首先,一个单位的信息管理往往用多个实体描述,数字化之后对应着多个记录类型。数据库是结构化的,它定义了这些记录类型的数据结构并进行集成。

其次,描述数据和数据之间的联系,这就是元数据(metadata)。因而,数据库里不仅存储用户数据,而且还存储描述这些数据的元数据。

最后,需要说明的是数据库与文件系统之间的关系:数据库是由文件系统发展而来的,但它与文件系统有着本质的差别(如图 1.3 所示)。计算机用于数据管理经历了三个发展阶段。

1.2.1 初级管理阶段(20 世纪 50 年代中期以前)

数据处理初级管理阶段的管理水平不高,主要是受计算机硬件和软件的限制。当时没有直接存取存储设备,也没有管理信息资源的系统软件,因而数据处理停留在批处理阶段。这个阶段的数据管理特点(如图 1.4 所示)为:

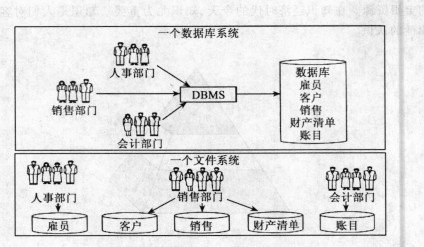

图 1.3　数据库和文件系统的比较

（1）数据不长期保留在外存。

（2）由于系统没有管理数据的软件，所以在使用时由用户自己管理数据。数据与程序之间的独立性比较差。

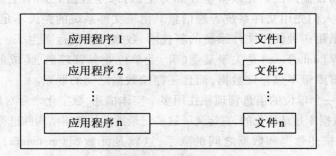

图 1.4　初级文件阶段

（3）基本上没有文件的概念（只有顺序文件）。

（4）数据文件与程序一一对应。由于数据冗余度大，因而数据更新容易出错。

1.2.2　文件系统阶段（20 世纪 50 年代后期至 60 年代中期）

在这一阶段，由于计算机有了较大的发展，因而为数据文件（顺序文件）

向文件系统过渡提供了较好的物质基础。硬件方面有了直接存取设备(磁盘),软件有了操作系统,因而既可以批处理,又可进行实时处理。

这一阶段的数据管理特点(如图1.5所示)是:

(1)数据可长期保留在外存。

(2)由于有文件管理或数据管理系统软件,无须用户直接管理外存上的数据,提高了数据与程序的独立性。

(3)除顺序文件外,还提供了多种文件组织(如索引文件、随机文件、链接文件、倒排文件等)。

(4)程序与数据的逻辑关系仍基本是——对应的。由于数据的冗余度大,因而文件不易更新,没有反映出信息之间的自然联系。

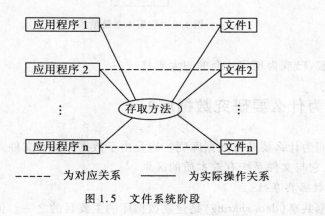

图1.5 文件系统阶段

1.2.3 数据库系统阶段(20世纪60年代后期至今)

20世纪60年代末计算机已大量用于数据处理。计算机管理的数据范围越来越大,数据量成倍地增长,而其冗余量也大大增加。这样,人们很自然地希望多个用户共同使用公共数据,并希望用多种语言来操作数据。由于硬件技术的迅速发展不仅已能提供百兆字节到千兆字节的外存储设备,且硬件价格也不断下跌,但软件成本却不断上升。计算机发展的现状要求人们设法在降低软件研制和维护费用的情况下,更有效地利用数据。这样,就出现了将面向单个应用的文件系统集成为共享的面向企业整体的数据库系统(如图1.6所示)。

这是客观的需要,也是文件系统向数据库系统发展的必然趋势。同时,现阶段的科学技术条件为数据库技术的开发提供了可行性条件。随着整个科学技术的发展,人们已充分认识到信息(数据)的重要性。信息、物资与能源并

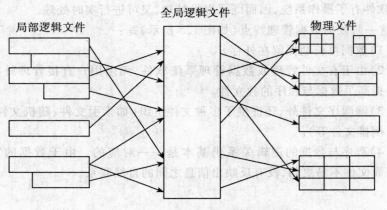

局部逻辑文件　　　　　全局逻辑文件　　　　　物理文件

图 1.6　数据库系统阶段

列在一起,已成为现代社会的三大支柱。

1.3　为什么要研究数据库?

　　人们为什么要开发数据库呢? 这是由于数据库具有文件系统所无法达到的优点,它与文件系统有着本质的区别。

　　1. 数据共享性

　　数据共享(data sharing)是建立数据库的主要目的之一。传统的计算机文件通常是为某一应用目的而设计的,一般为一种应用专用。而数据库是为多个用户、多种应用目的而建立的,可以同时为多个用户服务。这样能减轻用户负担,降低系统成本,促进应用的发展。社会发展要求社会信息化、信息社会化,信息资源共享是开发信息资源数据库的动力。

　　2. 数据独立性

　　数据独立性(data independence)是指数据与应用之间可以互相独立,包括物理数据独立性和逻辑数据独立性。所谓逻辑数据独立性,是指局部逻辑数据结构与整体逻辑数据结构间的独立。当整体逻辑数据结构变化时,局部逻辑数据结构可以不变。这样,当添加新的数据项或/和添加新的记录类型扩充整体逻辑数据结构时,不必改写应用程序。所谓物理数据独立性是指应用程序对存储结构与存取方法的独立性。当存储结构与存取方法改变时,不会影响逻辑数据结构,应用程序也不必重写。数据的物理独立性与逻辑独立性是由两个映像来实现的,如图 1.7 所示。当数据库整体结构和存储结构改变时,只需调整这两个映像就可以实现。

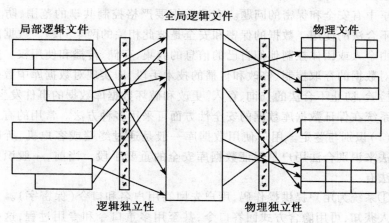

图 1.7　数据独立性

3. 最小冗余性

图 1.8 为一个数据库系统的简图。数据库可为多个用户共享。这就是说,数据库的数据是冗余的(redundancy),可以部分地删掉冗余,从而实现了数据的最小冗余。为了提高响应速度,有时也有意保留部分冗余数据。但数据库总是把数据冗余限制在尽可能小的范围内。

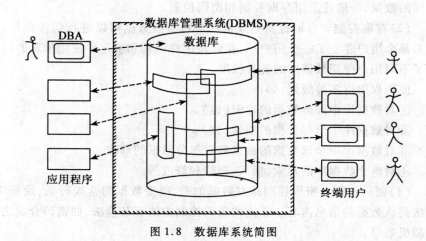

图 1.8　数据库系统简图

4. 安全性(security)

数据库是为多个用户和多种应用目的服务的,因而实现了数据共享。但在共享中有安全和保密的问题。有些数据要严格控制共享的范围,防止对数据的不合法的使用。数据的保密和安全是彼此相关的两个问题。数据的保密涉及由个人或团体控制他们自己的信息的收集、存储、传播和使用权。安全性涉及对数据的存取控制、修改和传播的技术手段,即实现对数据库中数据的合法权检验,防止不合法的查询、存入、更改和破坏数据库数据的事件发生。

系统在保证数据库数据的安全性方面可采用多种方法。常用的有:

(1)识别与鉴定。用户使用数据库一般是通过终端或客户机,所以用一些方法来识别合法用户是保证数据库安全的重要手段。当前,一般识别用户的方法有:

①系统为用户提供操作码,用户先回答用户名和口令(保密字)。为了不让他人获知,可用隐含方式回答口令,甚至用多重口令和专用过程,这样来识别和鉴定合法用户。

②信用卡。使用信用卡识别和鉴定合法用户,这是目前普遍采用的简便方法。

在一些安全保密程度要求高的数据库系统里还要进行更严格的识别与鉴定。如检验证件、声音识别、指纹识别、图像识别等都是行之有效的方法。

经过识别与鉴定,数据库有了一定的安全性,这只是安全性的一个方面。但对于违章操作、在通信线上窃听等就容易损害数据库的安全。为了保护数据库的数据,一般还采用存取控制和密码控制。

(2)存取控制。存取控制是规定用户对哪些数据可以进行何种操作。系统为每个用户建立了一个用户档,存储该用户识别和鉴定中使用信息的过程,授予不同用户使用数据库的各种权限。

使用权限有多种级别,如:

①对数据库中部分数据的检索(读)。

②对数据库中全部数据的检索(读)。

③对数据库中全部数据的检索和对部分数据的修改。

④对整个数据库的检索、插入、删除和修改等。

(3)密码控制。密码控制是对数据加密,改变数据的常规行态,使窃听者无法辨认数据的信息内容。常用的密码控制方法有替换法、加密码合成法、加伪随机数等。

5. 完整性

数据库的完整性(integrity)是指数据的正确性、有效性和一致性。防止数据库存在不符合语义的数据和错误的输入与输出。为了保证数据库的完整性,系统要检查数据是否满足完整性条件。数据库的完整性约束能有效防止更新后出现的数据不一致问题。

完整性约束有数值的约束、结构约束、静态约束和动态约束等。

6. 灵活性和可恢复性(flexibility and resumable)

数据库中的数据可按不同的路径灵活地进行检索和存取,并容易修改和扩充。当数据库中的数据部分地受到意外破坏时,数据库系统能很快地自动恢复原来的数据。

1.4 数据库系统

1.4.1 数据库系统的定义

什么是数据库系统(data base system,DBS)? 从本质上讲,数据库系统只不过是以计算机为基础的保持记录运行的系统,它是记录和维护信息的系统。数据库系统由硬件、软件、数据和用户组成(见图1.8)。

硬件——指计算机系统(如 CPU、I/O 设备、磁盘等)及通信设备。

软件——指数据库管理系统 DBMS(Data Base Management System),当然,它还要系统软件(如操作系统等)的支持。

数据——包括各种原始的事实及描述这些事实之间的联系。这些数据以共享为目的,是"集成化"存储的数据。

用户——不仅包括一般的终端用户,还包括程序员用户和数据库管理员DBA(Data Base Administrator)。

1.4.2 数据库系统的三级模式

目前已投入运行的数据库系统在结构上不是一致的,但就大多数系统而言,一个数据库系统的体系结构如图1.9所示,它与 ANSI/SPARC 数据库管理系统研究组推荐的非常一致。下面简要介绍这种结构。

用户 U11 和用户 U12 为一个用户组,他们有相同的外模式 A,他们的信息需求相同,看待数据库的观点一样(即外视图 A)。同样,用户 U21、U22、U23 是一个用户组,他们看待数据库的观点为外视图 B。一个数据库有若干个用户组。图1.9中,数据库管理员(DBA)是另一类特殊用户,他们的作用将在后面讨论。

数据库系统的描述分三层:内层、概念层和外层。外层是与用户最接近的一层,涉及用户和用户组观察数据的方法,它是局部数据库描述,称为外视图。概念层是整个数据库的抽象描述,它是全体用户视图,称为概念视图。内层是最接近物理存储的一层,涉及数据实际存储的方法,称为内视图。

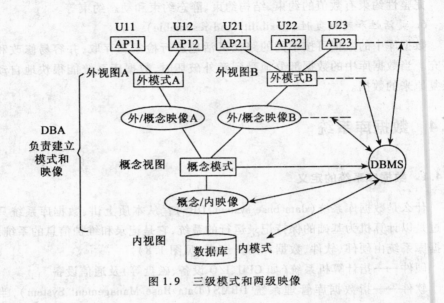

图1.9 三级模式和两级映像

为了弄清这些概念,我们先来看一个实际例子:图书管理。图书馆有采购部、编目部、流通部等,都要用到图书的有关信息。图书管理数据库的图书信息(如图1.10所示)不是为某一应用目的而设计的,而是面向数据组织的,这就是整体逻辑结构,即概念视图。而采购部、编目部、流通部用户组的数据库观点,即对应采购视图(由图中A、B、C记录型组成)、目录视图(由A、C、D、E、F构成)、流通视图(由A、C、D、F、G组成)等。它们是局部逻辑结构的描述,即外视图。

一般地,外视图包括多个外记录型(外记录不一定与存储记录相同,外记录型可以是存储记录型的子集)。每个外记录型在外模式(external schema)中定义。外模式用外模式数据描述语言书写。外模式是外视图的定义。

概念视图是数据库全部信息内容的描述。概念视图用概念模式定义,概念模式用概念模式数据描述语言书写。它是每个不同的概念记录型及相互关系等信息内容的定义,不包含存储/存取的细节。在概念模式中,还有数据存取控制、合法权检验和有效过程的定义。

内视图是整个数据库最下一层的描述,它包括多个内记录型的值。“内

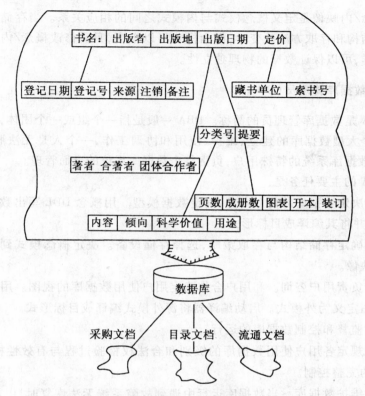

图1.10 概念视图与外视图的例子:图书管理

记录"是 ANSI/SPARC 的术语,一般称内记录为存储记录。内视图由内模式定义。内模式用专用的内模式数据描述语言书写。内模式涉及存储字段的表示法、物理顺序、索引、杂凑寻址以及物理记录的大小、块的存取方法等,但它还不是物理层,它不受任何设备的特定约束,如磁道与柱面容量均不予考虑,因而具有一定的独立性,使用起来更加方便、灵活。

1.4.3 两级映像

在图1.9 中有两层映像:一个是外(模式)/概念(模式)映像,另一个是概念(模式)/内(模式)映像。这两个映像都是为保证数据独立性而设置的。

外/概念映像是定义外模式与概念模式之间的相应关系。当概念模式扩充或修改时,外模式不必修改,只需将外/概念映像作出相应修改即可。这样,外模式和应用程序均可不变,保护了大量的脑力投资,保证了数据的逻辑独立性。

概念/内映像是定义概念模式与内模式之间的相应关系。当存储数据库的存储结构和存取方法改变时,概念模式可以不变,只需修改概念/内映像即可。这样,可以保证数据的物理独立性。

1.4.4 数据库管理员(DBA)

DBA 是数据库管理员的简称。DBA 一般是指一个组或一个团体,因为要承担一个大型数据库的建立、维护、使用和协调工作,一个人是无法胜任的。DBA 是数据库系统的特殊用户,负责整个数据库系统的全面管理。

DBA 的主要任务是:

(1)决定数据库的信息内容,确定数据模型。用概念 DDL 写出数据库概念模式,并将其编译成目标形式。

(2)确定存储结构与存取策略,选择存储设备。决定概念模式到内模式之间的映像。

(3)负责用户咨询。和用户合作确定用户使用数据库的视图。用外 DDL 将外视图定义为外模式。启动编译器将源外模式编译成目标形式。

(4)监督和控制数据库的运行。

(5)规定各用户使用数据库的级别和合法权检验过程与有效性检查,确定数据的完整控制。

(6)维护数据库。当数据库运行中遇到故障系统无法恢复时,由 DBA 从预先准备好的后备文本用转储的方法恢复数据库。当数据库的"时空"性能和处理效率下降后,DBA 应负责重新组织数据库,保持数据库运行的良好状态。

1.5 数据库系统体系结构

数据库系统是信息资源开发、管理和服务的有效方法,40 多年来,随着信息管理水平的提高,数据库系统结构发展很快,出现了多种形式。从用户角度来看,数据库系统可分为单用户结构、主从式结构、分布式结构、客户机/服务器结构和 B/S 结构。

1. 单用户数据库系统

最早开发的数据库系统是单用户数据库系统。整个 DBS 都装在同一台计算机上,它包括应用程序、三级模式、DBMS 和数据。由于没有网络支撑环境,不同的机器之间不能共享数据(如图 1.11 所示)。

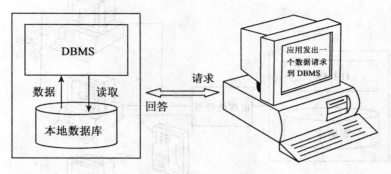

图 1.11 单机数据库系统

单用户 DBS 的特点是结构简单,实现容易,管理方便,数据安全性好。由于不能大范围共享,所以很难满足信息市场发展的要求。

2. 主从式数据库系统

计算机技术和通信技术的发展,远程数据通信的成熟,为数据库系统的发展提供了条件。主从式结构的数据库系统(如图 1.12 所示)是一个主机带若干个终端的多用户结构。在通信网络环境下,支持远程终端共享信息资源。例如,20 世纪 70— 80 年代的 Dialog 系统和 ESA/IRS 系统,均为主从式多用户结构。应用程序,DBMS,数据都集中存放在主机上,所有处理任务都由主机完成,各用户仅通过终端设备(包括本地终端和远程终端)并发地存取数据库中的数据,共享系统的信息资源。这种结构的 DBS 的优点是结构比较简单,实现和维护容易,方便管理,能较大范围地满足信息市场的需要。其缺点是终端数目有限,通信费用的过高限制了信息资源共享的发展。

3. 分布式数据库系统

分布式结构的数据库系统是指这样的数据资源系统:数据分散存储在计算机网络中的多个节点(不同的物理位置)上,而这些数据在逻辑上又是统一的集成体(如图 1.13 所示)。

分布式数据库系统是计算机技术和网络技术发展的必然产物,它是分布式信息处理系统中的一种较理想、符合实际需要的技术。系统中的每个节点既可以独立处理本地数据库中的数据,执行局部应用,又可以同时存取和处理多个异地数据库中的数据,执行全局应用。

分布式数据库系统是 DBS 发展的重要成果,它特别适合地理上分散的公

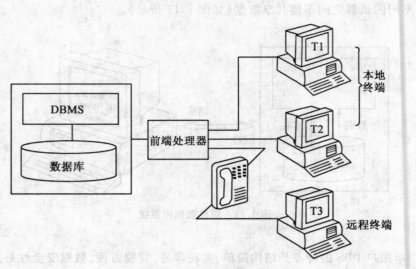

图 1.12　主从式数据库系统

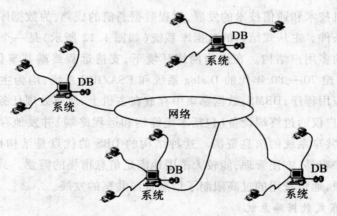

图 1.13　分布式数据库系统

司和实体组织对数据库应用的需要。它有下列优点:系统成本低,可靠性好,数据共享性强,使用率高。由于分布式数据库系统节点多,可扩充性好,数据共享性强,利用率高,因而是深受用户欢迎的数据库系统。

　　4.客户机/服务器式的数据库系统

　　随着计算机工作站功能的增强和广泛应用,数据库系统也提高到客户/服务器结构的数据库系统阶段。在前三种结构中,单用户结构的计算机,主从结构中的主机和分布式结构中的节点机均为通用计算机,它们既执行应用程序又执行 DBMS,这样速度和效率都不理想。为了解决这一难题,人们把 DBMS 功能和应用分开。网络中某个(些)节点上的计算机专门用于执行 DBMS 功能、管理数据库,称为数据库服务器;而其他节点的计算机安装 DBMS 外围的应用开发工具,支持用户的应用程序,这样的节点机称为客户机。这就构成了客户机/服务器数据库系统(如图 1.14 所示)。

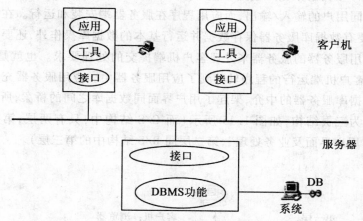

图 1.14　客户机/服务器结构的数据库系统

数据库系统运行时,客户端的用户请求从网上传到数据库服务器,数据库服务器立即处理后,将结果传回给客户机。由于它只传结果而不是整个数据,从而大大减少了网络的压力、提高了系统性能、吞吐量和负载能力。

客户机/服务器结构的数据库系统是一个开放式系统。客户机与服务器一般可以在不同的硬件和服务器上运行,支持不同的数据库应用开发工具,可移植性好,因而发展快。

在客户机/服务器式的数据库系统中,根据服务器的个数,又分为集中式服务器结构和分布式结构。分布式客户/服务器结构的数据库系统的性能更好。

5. 浏览器/服务器结构(Browser/Server)

Browser/Server 简称 B/S 结构,是随着计算机网络技术,特别是 Internet 技术的迅速发展与应用而产生的一种数据库应用系统结构。B/S 结构是针对 C/S 结构的不足而提出的。

　　基于 C/S 结构的数据库应用系统把许多逻辑处理功能分散在客户机上完成,这样对客户机提出了较高的要求,客户机必须拥有足够的能力运行客户机端应用程序与用户界面软件,客户机必须针对每种要连接的数据库安装客户机端软件,这会造成客户机臃肿的局面。另一方面,由于应用程序运行在客户机端,当客户机上的应用程序修改之后,就必须在所安装该应用程序的客户机上重新安装此应用程序,维护非常困难。

　　在 B/S 结构的数据库应用系统中,在客户机端仅仅安装通用的浏览器软件来实现同用户的输入/输出,而应用程序在服务器端安装和运行。在服务器端,除了要有数据库服务器保存数据并运行基本的数据库操作外,还要有另外的称为应用服务器的服务器来处理客户机端提交的处理要求。也就是说,C/S 结构中客户机端运行的程序转移到了应用服务器中。应用服务器充当了客户机与数据库服务器的中介,架起了用户界面同数据库之间的桥梁,所以 B/S结构也称为三层结构,如图 1.15 所示(而 C/S 结构中,只有两层,第一层是"客户端:用户界面及业务处理",第二层同 B/S 结构中的第三层)。

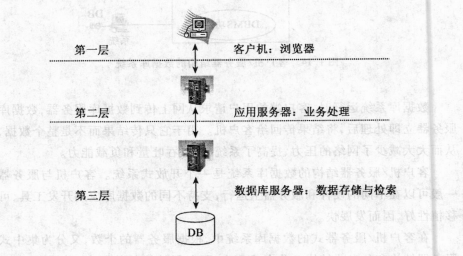

图 1.15　B/S 数据库结构

　　B/S 结构有效地克服了 C/S 结构的缺陷,客户机只要能够运行浏览器软件即可,它能够有效地节省投资,同时客户机的配置和维护也变得异常轻松。

　　B/S 结构的典型应用是在 Internet 中,应用服务器就是 Web 服务器,这样就可以利用数据库为网络用户提供功能强大的信息服务。由三层结构还扩展出多层结构,通过增加中间服务器的层数来增强系统功能、优化系统配置和简化系统管理。

1.6 数据库管理系统

数据库管理系统(DBMS)是管理数据库的一组软件。它是数据库系统(DBS)的重要组成部分。不同的 DBS 都配有各自的 DBMS,而不同的 DBMS 其功能各异。有的 DBMS 的功能很强,而有的 DBMS 的功能却较弱。一般来说,DBMS 是一个复杂的软件系统。

1.6.1 DBMS 的构成

DBMS 通常由三部分构成:数据描述语言及其翻译程序,数据操作语言及其处理程序,数据库管理例行程序。

1. 数据描述语言

数据描述语言 DDL(Data Description Language)对应图 1.9 中的三层模式。分别有外 DDL、概念 DDL 和内 DDL。

外 DDL 是专门定义外视图的。外视图是用户观点的数据库描述,它是数据库的局部逻辑结构。对这种局部逻辑结构描述的一组完整语句就是外模式,将这类外模式翻译成外目标模式加载到计算机系统就是可执行的外模式。

概念 DDL 是用来描述概念视图(即数据库全局逻辑结构)的专用语言。分为一定格式进行定义。将数据库中所有元素的名称、特征及其相互关系进行描述,并包括数据的安全保密性和完整性以及存储安排、存取路径等信息。用概念 DDL 写出的一个数据库定义的全部语句,称为一个概念模式。概念模式是数据库所有数据元素类型的一个结构图。它是对数据库的完整描述。源概念模式经概念 DDL 的翻译程序处理之后产生概念目标模式,加载到计算机中便生成了可执行的概念模式。

内 DDL 是用来定义内视图的数据描述语言。内视图是从物理层中分离出来的,但不是物理视图。虽然它有存储记录和块的概念,但它不受任何存储设备和设备规格(如柱面大小、磁道容量等)的限制。它包含对存储记录类型、索引方法等方面的描述。对一个存储数据库的完整描述(即内 DDL 的一组语句)构成了内模式。源内模式经内 DDL 的翻译程序处理后产生内目标模式,然后加载到计算机系统中,便生成了可执行的内模式。

外模式、概念模式、内模式的具体情况将在数据字典(data dictionary)中登记。数据字典是关于数据描述信息的一个特殊数据库,它的具体内容将在第6章中讨论。

2. 数据操作语言

数据操作语言 DML(Data Manipulation Language)是用户与 DBMS 之间的接口,它是用户用以存储、检索、修改、删除数据库数据的工具。DML 有两种类型:一种类型为宿主型数据操作语言(host language),另一种类型为自含式数据操作语言(self-contained language)。宿主型 DML 不能独立使用,它嵌入一个主语言(如 COBOL、PL/1 等高级语言)中,宿主型 DML 只完成描述数据操作、运算等其他操作由主语言完成。一般先由 DML 处理程序进行预编译,再与主语言语句一起由主语言编译程序编译成目标程序后才提供使用。自含式 DML 能独立使用,它同时具有描述数据操作和运算两方面功能,有专门的编译程序(或解释程序)。这两类 DML 一般均为非过程化的语言,由一组命令语句所组成。

DML 语句大致可分为四类:

(1)控制语句:用户通过这类语句向 DBMS 发出使用数据库的命令,使 DB 置于可用状态。操作结束后需要关闭数据库,必须对数据库进行数据保护。

(2)检索语句:用户通过这类语句把需要检索的数据从数据库中传送至内存,交应用程序处理。

(3)更新语句:用户通过更新语句完成对数据库的插入、删除和修改数据的操作。

(4)存储语句:用户使用存储语句向数据库中存储数据。系统给出新增数据库记录的数据库码(DBK),并分配相应的存储空间。

3. 数据库管理的例行程序

数据库管理的例行程序随系统而异。一般来说,它由三部分组成:语言翻译处理程序、DBMS 的公用程序和系统运行的控制程序。

1.6.2 DBMS 的功能

一般来说,DBMS 有下列功能:

(1)定义数据库。包括定义外模式、概念模式、内模式。

(2)建立数据库。将搜集来的大量数据进行加工,然后装入数据库。

(3)使用数据库。从数据库中检索数据。

(4)维护和更新数据库。对数据库进行数据的插入、删除、修改,并维护数据的完整性、一致性和有效性。还包括对数据库进行重组与重构。

（5）保护数据库数据的安全。

（6）与数据通信软件连接。

1.6.3 用户存取数据的过程

有了 DBMS 的支持,用户存取数据库的数据就比较方便了。图 1.16 以应用程序通过 DBMS 读取数据库中一个记录为例,显示了用户访问数据过程的主要步骤:

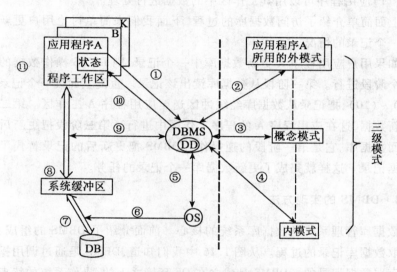

图 1.16　一个应用程序读取一条数据库记录的过程

（1）用户通过应用程序 A 向 DBMS 发出调用数据库中一条记录的命令,其中应给出外模式名和用户保密字等。应用程序还应给出调用数据记录的数据类型和关键字的值,并把控制转给 DBMS。

（2）DBMS 根据应用程序所给的外模式名和用户保密字等在数据字典（DD）查找相应的子模式并进行合法权检验。如果用户保密字不合法,则拒绝执行该操作。DBMS 随即向应用程序回送出错信息及状态。若合法权检验通过,则继续执行。

（3）DBMS 查询数据字典,找到相应的概念模式,确定该操作所需数据及记录类型,并通过概念模式到内模式的映像,找到这些记录的内模式。

（4）DBMS 查阅数据字典找到相应内模式,并确定所需读入的记录。

（5）DBMS 向操作系统发出一条指令，指示它读进所需的记录。

（6）操作系统向外存中的数据库发出调页命令。

（7）操作系统启动 I/O 程序，将要读入的数据块或页面送到内存中的缓冲区。

（8）DBMS 根据概念模式和外模式，导出应用程序所需的逻辑记录。

（9）DBMS 将数据从系统缓冲区传送到应用程序 A 的工作区。

（10）DBMS 在应用程序调用的出口（返回点）提供状态信息，并将控制还给应用程序。

（11）应用程序可以用其工作区中的数据进行处理。

上面简单介绍了访问数据库的过程，下面我们来简单讨论用户更新数据库中一个记录的情况。

如果用户应用程序 A 更新数据库中一个记录，则 DBMS 操作数据的过程分三个阶段进行。第一阶段从数据库读出该记录。重复上面读一个记录的步骤（1）~（10），把记录从数据库经缓冲区送至应用程序 A 工作区。第二阶段是更新数据，这在应用程序 A 的程序工作区中进行。第三阶段把更新后的数据送回数据库，它是第一阶段的逆操作。DBMS 把更新后的记录替代了原来的数据记录。这样就完成了更新数据库一个记录的任务。

1.6.4　DBMS 的实现方法

数据库管理系统是数据库系统的核心。前面介绍了 DBMS 的组成、功能及存取数据库记录的过程。从图 1.16 中我们知道，DBMS 是通过调用操作系统来存取数据记录的。DBMS 是建立在 OS 环境之上的，操作系统的特点决定了 DBMS 不同的版本（如 Windows 或 DOS，等等），它根据操作系统的基本功能来实现。DBMS 的实现方法有多种。一般分下列四种：

（1）DBMS 与应用程序融合在一起（称 N 方案）。

（2）一个 DBMS 进程对应一个用户进程（2N 方案）。

（3）一个 DBMS 进程对应所有用户进程（N + 1 方案）。

（4）多个 DBMS 进程对应多个用户进程（M + N 方案）。

1. N 方案

N 方案是一种比较简单的结构。DBMS 是由若干个程序模块组成，DBMS 的基本成分通常是可重入代码。用户应用程序（AP）调用 DBMS 时，有关模块被加入到用户进程中。用户程序与 DBMS 之间预先建立一种联结。在 DBS 运行时，DBMS 模块被用户进程按子程序调用，并借助于操作系统的调度来完

成对 DB 记录的存取操作,满足用户程序的各种请求。这种方案是将 DBMS
与应用程序融合在一起,N 个用户启动各自的应用程序,整个系统只有 N 个
进程,因此,这种方案称为 N 方案(见图 1.17)。其中,U1,…,Um 为非数据库
系统用户,SGA 为系统全局区,用来存放共享信息。从图 1.17 中可知,内存中
保留了许多份 DBMS 代码的副本,使系统性能大幅度下降,这是系统结构简单
(不考虑用户与 DBMS 之间的通信)所付出的代价。

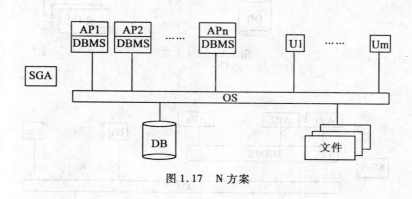

图 1.17　N 方案

2. 2N 方案

为了解决 N 方案中 AP 进程共享 DBMS 代码问题,对其进行了改进。每
个用户进程均有一个影子进程(shadow)的 DBMS 进程为之服务。这样,系统
中进程总数为用户数的两倍,故称为 2N 方案(如图 1.18 所示)。2N 方案中
各个 DBMS 进程代码段可以共享,而数据段和栈段是独立的,因此开销大。加
上用户进程与 DBMS 进程之间、各 DBMS 进程之间、DBMS 进程与后台之间的
通信开销对内存需求很大,此方案不适合有大批用户的联机系统。由此人们
提出了两种改进方案:N+1 方案和 N+M 方案。

3. N+1 方案

为了减少内存开销,N+1 方案仅用一个 DBMS 进程为 N 个用户服务(如
图 1.19 所示)。当多个数据库用户向 DBMS 申请数据库服务时,这些申请挂
在 DBMS 进程的消息队列中;在 DBMS 进程完成一个用户进程的请求后,立即
把结果反馈给响应的用户,然后执行下一个请求。为了防止 DBMS 进程成为
瓶颈问题,一般把 DBMS 进程内部设计成多线程结构。每个线程都可以服务
于一个用户请求,从而提高了系统效率。

由此可见,N+1 方案是比较优化的一种方案。但是,该方案实现起来比

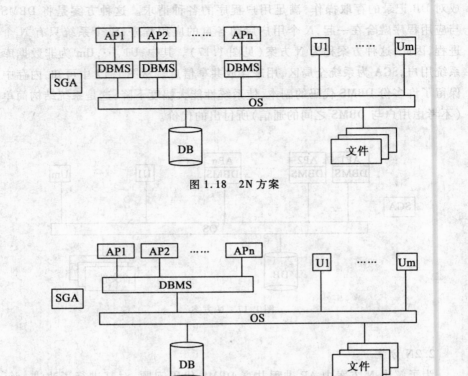

图 1.18 2N 方案

图 1.19 N+1 方案

较复杂,消息通信机制开销较大。

4. N+M 方案

为了简化系统,人们又提出了 N+M(N>M>1)方案,其结构如图 1.20 所示。这种方法用 M 个 DBMS 进程为 N 个用户进程服务。DBMS 进程的分派由专门的进程负责管理。目前,一些流行的 DBS(如 Informix 和 ORACLE 等)均采用了 N+M 方案。

N+M 方案比 2N 方案优,它减少了系统中进程总数,提高了内存资源的利用率,同时也减少了通信开销。当然它比 N+1 方案占用的资源多一些,但实现起来比 N+1 方案容易。

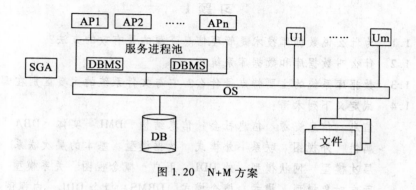

图 1.20 N+M 方案

1.7 数据库应用系统开发

数据库技术是信息资源管理的最佳技术，它对于信息资源开发、存储、检索、传递与利用都具有优势。数据库应用系统设计与开发、数据建模、数据库建立、数据检索与统计、数据传递与利用都是一个增值的过程。我们把数据的收集、加工、存储称为"建库"，即信息的生产。而信息检索、传递与利用称为"用库"，即信息消费。信息生产与消费是数据库产业的重要方面。一个国家的数据库产业规模，即信息生产与消费水平是衡量一个国家综合国力和发展水平的重要尺度。

数据库应用系统开发包括信息系统开发和数据库设计（系统开发生命周期 SDLC 和数据库生命周期 DBLC 将在第 6 章讨论）。数据库设计涉及数据建模、建模工具与优化理论、各种类型数据库（文献数据库、事实数据库、数值数据库、多媒体数据库、Web 数据库等）设计的理论方法与技术手段。这些内容将在后面的章节中逐项展开。

在一个数据库应用系统中，信息资源数据库是基础和支撑。DBMS 和数据库应用程序是关键，没有软件的支持，数据库应用系统也无法运转。当然，这些都在硬件平台上集成。因此，硬件、软件、数据库和各类用户是系统的重要组成部分。用户分三类：终端用户（普通用户）、程序员用户（高级别的用户）、数据库管理员 DBA（最高级别的用户）。对于许多用户来说，他（她）们既是信息消费者，又是信息生产者。

习 题 1

1.1 为什么说数据库技术是管理信息资源的最有效的方法?

1.2 什么叫数据库和数据库系统?

1.3 数据库系统的主要特点是什么? 它与文件系统的主要区别在哪里?

1.4 试定义下列术语:

信息 信息资源 信息社会 信息结构 DML 实体 DBA
属性 外视图 联系 外模式 数据模型 基本的层次联系
层次模型 网状模型 外 DDL 用户 概念视图 关系模型
面向对象模型 模式 概念模式 DBMS 概念 DDL 内视图
数据共享性 内模式 数据独立性 内 DDL 数据冗余性 安全性
完整性 外/概念映像 概念/内映像

1.5 DBMS 由哪几部分组成? 简述 DBMS 的主要功能。

1.6 用图指出 DBMS 检索一条数据记录的主要步骤,删除、更新一条数据记录要进行哪些必要的操作?

1.7 数据库系统发展中有哪些代表性的体系结构? 它们各有什么特点? 数据库管理系统的实现方法有哪些?

1.8 数据库产业的发展有何意义?

1.9 数据库应用系统开发包括哪些内容?

2 数 据 模 型

2.1 数据建模

在现实世界中,事物是千差万别的。人们认识现实世界、对业务数据进行有效管理就必须"建模"。模型在现实世界中是普遍存在的。例如,我们要建一座综合大楼,首先要按照一定比例建立一个大楼模型。同样,在设计汽车、飞机时都要建立相应的模型。模型是对现实中复杂系统的简化和抽象,它是管理人员、设计人员、维护人员和用户相互沟通的有效手段。在设计模型时,对复杂系统的简化和抽象就是抓住问题的本质,而过滤掉许多其他非本质的因素,从而帮助我们将复杂的问题简单化,有利于问题的解决。

数据库系统是一个复杂的系统。为了对数据进行有效管理,就必须对数据建模。没有一个适当的数据模型,就不可能完成一个好的数据库设计。

美国国家标准化学会/标准、规划和规范委员会(ANSI/SPARC)根据数据抽象的程度定义了三个级别的数据模型:概念模型、逻辑模型和物理模型(如图2.1所示)。其中,逻辑模型又分内部模型(数据库的整体逻辑结构)和一组外部模型(数据库的局部逻辑结构)。

2.1.1 概念模型

概念模型是独立于硬件、软件的全局视图。它是一个企业(事业)单位的数据表示形式,是高层管理者看到的数据视图。但它不是对描述对象的详细描述,而只是标识和描述的基础。本章后面将讨论实体联系(E-R)模型,其中的E-R图就是图形化表示的数据库的概念模型。例如,一个大学里的教学管

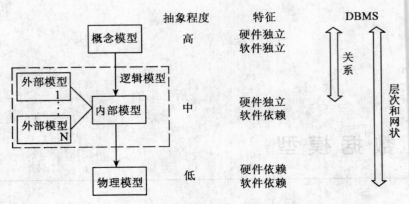

图 2.1　数据抽象模型（ANSI/SPARC）

理数据库的概念模型中所涉及的实体有：课程（course）、教师（teacher）、学生（student）、教学班（class）和教室（classroom）。每个实体由若干个属性组成：

COURSE（cno，cname，ctime，loc，cform）

TEACHER（tno，tname，tsex，tposition，major，TEL1，Email）

STUDENT（sno，sname，sex，age，dept，room）

CLASS（classno，cno，tno，timep）

CLASSROOM（timer，classno，tno）

教学管理数据库的概念模型如图 2.2 所示。

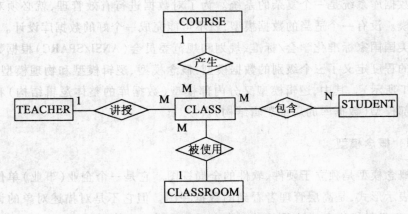

图 2.2　教学管理数据库的概念模型

2.1.2 逻辑模型

数据库的逻辑模型分为内部模型和一组外部模型。逻辑模型独立于计算机硬件系统,但它受软件(DBMS)的制约。因此,逻辑模型是数据库系统的具体拟实现的逻辑结构模型。一个数据库有一个内部模型,它是 DBA 观点的数据模型,也是业务主管在抽象层次顶点处所看到的全局逻辑视图。而一般用户都只能看到部分的逻辑视图。因此,在内部视图的基础上,各用户组都定义了各自的局部逻辑视图,即外部模型。

实际上,用外 DDL 对一组外部模型的定义,便生成数据库外模式,而用概念 DDL 对内部模型的定义便生成数据库的概念模式。外/概念映像完成外模式到概念模式的转换。

例如,在教学管理数据的内部模型(如图 2.3 所示)与外部模型的映射中,从实体的集合来讲,它仅是部分实体的集合(见图 2.4),即使选择了内部模型中的某个实体,如学生,也可以只取 STUDENT 属性集中的部分子集,如 STUDENT(sno,sname,dept)就是其中之一。

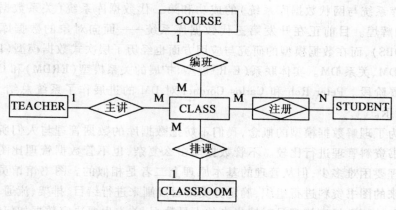

图 2.3 教学管理数据库的内部模型

2.1.3 物理模型

物理模型既受软件的约束(定义存取方法),又受硬件的制约(如定义其存储设备,描述数据在外存中的保存方式,依赖于具体的 DBMS,OS 和计算机设备的种类和技术参数)。它是抽象层次相对最低的模型,需要 DB 设计者对

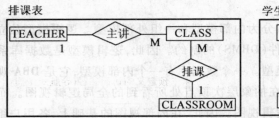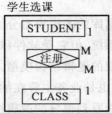

图 2.4 　外部模型

其硬件平台和软件环境有较详细的了解。在第一代数据库系统（层次模型和网状模型），存储结构与存取方法必须选择，而第二代数据库系统（RDBS）的物理模型对硬件平台和软件环境已经独立了。

2.2 　数据模型的进展

数据库从 20 世纪 60 年代诞生至今已经历了第一代数据库系统（层次式数据库系统与网状数据库系统）的成功和第二代数据库系统（关系数据库系统）的辉煌。目前正在开发第三代数据库系统——面向对象的数据库系统（OODBS），而在数据模型的研究与应用方面也经历了层次式数据模型（DM）、网状 DM、关系 DM。实体联系（E-R）模型、扩展的关系模型（ERDM）和 OODM等发展阶段。Peter Rob 和 Carlos Coronel 对 DM 的进展作了系统总结，如图 2.5所示。

为了理解数据模型的概念，我们不妨把数据库的数据管理与人们所熟悉的图书资料管理进行比较。不管数据库多么复杂，也不管数据管理比图书资料管理要困难多少，但从管理的基本原理上二者是相似的。图书馆馆员要把采购来的图书资料进行组织，确定分类编目规则来进行编目、排架、流通，为读者服务。而数据库管理员对搜集来的大量数据，首先也要决定数据如何组织、确定规则、进行加工整理、存储、提供检索方法，开展服务工作。这与图书管理工作是非常类似的。

所谓数据模型（data model）就是数据库中数据的整体逻辑结构。著名数据库专家戴特曾给出数据模型的一般定义：

"我们定义的数据模型由以下三个成分组成：

- 一组目标型；
- 一组算子；

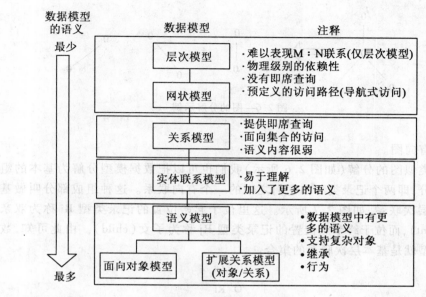

图 2.5　数据模型的进展

● 一组通用的完整型规则。"

人们在研究数据库的过程中,从不同的角度提出了不同的数据模型。流行的数据模型有:关系模型、层次模型、网状模型和面向对象模型等。在这些数据模型中,面向对象模型是用对象方法实现的,关系模型是用表来描述的,而层次模型和网状模型是用图来表示的。首先,我们来简要介绍图的基本知识。

图 G 由 V、E 两个集合所组成,记为 $G = \{V, E\}$。其中 V(vertex)为非空的有限点的集合,E(edge)是连接 V 中顶点的边的集合。G(graph)为由 V、E 组成的图。根据边的点集是有序对还是无序对,把图分为有向图和无向图。图 G 的任意两个节点 V_i 和 V_j 有路径,则称 G 为连通图。否则,称为非连通图。

对于任意图,不管它多么复杂,均可分解成由两个节点一条边所组成的基本组成部分之集合,如图 2.6 所示。这种方法称为图的分解。

既然数据模型可以用图来表示。类似地,数据模型也可由两个集合 R、L 组成:

$$DM = \{R, L\}$$

其中 DM 为数据模型,R 为记录(record)型的集合,L 为记录间联系(link)的集合。根据数据库的数据模型的特点可以看出,数据模型是一个连

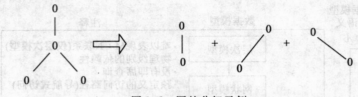

图 2.6　图的分解示例

通的有向图。

　　类似图的分解(如图 2.6 所示)我们也可以把数据模型分解为基本的组成部分,即两个记录类型和它们之间的一个有向联系。这种组成部分叫做基本的层次联系,如图 2.7 所示。这里位于起始位置的记录类型 Ri 称为双亲(parent),而位于终节点位置的记录类型 Rj 称为子女(child)。由此可知,数据模型就是基本层次联系的集合。

图 2.7　基本的层次联系

　　在实际应用中,把不同的实际问题化为基本的层次联系,其从属关系要由问题提出的条件来定。例如班级与班长、班级与学生、学生与课程之间的联系如图 2.8 所示。

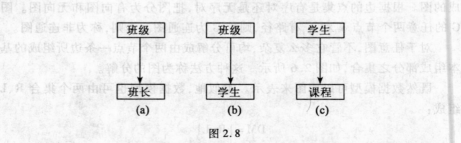

图 2.8

上面是记录型之间的联系,比较简单。而记录值之间的联系就要复杂得多,因为一个记录型可对应多个记录值。概括起来,记录值之间的联系相应有三种。

(1)1:1联系。如果两个记录型 R1、R2 中任何一个记录型中的每一个记录值至多和另一个记录型中的一个记录值有联系,则 R1 和 R2 叫"一对一"联系,记为 1:1。图 2.8(a)中班级和班长之间的联系就是 1:1 联系。

(2)1:n联系。在两个记录型 R1 和 R2 中,如果 R1 中每个记录值与 R2 中任意个记录值(包括零个)有关,而 R2 中每个记录值至多和 R1 中一个记录值有关,则称 R1 与 R2 为"一对多"联系,记为 1:n。图 2.8 中(b)即为一对多的联系。

(3)m:n联系。如果两个记录型 R1、R2 中每一个记录值都和另一个记录型中任意个记录值(包括零个)有关,则称 R1 和 R2 为"多对多联系",记为m:n。图 2.8 中(c)即为 m:n 联系。一个学生可以选修多门课程,而一门课程又可被多名学生选修。

显然,1:1联系是 1:N 联系的特例,而 1:N 联系又是 M:N 联系的特例,它们之间有如图 2.9 所示的包含关系。

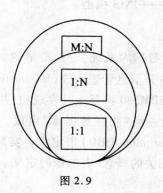

图 2.9

2.3 层次模型

2.3.1 层次模型的定义

用树型结构来表示记录之间联系的模型叫层次模型。

层次模型可以这样定义:

层次模型是满足下列两个条件的基本层次联系的集合:

①有且仅有一个节点没有双亲。

②其余节点有且仅有一个双亲。

没有双亲的节点称为根(root)节点。一个根节点可以有多个子女节点。每个子女节点又可以有多个子女节点。同一个双亲的节点称为兄弟(twin 或 sibling)。没有子女的节点称为叶子。图 2.10 是一个层次模型。实际上,层次模型是一个定向的有序树。

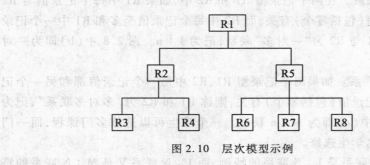

图 2.10　层次模型示例

2.3.2　层次模型的实例——IMS 模型

1. IMS 系统简介

IMS 系统属于第一代数据库系统,也是最早的大型数据库管理系统。它是 IBM 公司的产品。IMS 是信息管理系统(Information Management System)的缩写。IMS 于 1968 年在 IBM360 机器上开发成功,并投入运行。

IMS 的数据模型是由一组"物理数据库"组成。每个"物理数据库"由数据库描述(Data Base Description,DBD)来定义。实际上,这一组 DBD 的集合就相当于概念模式加上相关的概念/内映像的定义。

2. IMS 数据模型

(1)物理数据库。在 IMS 中,数据的基本单位叫字段(field),它是对现实世界中事物的性质的描述(即对实体属性的描述),而若干个字段的组合构成了一个片段(segment)。片段是对实体的描述,它相当于一般术语里的记录。在一个片段里指定一个字段的值为该片段的顺序,则该字段称为顺序字段(sequential field)。一组片段的层次排列,构成了一个物理数据库记录(Physical Data Base Record,PDBR)。

字段、片段、PDBR 都有型和值。图 2.11 是一个 PDBR 型的例子。在 PDBR 中,没有双亲的片段被称为根片段,而其余片段称为从属片段。一个

PDBR型中有且仅有一个根片段型。

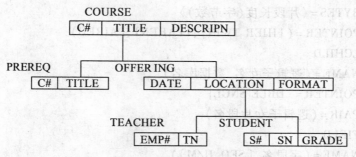

图 2.11　教育数据库的 PDBR 型

　　根片段可以有多个子女片段型。根的子女片段型又可以有多个子女片段型,一直类推下去……IMS 系统允许一个 PDBR 型可达 15 层,最多的片段型可达 255 个。任何给定的一个片段型的值对每个子女片段型可以有 n(≥0)个子女的值。若一个片段值被删除,则它的所有子女片段值也同时被删除。

　　一个 PDBR 型的全部值的有序集合称为一个物理数据库(PDB),每个 PDB 连同它的存储映像都由数据库描述(DBD)定义。

　　IMS 的数据模型(相当于概念模型级的内部模型)由多个 PDBR 型组成,一个 PDBR 型即为一棵树,而多棵树的组合就构成了 IMS 系统的数据模型。

　　(2)数据库描述(DBD)。数据库描述是对一个 PDB 及其存储映像的定义,它由以下六个部分组成:

　　① DBD

　　　　NAME =〈数据库名〉

$$ACCESS = \begin{cases} HSAM \\ HISAM \\ HDAM \\ HIDAM \end{cases}$$

　　描述数据库名与存取方法,||为任选项。

　　② DATASET

　　　　DD1 =〈主数据集名〉

　　　　DEVICE =〈存储设备型号〉

　　　　BLOCK =〈物理块的大小〉

　　③ SEGM

NAME = 〈片段名〉

PARENT = 〈双亲片段名,根片段则无此项描述〉

BYTES = 〈片段长度(字节数)〉

POINTER = ({HIER TWIN},LPARENT,PAIRED)

④ LCHILD

NAME = (逻辑子女名,数据库名)

POINTER = {DBLE SNGL}

PAIR = (逻辑子女片段名)

⑤ FIELD

NAME = (字段名,〔SEQ,U/M〕)

BYTES = 〈字段长度〉

START = 〈字符起始位置〉

[   ]为选择项,U 为唯一性,M 为不具有唯一性

⑥ DBDGEN

FINISH

END

FINISH 为 DBD 生成结束和 END 为 DBD 生成是否成功。

(3)IMS 数据模型。IMS 数据模型是由多个物理数据库组成,而每个 PDB 均由相应的 DBD 进行定义,所以 IMS 数据模型由多个 DBD 所组成。其表示方法如下:

DBD……

DATASET……

SEGM……

LCHILD……

FIELD……⎫

⋮   ⎬ 第一个 DBD

DBDGEN

FINISH

END   ⎭

DBD……⎫

⋮   ⎬ 第二个 DBD

DBDGEN

FINISH   ⋮

END

```
  ⋮
DBD……┐
  ⋮    │
DBDGEN ├ 第 N 个 DBD
FINISH │
END    ┘
```

3. IMS 的逻辑数据库

（1）逻辑数据库。在 IMS 系统中，用户视图为程序说明块 PSB（Program Specification Block），一个 PSB 由若干个 PCB 组成。一个 PCB 是对一个逻辑数据库记录型的定义。什么是逻辑数据库（Logical Data Base，LDB）呢？它与 PDB 有何关系？下面来具体介绍 LDB 的定义。

从一个给定的 PDBR 型里取带根片段的任何子集（即一个分层排列的片段型），都叫做一个 LDBR 型。而一个 LDBR 型所有值的有序集合称为一个 LDB。

（2）PCB。一个逻辑数据库由一个 PCB 定义。对于图 2.11 中取出的一个 LDBR 型如图 2.12 所示。

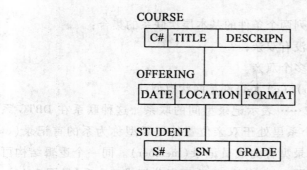

图 2.12　教育数据库的一个 LDBR 型

（3）PSB。程序说明块 PSB 为 LDB 的集合，它是用户视图，其定义由多个 PCB 组成：

```
PCB……     ┐
SENSEG……  │
  ⋮        ├ 第 1 个 PCB
PSBGEN     │
END        ┘
```

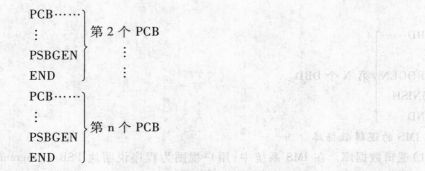

每个 PCB 与 LDB 一一对应。一个 PSB 说明块是一个或一组用户的视图,而一个数据库系统有多个 PSB。实际上,一个 PSB 就是逻辑级的外部模型,一个内部模型对应着一组外部模型。IMS 数据模型是多个 DBD 的集合。

2.4 网状模型

2.4.1 网状模型的定义

网状模型是满足下列两个条件的基本层次联系的集合:

①可以有多个节点没有双亲;

②允许有些节点有多个双亲。

图 2.13 中,(a)、(b)、(c)、(d)都是网状模型。

图 2.13 中的 S1,S2……表示记录型间的联系。这种联系在 DBTG 系统中称为系(set)。在一个系里处于双亲位置的记录型称为系的首记录(owner),处于子女位置的记录型称为成员记录(member)。同一个逻辑结构可以分解成不同的系。例如图 2.13 中的(c)也可以分解成三个系(见图 2.14),也可以分解成六个系。由此可见:

①一个记录型可以是几个系的首记录。

②一个记录型可以是几个系的成员记录。

③一个记录型既可以作为一些系的首记录,又可以作为另一些系的成员记录。但不能同时作为一个系的首记录和成员记录。

④允许有复合链。即两个记录型之间可以有两种或两种以上的联系,如图 2.13(d)所示。又如,翻译一本书,可以由一人译,另一人校对,也可以由译者自校(如图 2.15 所示)。

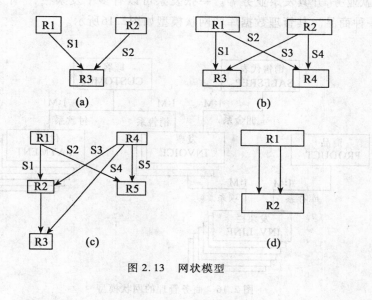

图 2.13　网状模型

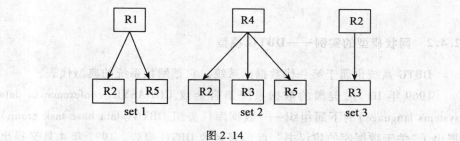

图 2.14

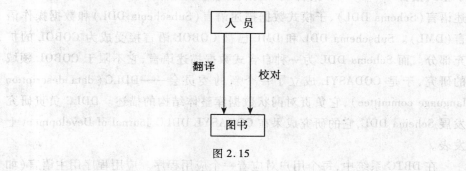

图 2.15

在电子商务中,一个商家的销售代表经营商品,为顾客(客户)服务,有收款、付款业务,开具发票业务等。一张发票可以有多个发票栏,一个发票栏只对应一种商品。其管理数据库的网状模型如图2.16所示。

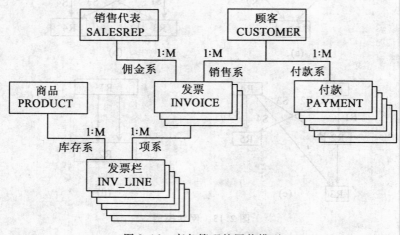

图 2.16　商务管理的网状模型

2.4.2　网状模型的实例——DBTG 模型

DBTG 系统也属于第一代数据库系统。它是网状系统的典型代表。

1969 年 10 月,美国的数据系统语言会议 CODASYL(conference of data systems language)的下属组织——数据库任务组 DBTG(data base task group)提出了"关于数据库的建议书",此即著名的 DBTG 报告。1971 年 4 月又提出了正式报告——"DBTG 报告"。该报告规定了三种语言的规范:模式数据描述语言(Schema DDL)、子模式数据描述语言(Subschema DDL)和数据操作语言(DML)。Subschema DDL 和 DML 已被 COBOL 语言接受成为 COBOL 的扩充部分。而 Schema DDL 为一种自含式数据描述语言,它不限于 COBOL 领域的研究,于是 CODASYL 成立了一个新的委员会——DDLC(data description language committee),它负责对网状数据库整体结构的描述。DDLC 负责研究发展 Schema DDL,它的研究成果在 CODASYL DDLC Journal of Development 上发表。

在 DBTG 系统中,每个用户对应着一个应用程序。应用程序用主语言(如COBOL 语言等)和 DML 书写。用户工作区 UWA(User Work Area)是用户与系统交换数据的工作空间。一个或一组应用程序对应着一个子模式(subschema)。子模式(相当于 ANSI/SPARC 的外模式)是对外视图的定义,用 Subschema DDL 语言书写,它是模式的子集。

模式(schema)是对"概念视图"的定义,用 Schema DDL 书写。它是对数据库整体逻辑结构的描述。它包含各数据项、记录、系(Set)和存储域方面的信息。

存储模式(storage schema)是对数据库存储结构的定义,用数据存储描述语言 DSDL(data storage description language)书写。

整个系统在 DBMS 的支持下运行,由 DBA 进行管理、监督和维护。

1. DBTG 系(set)

网状数据模型可以用图来表示。对于复杂的网状结构,将其分解成一些较简单的图形结构的集合来研究,这样容易表示。为了对 DBTG 的数据模型给予准确描述,我们引进 DBTG 系的概念。系是 DBTG 的专用术语,它是记录之间一对多联系的那些相关记录的命名集。

(1)系型与系值。系又分系型(set type)和系值(set occurrence)。系型是记录类型命名的集合。每一个系型必须定义一个记录型为该系的系主(系首记录),定义一个或多个记录型作为它的成员(系成员记录)。在图 2.17(a)中,系 S1 的首记录(owner record)为 L,而 B 为其成员记录(member record),记为 S1 = {L;B}。在图 2.17(b)中,O 为 S2 的首记录,M1、M2、M3 为其成员记录,记为 S2 = {O;M1,M2,M3}。这是两个常规系。

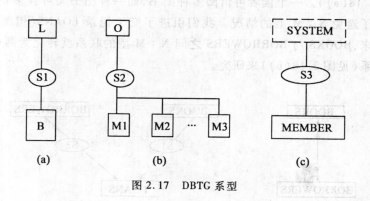

图 2.17 DBTG 系型

(2)奇异系。在学生管理数据库中只有两个记录型:CLASS 和 STUDENT。要把所有的学生记录(STUDENT)连在一起,就无此存取路径。但客观需要这样查询。在不增加新的记录型的情况下可以实现这一目标。这就要建立一种新的系——奇异系(singular set)。我们规定 SYSTEM 为系主,把分散的 STUDENT 记录一起组织为系主 SYSTEM 的成员记录,这样的系称为奇异系(如图 2.17(c))。实际上,系主 SYSTEM 是虚设的,所以奇异系也叫无主系(或无首记录系)。

这样,图 2.17 中的三种系型都是 DBTG 系统允许的逻辑结构。从三种类型的系型可知,DBTG 系满足下列条件:

①一个系的首记录型与成员记录型为 1:1 和 1:N 两种,不允许 N:M 型。

②一个记录型可以作为一个系的成员记录,同时又为另一个系的首记录或成员记录。但是,一个记录型不能同时作为一个系的首记录又同时为它的成员记录。

2. DBTG 数据模型

网状结构的数据模型是系的集合,但它表示的集合不唯一。换句话说,一个网状数据模型有不同的分解法,它可组成不同系的集合。

在实际应用中,往往碰到一些情况不一定能直接符合三种系型的要求。对这些特殊情况需要作一定的处理,使之转化成直接符合 DBTG 三种系型的形式。

(1)N:M 型的联系。在图书流通管理中,流通部的管理对象为图书(BOOKS)和读者(BORROWERS)。而这两类记录之间的联系为 N:M 型(见图 2.18(a))。一个读者可借阅多种图书,而一种图书又可被多位读者借阅。为了避免 N:M 型的情况。我们引进了交叉记录 LOANS(借阅登记)。这样一来,BOOKS 与 BORROWERS 之间 N:M 型的联系就转化为两个 1:N 型的联系(见图 2.18(b))来研究。

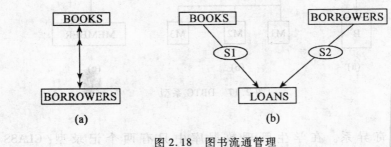

图 2.18 图书流通管理

（2）环型。在实际应用中,有时出现在一个以上的层次上具有相同的记录类型。如图 2.19(a)所示,学校干部之间的领导关系为:校长领导院长,院长领导系主任,而校长、院长、系主任又同属于干部记录类型,这就出现了单环状态。在 DBTG 中,同一记录型不允许既是同一系型的系主,又是成员。所以,为了表示这一同记录型不同具体值之间的关系。就必须引进一个新的记录型——联结记录 LINK,并定义两个系型:CL(系主 CADRE,成员 LINK)和 LC(系主 LINK,成员 CADRE)。这样,通过引进联结记录 LINK(注意:LINK记录不包含任何数据项),建立了两个系。使它完全符合 DBTG 系的规定。这就能方便地进行处理了。图 2.19(a)变换(引进 LINK 记录)为图 2.19(b),这样它就符合 DBTG 系型了。

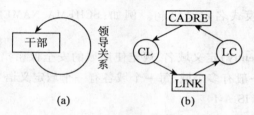

图 2.19 环型处理的示例

（3）双环。某学会出版论文集 3 卷,第 1 卷有 3 个分册,第 2、3 卷各有 2 个分册。整个论文集共 3 卷 7 个分册,同属于论文集。但每个实体(论文集)一般都起两个作用:它是论文集的组成部分,同时又可能由某些实体组成(如图 2.20(a) 所示)。我们用同样的方法来处理事实上是同一类的“两类实体”的特殊情况。这里也是通过引入 LINK 记录来实现的(如图2.20(b)所示)。

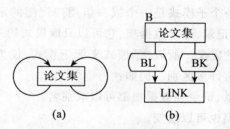

图 2.20 双环情况的处理示例

会议论文集 B 到联结记录 LINK 有两个系型 BL(由谁组成)和 BK(组成什么)。这样就把双环转化为 DBTG 允许的情况来研究。

网状模型可以表示复杂的现实世界。无论碰到何种特殊情况,我们总可以进行处理。通过必要的转化,使之都能用 DBTG 所允许的系型来描述。用系的集合来定义数据模型,非常方便灵活。

3. 模式与子模式

在讨论了 DBTG 数据模型的基础上,现在研究对数据模型的定义,即用 schema DDL 书写模式。

(1)模式。根据 DBTG 报告的建议,模式有一定的格式。它划分为四个部分,分别是模式、域、记录和系四个条目。

模式条目(schema entry)定义模式名,规定使用模式的安全保护措施。一个模式只有一个模式名定义语句。例如:SCHEMA NAME IS BORROWER-BOOK。

域条目(area entry)定义域名,规定使用域的安全保密措施。一个模式中至少有一个域。一般有多个域,每一个域各有一个域定义语句。例如:

AREA NAME IS A-1

AREA NAME IS BOOK-AREA

记录条目(record entry)定义记录名,指定其存储域,并规定了使用记录的安全保护措施。同时,记录条目还规定了记录的数据项名、描述数据项的类型和空间分配,或许还有数据库码的指定以及使用数据项的安全保护措施等。

系条目定义系名、系主与系成员记录、系序、成员属籍、码子句与系值选择等。

(2)子模式。子模式是模式的子集,它由标题部分(TITLE DIVISION)、映像部分(MAPPING DIVISION)和结构部分(STRUCTURE DIVISION)组成。

子模式是模式的一部分,一个模式可以产生多个子模式。而且,子模式之间可以相互覆盖。一个子模式是一个或一组用户视图的定义,子模式比较灵活。无论是域、系和记录,还是数据项,它可以只取模式的一部分,而且对它们的描述可以有不同的定义。所以,子模式来源于模式,仅为模式的一个子集。但它与模式之间还有许多区别。例如:

①子模式中的系、记录和数据项都可以取别名。

②数据项的类型也可以改变。

③记录内的数据项的顺序也可以改变。

④子模式可以另设保密锁,其优先级别高于模式。

2.5 关系模型

层次模型和网状模型都是用图来表示的,在实际存储时借助指针来实现,而关系模型则是完全不同的表示方法。

我们在实际工作中,经常要用到表格。例如,在电子商务中经常要用到下面三种表格:商品登记表、商家登记表和批发登记表。其范例数据如表2.1(a)、表2.1(b)、表2.1(c)所示。

表2.1(a)　　　　　　　　　　　　**商品登记表**

商品号	商品名	型号	单位	定价	产地	出厂日期	库存量
JD101	康佳彩霸	32	台	2500.0	深圳	10/15/95	1060
JD102	长虹彩电	22	台	1100.0	四川绵阳	06/30/95	1660
JD103	长虹彩电	34	台	3000.0	四川绵阳	03/02/99	10
JD201	上菱冰箱	180L	台	1500.0	上海	04/25/95	1020
JD202	扬子冰箱	220L	台	1800.0	合肥	02/15/95	660
JD301	春兰空调	25A	台	1600.0	江苏泰州	06/20/95	2080
JD401	华录牌录像机	L32-D	台	1600.0	大连	11/01/95	3060
S-002	电视天线	T203	米	2.7	北京	10/03/95	98800
JD501	长江音响	KJ126	台	1200.0	武汉	08/20/95	1010

表2.1(b)　　　　　　　　　　　**商家登记表**

编号	商家名	经理	电话	传真	地址	开户银行	账号
001	中心商城	王大海	68552419	68552420	发展路26号	工行发展支行	280104-10061
002	效西商场	张秀枝	45016896	45016898	中山西路1号	工行西效支行	280354-30105
003	贸发商行	李小东	28356688	28356689	解放路6号	工行解放路支行	280534-50012
004	车站商场	刘加莉	35982811	35982812	火车站路1号	工行车站分理处	280204-56982
005	东门广场	孔江	68983512	68983511	东门路特1号	工行东门支行	280804-65012

表 2.1(c)　　　　　　　　　　批发登记表

日期	商品号	编号	数量
10/10/2001	JD101	001	50
10/01/01	JD102	003	30
10/02/01	JD301	005	21
10/03/01	JD501	002	22
10/01/01	JD401	005	15
10/03/01	S-002	005	400
10/05/01	JD201	004	11
10/06/98	JD202	004	15
10/06/01	JD301	004	10
10/07/01	JD101	005	15
10/04/01	JD202	005	10
10/07/01	JD301	005	15
10/06/01	JD102	003	10

　　从这三张表来看,不仅清晰自然,数据结构简单,而且也表示三张表间 N:M的复杂联系。一个商家可批发多种商品,一种商品又可以被多个商家批发。实际上,每张表就是一个关系。表里不仅存放了数据记录本身,同时也存放了表与表之间的联系。表与表之间的联系是通过相同的数据项来实现的。如:"商家登记表"与"批发登记表"通过"编号"来表示其联系。"商品登记表"与"批发登记表"通过"商品号"来表示其联系。这样,通过"批发登记表"把商家与商品两个表联系在一起。这种处理方法,就是我们要介绍的关系模型。

　　所谓关系模型就是用二维表格表示实体和实体间联系的模型。将表 2.1(a)、表 2.1(b)、表 2.1(c)存入计算机后可以方便地进行查询操作,如查询某种商品的去向、查询某商家的经营情况、查询某日的批发记录等。

一般地,把关系模型中的数据看成一个二维表,把表2.1那样的表就叫做关系。表 R 中的一行是一个元组(tuple),用 r 表示,它相当于记录值;表中的一列是一个属性,用 Ai 表示,它相当于记录中的一个数据项。假定表 R 中有 n 行 m 列,则有属性 A1,A2,…,Ai,…,Am 和元组 r1,r2,…,rn。关系 R 可记作 R(A1,A2,…,Am)。

显然,在关系 R 中的每一列的属性都是不能再分的原子项;各列都有不同的命名;各行必相异,不允许重复;行、列的次序均无关紧要。这里,属性类似于字段型,元组类似于记录值,关系类似于文件。然而,这些最多也只是一种近似的对应关系。从另一个角度看来,关系可以被认为是高度组织的文件。所谓组织就是将用户必须处理的数据结构作了相当大简化的结果,因而管理它们所需要的操作符亦有相应的简化。关系模型是建立在坚实的数学基础之上的大众化的数据模型。

2.6 实体—联系(E-R)模型

实体联系模型是数据设计过程中采用的一种模型方法。为了建模方便,我们采用实体—联系(E-R)图来描述 E-R 模型。在研究和应用 E-R 图建模的进展中,人们使用两种通用的 E-R 图表示,一种基于陈氏模型,另一种基于鸭掌模型(crow's foot model)。

E-R 模型标准表示法如下:

(1)实体。陈氏模型和鸭掌模型都用矩形表示实体,实体名填写在矩形框中。

(2)联系。陈氏模型用菱形表示联系,联系名放在菱形内,菱形框通过联系线来与相关的实体相连接。鸭掌模型的联系名只写在相关实体矩形框的联系线上面(或下面)。

(3)表示联系一对一(1∶1)、一对多(1∶N)和多对多(N∶M)的方法。

陈氏模型在联系菱形框与相关实体矩形框的联系线上标明 1 表示"一",而用 N 和 M 表示多。例如,图 2.21 中表示的 1∶N,图 2.22 中表示的"多"对"多"。鸭掌模型中使用与联系线交叉的横杠表示"一",而用三叉的"鸭掌"来表示"多"。

在图 2.21 中,每门课程(course)可以分为若干个教学班(class)上课,但每个教学班仅是对一门课而组织的。

在图 2.22 中,每个教学班(class)有若干个学生(student)选修,每个学生

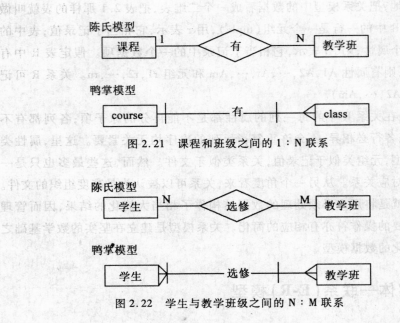

图 2.21　课程和班级之间的 1 : N 联系

图 2.22　学生与教学班级之间的 N : M 联系

又可参与多个教学班听课,即在教学班(CLASS)表中有若干行对应着学生(STUDENT)表中的某一行,而在 STUDENT 表中也可以有若干行对应于 CLASS 表中的某一行。

　　显然,这里产生了很多冗余,为了解决这类问题,我们通过创建复合实体或者(桥接)联系实体来避免多对多(N : M)带来的问题。用两个一对多(1 : N)的联系替代 N:M 的联系(如图 2.23 所示)。

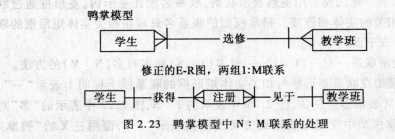

图 2.23　鸭掌模型中 N : M 联系的处理

　　陈氏模型的连接表(亦称复合表)用矩形中的菱形来表示(见图 2.24),而鸭掌模型中连接表仅用通用的实体表示方法(矩形框)表示(见图 2.23)。

　　(4)属性。实体由若干个属性组成,陈氏模型中属性用椭圆表示(如图

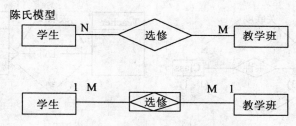

图 2.24　陈氏模型中 N∶M 情况处理

2.25(a)),用一条线与相应的实体框相连。而在鸭掌模型中,属性写在实体框下面的属性框中依次排列。显然,陈氏模型的表示方式很浪费空间,表示复杂模型比较麻烦。而鸭掌模型比较简洁(见图 2.25(b)),这就是一些陈氏模型软件采用鸭掌模型的属性表示的原因。

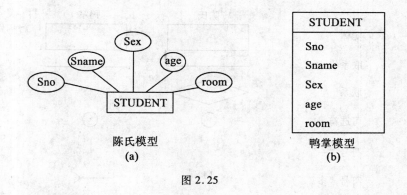

图 2.25

　　(5)域。域是属性可能取值的集合,一个属性定义在一个域上,不同的属性可能共享一个域。

　　(6)关联度与势。联系描述实体之间的关联,参与联系的实体称为联系参与者。实体间的联系是双向的。联系的关联度表示相关或参与实体的数量。"势"表达了一个实体的关联实体出现一次时自身出现的特定次数。如一个教学班的学生人数限定 20 ～ 40 人,在陈氏模型中,放置在实体旁边一个合适的数值表示"势",格式为(x ,y),在这里(20 ,40)表示一个教学班注册学生达到 20 人才开课,而一个教学班最多只能有 40 名学生。一名教师最多可主讲三个班的课,在一个学期一名教师也许不带课(进修或从事科研),而一个教学班一门课只能有一名主讲教师(如图 2.26 所示)。

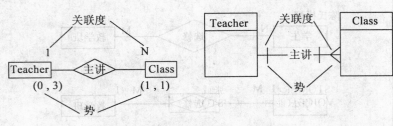

图 2.26　E-R 图中关联度和势

（7）E-R 模型中的符号比较。实体联系模型方法很多,但主要是陈氏模型和鸭掌模型。图 2.27 是其对照比较,它们各有特色和长处,当然也存在许多不足。例如,陈氏模型的属性用椭圆表示比较麻烦,使图形过于复杂,而鸭掌模型不能得出势的细节。

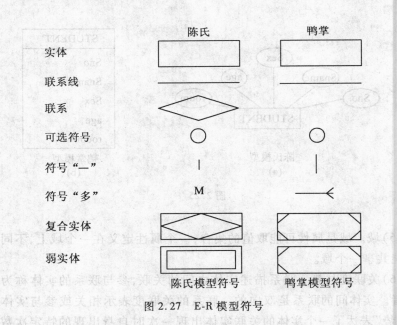

图 2.27　E-R 模型符号

　　使用上述符号表示,我们可以设计出"东方商城"关于顾客采购商品的管理数据库的陈氏模型(如图 2.28 所示)和鸭掌模型(如图 2.29 所示)。

　　图 2.28 为陈氏模型,每个顾客可能生成一张或多张发票。

　　每张发票只能由一个顾客生成。

　　每张发票可包含一个或多个发票行。

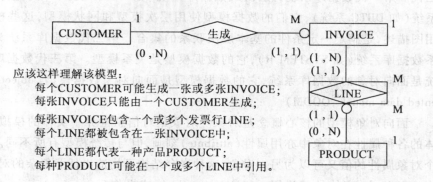

应该这样理解该模型：

每个CUSTOMER可能生成一张或多张INVOICE；
每张INVOICE只能由一个CUSTOMER生成；

每张INVOICE包含一个或多个发票行LINE；
每个LINE都被包含在一张INVOICE中；

每个LINE都代表一种产品PRODUCT；
每种PRODUCT可能在一个或多个LINE中引用。

图 2.28 发票问题在陈氏模型中的表示

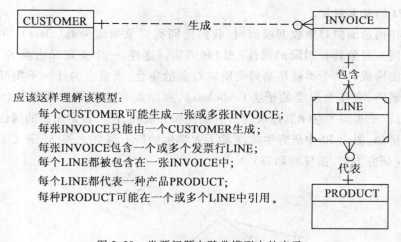

应该这样理解该模型：

每个CUSTOMER可能生成一张或多张INVOICE；
每张INVOICE只能由一个CUSTOMER生成；

每张INVOICE包含一个或多个发票行LINE；
每个LINE都被包含在一张INVOICE中；

每个LINE都代表一种产品PRODUCT；
每种PRODUCT可能在一个或多个LINE中引用。

图 2.29 发票问题在鸭掌模型中的表示

每个发票行只被包含在一张发票中。

每个发票行代表一种商品的销售情况。

每种商品可能在一个或多个发票行中引用。

图 2.29 为鸭掌模型，它表示了图 2.28 中同样的含义。

2.7 OODM

从 20 世纪 60 年代末数据库技术诞生以来，数据库系统至今已发展到第三代。第一代数据库系统为层次式数据库系统（如 IMS 系统）和网状数据库系统（如 DBTG 系统），它们的数据模型使用层次模型和网状模型，这些模型用图描述，是满足一定条件的基本层次联系的集合。第二代数据库系统为关系数据库系统（如 SYSTEM R），它的数据模型是关系模型。第三代数据库系统是面向对象的数据库系统，它的数据模型是面向对象数据模型（object-oriented data model，OODM）。

面向对象模型的核心概念是对象。对象是对信息世界中实体的模拟，实体的各种属性在对象中亦用属性（attribute）刻画，但与传统模型有所不同。一个对象属性的值又可以为另一对象，这种嵌套结构可构造出任意复杂的对象。在 OODM 中，实体的行为用一组方法（method）或操作（operation）表示，并把它们与描述实体结构的属性封装为一个整体，即对象。显然，对象由属性和操作两部分组成。每个对象有一个唯一性标识 OID（Object Identifier），对象是 OODM 的基本要素。

在构造面向对象数据模型时，我们把同类对象抽象为类（class），并给命名。同类对象具有相同的属性（型）和方法。这样，一个类定义由类名、属性和方法构成。一个类就是某同类所有对象的集合，该集合的任一子集可对应一个新类，称其为原类的子类（subclass），而原类称为该子类的超类（superclass）。子类除了继承其超类的所有属性和方法外，还可以定义新的属性和方法。例如，图 2.30 中研究生除继承了大学生的所有属性之外，还定义了新的属性（研究方向、指导教师等）。

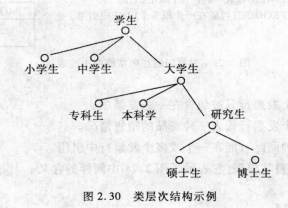

图 2.30　类层次结构示例

对象的唯一性（对象标识 OID）、封装（encapsulation）、子类对超类的继承性(inheritance)是面向对象模型的最基本的特征。面向对象的模型是由类构成的一个层次结构,类是对一类对象的抽象,类与类之间的继承关系构成类层次结构。面向对象模型是一种复杂的模型方法。

2.8 扩展的关系模型(对象/关系模型)

为了更好地描述绚丽多姿的现实世界,需要对复杂的应用对象建模。人们习惯地用已掌握的技术手段去解决新问题。由于关系系统支持的二维结构对复杂对象的描述无能为力,而 OODM 又缺乏标准和成熟软件的支持,因而人们很自然地想到利用成熟的关系系统进行扩展,吸收面向对象的某些功能。因此产生了扩展的关系数据库(或称对象/关系数据库)系统。它的数据模型是扩展的关系数据模型(Extended Relation Data Model,ERDM)或对象/关系数据模型(Object/Relation Data Model,O/RDM)。它们是语义模型的典型代表。依照这类数据模型所建立的数据库应具有下列性能:

(1)支持复杂数据类型(图、文、声)的描述与组织,对多数据源实现无缝连接。

(2)支持关系系统的模型方法和各种操作。

(3)提供数据库设计、实现、应用开发的可视化工具和功能强大的图形用户接口(GUI)。

(4)易于开发和使用,灵活性、有效性与安全性能好。

(5)支持 Internet 环境,方便使用与维护。

因此,ERDM 或 O/RDM 就必须具备这样一些特征:

(1)支持概念简单性,并且不会影响到数据库的语义完整性。

(2)数据描述方法的可用性好,一个数据模型必须尽可能地贴近现实世界。通过增加语义描述(静态描述与动态描述)后,使这个目标更容易实现。

(3)支持一致性和完整性。数据模型是对现实世界中事物及运动状态的抽象性描述,对现实世界转化(行为)的描述必须服从于数据模型的一致性与完整性。

2.9 小结

数据模型是数据库中数据的整体逻辑结构。数据模型包括三个方面的内容:数据结构、数据操作和完整性约束。流行的数据模型有:关系模型、层次模型、网状模型和面向对象的模型。

记录之间的联系有三种:1∶1联系,1∶N联系,M∶N联系。

用树型结构来表示记录之间的联系的模型叫做层次模型。层次模型是一个定向有序树,它有且仅有一个节点没有双亲,其余的节点有且仅有一个双亲。层次数据库模型基于一个树型结构,这个树结构由根节点、父节点和子节点组成。节点和文件中的记录类型等同。层次数据库模型描述了一组父节点和子节点之间的一对多(1∶M)联系。层次模型使用了一个总是从树的最左边开始的层次序列或者说是前序遍历来访问它的结构。

由于使用父/子结构,层次模型具有数据库完整性和一致性:不存在没有父节点的子节点记录。此外,一个精心设计的层次数据库在处理大量的数据或者许多事务时是非常高效的。

然而,层次模型只带来了一些数据独立性的好处。尽管数据特征的改变不影响使用该数据的程序,但是对数据库结构的任何改变仍然需要大量的重复工作。比如说,一个节点位置的改变会引发所有在其层次路径中使用这个节点的程序的修改,而且节点或者它们位置的变化要求执行复杂的系统管理任务。除非特别注意,否则一个节点的删除会导致对其下所有节点的无意删除。

因为层次模型中不包括即席查询的能力,所以应用程序有需要投入更多精力和资源的趋势。此外,一个多父亲的联系难以实现,比如多对多(M∶N)联系。最后,因为没有一个标准,层次模型缺乏可移植性。

网状模型满足的条件是:可以有多个节点没有双亲,允许有些节点有多个双亲。网状模型尝试去解决层次模型的许多局限性。数据系统语言协会(CODASYL)下的数据库任务组织(DBTG)为网状模式、子模式和数据管理语言提出了标准的网状模型规范。

网状模型具有层次模型的一些特征,并且在很大程度上改进了层次模型的局限性。比如说,模型的数据完整性是通过属记录对首记录的依赖来保证的。网状模型中的系定义了首记录和从属记录之间的联系,它允许一个程序访问一个首记录和它所有的属记录,因而比层次模型产生了更大的数据灵活性。

尽管网状数据库模型是有效率的,但是它的结构复杂性经常会限制它的有效性:设计者必须非常熟悉数据库的结构以获得效率。和之前的层次模型一样,结构独立性并没有伴随着数据独立性。数据库结构的任何修改都要求应用程序在能够访问数据库之前使用所有的子模式定义重新生效。换句话说,网状数据库有时候难以管理,并且它的复杂性会产生数据库设计的问题。

关系模型不同于层次模型和网状模型的树型结构,而是用表来表示。关系模型就是用二维表格表示实体和实体间联系的模型。关系数据库模型是现在数据库执行的标准。关系数据库管理系统(RDBMS)是如此的精致,以至于用户/设计者只需要参与数据库的逻辑视图设计,而物理存储、访问路径和数据结构的细节都是由 DBMS 来管理的。因此,关系数据库的设计变得比层次和网状设计简单得多。

因为 RDBMS 向用户/设计者隐藏了系统的复杂性,所以关系数据库同时表现出了数据独立性和结构独立性。因此,数据管理比以前的模型容易得多。关系环境编程的要求也要少得多,因为关系数据库有一种非常强大的查询语言,称为结构化的查询语言(SQL),它使即席查询成为可能。此外,RDBMS 包括了很多实用程序,使得设计和生成报表以及 I/O 显示变得容易,从而进一步减少了编程要求。

现实世界的数据和信息问题趋于复杂。信息的需求更加广泛,包括了诸如图片、声音和视频的数据类型的使用。复杂的数据环境导致了对新的数据模型的研究,这种数据模型有助于数据库的设计、管理和实现。这些模型中最先问世的是语义数据模型(SDM)。SDM 是一个面向对象的模型(OODM)。OODM 是面向对象数据库模型(OODBM)的基础,而 OODBM 是由一个面向对象数据库管理系统(OODBMS)来管理的。SDM 基本的建模结构是对象。对象和实体有些类似,因为它们都包括定义它们的事实。但是,和实体不同的是,对象中还包括这些事实之间的联系以及它和其他对象之间的联系的信息,因而使它的数据更有意义。因此,对象比以前数据模型中的实体有更多的语义内容。

具有共同特征的对象组成了类。一个类是一组具有共同属性(结构)和行为(方法)的相似对象的集合。因此,类和实体集有些类似。但是,类中也包括一组称为方法的过程。类被组织在类层次中,其中,每个对象都有一个父亲。因此,类层次结构允许层次中的每个对象基础在它之上的类的属性、关系和方法,因而保证了数据完整性。由于增加了语义内容和方法,对象潜在地建立了自治结构块,因而使模块设计和实现成为可能。

尽管 OO 数据模型有这么多优点并带来了潜在的好处,但是由于它缺乏统一的标准,难以使用的导航式数据访问环境,以及相对缓慢的事务处理速度造成了非常高的系统开销,妨碍了它作为一个数据库标准被广泛地接受。而关系数据模型采用了许多 OO 的扩充,成为扩展关系数据模型。因此,OODM 很大程度上应用于专门的工程和科学应用,而扩展的关系数据库模型 ERDM 主要适合商业应用。

根据数据模型的不同,数据库系统可以划分为三代:第一代数据库是层次数据库系统(如 IMS 系统)和网状数据库系统(如 DBTG 系统),它们采用层次模型和网状模型。第二代数据库系统为关系数据库系统(如 SYSTEM R),它采用关系模型。第三代数据库系统是面向对象的数据库系统,它的数据模型是面向对象模型。

三代数据库的模型方法各有所长,表 2.2 展示了三代数据模型特征的对照表。

表 2.2　　　　　　　　　　　　三代数据库模型的优点和缺点

数据库模型	数据独立性	结构独立性	优　点	缺　点
层次	是	否	促进数据共享 父/子联系保证了概念简单性 父/子联系保证了数据库完整性 由 1:M 固定联系而获得了效率	导航系统导致了复杂的设计、实现、应用开发、使用和管理实现的限制(没有 M:N 或者多父节点联系) DBMS 中没有数据定义语言或者数据操纵语言 缺乏标准
网状	是	否	至少和层次模型相同的概念简单性 可以处理更多的联系类型,诸如 N:M 和多父节点 首/属联系保证了数据库完整性 遵守标准 在 DBMS 中包括了数据定义和数据操纵语言	系统复杂性限制了效率(仍然是一个导航系统) 导航系统导致了复杂的设计、实现、应用开发和管理

续表

数据库模型	数据独立性	结构独立性	优 点	缺 点
关系	是	是	表格式视图充分改善了概念简单性,从而促进了更简单的数据库设计、实现、管理和使用 基于 SQL 的即席查询能力 强大的数据库管理系统改善了实现和管理的简单性	由于系统配有易于使用的 RD-BMS,所以要求巨大的硬件和系统软件开销 系统概念上的简单性给了未受训练的人一些工具,却使一个好的系统的性能下降 可能导致"信息岛"问题,由于个人和部门发现开发,他们自己的应用变得很容易
面向对象	是	是	增加了语义内容 包括语义内容的直观表示 继承保证了数据库完整性	缺乏标准 复杂的导航系统 陡峭的学习曲线 高的系统开销减慢了事务处理速度

习 题 2

2.1 什么是数据建模? ANSI/SPARC 定义的数据模型有哪些?

2.2 逻辑模型有哪几类? 它们各描述什么对象?

2.3 自数据库诞生以来,数据模型经历了哪些阶段?

2.4 什么是 E-R 模型? 它有哪些特点?

2.5 如何用 E-R 方法描述实体的信息模型?

2.6 设计管理一所大学各院(系)各学期开课情况和学生选修课程成绩的全局逻辑结构。

2.7 举出一个管理的实例,画出其逻辑结构图。

2.8 举出记录间联系为 1∶1、1∶N、N∶M 的例子,并将 N∶M 型的实例转化为两个 1∶N 的情况来研究(用图表示)。

2.9 一个数据库包含关于人员(person)和技能(skill)的信息。在某特定时间内,数据库内有下列人员和他们各自的技能。

人 员	技 能
An Shang	序设计（programming）
Chang Hua	管理（management）和程序设计
Li Hong	工程设计（engineering）、管理和程序设计
Wang Pin	管理和工程设计

数据库包含每个人的人事细节，如性别、年龄、地址和电话号码等。每个技能包含适当的基本培训课程（course）、工作成绩代码（JOBCODE）等信息。数据库还包含每个人听过每门课程的日期（date）等。

试画出数据的关系结构。

2.10 对照2.9中的数据，画出数据的两个层次结构。

2.11 对照2.9中的数据，画出数据的网状结构。

2.12 用网状模型表示指导教师、学生、课程之间的关系（假定每个指导教师指导多名学生；每个教师又可指导多门课程；一名学生可选修多门课程；但一名学生的一门课程只由一个教师指导）。

2.13 第一代数据库与第二代数据库的模型方法有何本质区别？

2.14 何谓语义模型？它有何特点？

2.15 什么是面向对象的数据模型？

2.16 人们为什么青睐扩展的关系模型？

2.17 三代数据库模型各有哪些优缺点？

3 关系数据库

"关系"只是表的数学术语,它是特殊种类的表。关系数据库基于关系模型,而关系模型是基于数学的数据抽象理论,它以集合论和谓词逻辑为理论基础。

从用户的观点来看,关系数据库是关系变量或表的集合。每个关系都含有一个标题和一个主体:标题是(列名:类型名)对的集合,主体是对应标题的行集。一个指定关系的标题可以当做谓词,主体中的每一行表示一个真命题。

关系数据库遵守一条非常好的原则,即信息原则。数据库全部的信息内容有一种表示方式而且只有一种,也就是表中的行列位置有明确的值。

数据模型包括:一组目标型、一组算子、一组完整性规则。在关系数据模型中,一组目标型,即一组关系变量(关系数据库的静态结构)。一组算子,即一组关系运算的集合,包括选择运算、投影运算、连接运算等。一组完整性规则包括实体完整性、参照完整性和用户定义完整性等。

由于关系运算的参与者是关系、运算结果是一个新关系,所以我们把这种特征叫做关系的封闭性,即关系系统的闭包特征。

关系数据库系统(RDBS)是第二代数据库系统。目前,它仍是数据库系统的主导产品。由于它理论完备、管理方便、友好用户,所以深受广大用户欢迎。关系数据库已走过了30年的发展历程。

1970 年,E. F. Codd 发表论文,首先提出了关系数据模型,随后他又发表了一系列论文,阐述了关系规范化的概念。他把数据库的数据结构归结为二维表即关系的形式,因而可用关系代数和关系演算为基础研究关系数据语言。从此不少学者和研究机构从事了大量的研究工作,全面、系统地阐述了关系数据库系统的方法。关系数据库系统迅速发展,先后推出了很多商品化的关系数据库管理系统。例如,ACCESS、DB2、FoxPro、Informix、Ingress、ORACLE、SQL Server、Sybase 等都是流行的关系 DBMS。

关系数据库可用数学的关系理论来处理数据库,它有坚实的理论基础,且具有数据模型简单、操作方便灵活、数据独立性高、理论严格等特点。

3.1 关系与关系变量

3.1.1 关系的数学定义

设 $D_1, D_2, D_3, \cdots, D_n$ 是一些非空的集合(不一定都相异),定义 $D_1, D_2, \cdots, D_n$ 的笛卡儿积(cartesian product),为

$$D_1 \times D_2 \times \cdots \times D_n = \{ (d_1, d_2, d_n) \cdots | d_i \in D_i, i = 1, 2, \cdots \}$$

其中每一个元素 $(d_1, d_2, \cdots, d_n)$ 叫做一个 n 元组(n-tuple),简称元组。元组中的每一个 d_i 叫做元组的第 i 个分量,$D_1, D_2, \cdots, D_n$ 称为域(domain),n 称为度(degree)。

对于笛卡儿积 $D_1 \times D_2 \times D_3 \times \cdots \times D_n$ 的任意一个子集称为 $D_1, D_2, \cdots, D_n$ 上的一个关系(relation),记为 $R(D_1, D_2, \cdots, D_n)$。

例如,假定 $D_1 = \{ L1, L2, L3 \}$,$D_2 = \{ B1, B2, B3 \}$,则 $D_1 \times D_2 = \{ (L1, B1), (L1, B2), (L1, B3), (L2, B1), (L2, B2), (L2, B3), (L3, B1), (L3, B2), (L3, B3) \}$

笛卡儿积实际上是一个二维表(见图 3.1)。

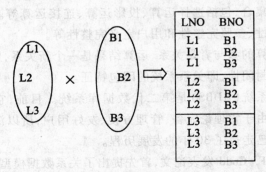

图 3.1 笛卡儿积

现有集合:D1 = { S1, S2, S3 }

D2 = { C1, C2, C3, C4 }

则 R1 = {(S1,C1),(S1,C2),(S2,C1),(S2,C2),(S3,C1),(S3,C2)}是 D1,D2 上的一个关系。而 R2 = {(S1,C3),(S1,C4),(S2,C3),(S2,C4),(S3,C3),(S3,C4)}也是 D1,D2 上的一个关系(见图 3.2)。

SNO	CNO
S1	C1
S1	C2
S2	C1
S2	C2
S3	C1
S3	C2

(a)关系 R1

SNO	CNO
S1	C3
S1	C4
S2	C3
S2	C4
S3	C3
S3	C4

(b)关系 R2

图 3.2　D1×D2 上的子集(关系)

3.1.2　关系模式

一个关系相当于一个二维表。图 3.3 给出了新书联合目录数据库中图书馆和图书的框架。这样的二维表的框架(相当于记录格式)称为关系模式(relation schema)或关系变量(relation variable)。表 3.1(a)、(b)分别给出与图 3.3 关系模式相应的关系。在表 3.1(a)中,关系 Library 有四个属性(LNO,LN,CITY,URL)或列,它有四个域,域名一般与属性名相同,也可以取不同的名称,如图 3.4 所示。如果域与属性有相同的名,则属性说明中可省略域的说明。

L

LNO	LN	CITY	URL
馆号	馆名	馆址	网址

B

BNO	BN	CLASSNO	PRICE
书号	书名	分类号	定价

图 3.3　关系模式

表 3.1（a）

LNO	LN	CITY	URL
L1	北京图书馆	北京	www. nlc. gov: cn
L2	北京大学图书馆	北京	www. lib. pku. edu. cn
L3	清华大学图书馆	北京	www. lib. tsinghua. edu. cn
L4	武汉大学图书馆	武汉	www. lib. whu. edu. cn
L5	中国科技大学图书馆	合肥	www. lib. uste. edu. cn
L6	西安交通大学图书馆	西安	202. 117. 24. 24
L7	上海图书馆	上海	www. libnet. sh. cn

表 3.1（b）

BNO	BN	CLASSNO	PRICE
B1	论系统工程	73. 82/Q2142	50. 00
B2	爱国与信仰	17. 6/H566	0. 27
B3	哥德巴赫猜想	51. 059/S548（11）	2. 58
B4	共同走向科学:百名院士科技系统报告集（下）	50. 83/Z666（3）	80. 00
B5	中国科学技术文库. 院士卷. 1	50. 83/Z713	180. 00
B6	科坛漫话	50. 83/Q211a	1. 40
B7	闻一多选集（第二卷）	44. 279/W376	3. 09
B8	An Introduotior to Database System	73. 87221/D232（4）	66. 00
B9	The relational model for Database management; version 2/	73. 87221/C669/1990/V2	17. 80

```
DOMAIN   LIBRARY-NUMBER   CHARACTER   (4)
DOMAIN   LIBRARY-NAME   CHARACTER   (30)
DOMAIN   CITY   CHARACTER   (6)
DOMAIN   UNIFORM-RESOURCE-LOCATION   CHARACTER   (30)
RELATION   L
(LNO: DOMAIN   LIBRARY-NUMBER
LN: DOMAIN   LIBRARY-NAME
CITY: DOMAIN   CITY
URL: DOMAIN   UNIFORM-RESOURCE-LOCATION)
```

图 3.4　域与属性

在关系数据库中,所有的关系都是规范化的关系,对于非规范化的关系可以等价地转化为一个规范化的关系。什么是规范化的关系呢? 给定的关系

R,它的每个属性值都是原子的(即不可再细分),则称这个关系 R 是规范化的关系(规范化关系的详细情况,留待第 5 章进一步讨论)。因为关系可以用二维表表示,所以规范化的定义可以用表给予直观说明。即在表中每个行和列相交的位置上总存在一个确切的值,而不是值的集合;满足这个条件的关系就是规范化的,如表 3.2(b)所示。而表 3.2(a)就是一个非规范化的关系,因

表 3-2   规范化关系的实例

(a)

L-B0	LNO	BO	
		BNO	OTY
	L1	B1	20
		B2	20
		B3	15
		B4	10
		B5	10
		B6	5
		B7	20
	L2	B2	30
		B3	50
		B4	5
		B5	5
	L3	B1	30
		B2	50
		B3	30
		B6	5
	L4	B1	20
		B2	20
		B6	30
		B9	2
	L6	B1	30
		B8	2
	L7	B8	3
		B9	2

(b)

LB	LNO	ENO	QTY
	L1	B1	20
	L1	B2	20
	L1	B3	15
	L1	B4	10
	L1	B5	10
	L1	B6	5
	L1	B7	20
	L2	B2	30
	L2	B3	50
	L2	B4	5
	L2	B5	5
	L3	B1	30
	L3	B2	50
	L3	B3	30
	L3	B6	5
	L4	B1	20
	L4	B2	20
	L4	B6	30
	L4	B9	2
	L6	B1	30
	L6	B8	2
	L7	B8	3
	L7	B9	2

为 BQ 还可以再分解。将 BQ 分解成表 3.2(b)的形式就成了规范化的关系。这样,表 3.1(a)、(b)和表 3.2(b)三张表就组成了新书联合目录数据库。本书后面,没有作特别说明的关系,我们都把它限于规范化的关系中来讨论。

3.2　关系数据库模型

关系模型是数据的一种逻辑结构。在关系模型中,有关系名、属性名及各关系的主码的定义。例如,新书联合目录数据库有三个关系名 L、B 和 LB,它们的框架如前所述。各关系之间的联系不是用指针来实现的,而是用相同的属性值来表示。即由数据本身自然地建立起它们之间的联系。这是关系模型所独有的特色。

在一个关系中,有多个属性,而具有唯一标识的属性或属性组合称为这个关系的候选码(candidate key)。例如,LNO 和 LN 都是关系 L 的候选码,BNO 是关系 B 的候选码,而(LNO,BNO)为关系 LB 的候选码。这里,属性组合有一个度,而大于候选码的属性组合为超码(supper key)。事实上,候选码本身和其他任何属性的组合都可以是超码,候选码是没有任何冗余的超码,主码既是超码又是候选码。

在关系模式中,常用 primary key 子句定义一个候选码为主码(PRIMARY KEY),如图 3.5 所示。

设关系 R1 中有一个属性 A,A 不是 R1 的候选码;而在数据模型中存在着另一关系 R2,且 A 为 R2 的主码,则称 A 为关系 R1 的外码(foreign key)。例如图 3.5 的关系 LB(LNO,BNO,QTY)中,LNO 不是 LB 的候选码,但 LNO 为关系 L 的主码,所以 LNO 为关系 LB 的外码。同理,BNO 也是关系 LB 的外码。

图 3.5 为新书联合目录数据库的关系模型的定义,即关系数据库模式。其中属性名与域名相同,模式中注明了主码和候选码。关系之间的联系通过外码实现。

从上面的描述我们可以看到,关系数据库模型与习惯术语有很多类似之处。例如:

关系(表)——文件

元组——记录值

属性——数据项或字段型

关系框架——记录型

关系数据库模式——概念模式

DOMAIN	LNO	CHARACTER	(4)	PRIMARY
DOMAIN	LN	CHARACTER	(30)	
DOMAIN	CITY	CHARACTER	(16)	
DOMAIN	URL	CHARACTER	(50)	
DOMAIN	BNO	CHARACTER	(13)	PRIMARY
DOMAIN	BN	CHARACTER	(60)	
DOMAIN	CLASSNO	CHARACTER	(15)	
DOMAIN	PRICE	CHARACTER	(7)	
DOMAIN	QTY	CHARACTER	(3)	
RELATION	L(LNO,LN,CITY,URL)			
	PRIMARY KEY (LNO)			
	ALTERNATE KEY (LN)			
RELATION	B(BNO,BN,CLASSNO,PRICE)			
	PRIMARY KEY (BNO)			
RELATION	LB (LNO,BNO,QTY)			
	PRIMARY KEY (LNO,BNO)			

图 3.5 新书联合目录数据库关系模式定义

域——数据项值的集合

在讨论关系与关系模型之后,我们对关系有了进一步的理解。关系具有如下性质:

(1) 关系的每个分量都是不可分的数据项。

(2) 关系的每一列都是同类型的数据,同属于一个类型的域值。

(3) 关系的每一列都有不同的命名。

(4) 同一关系中没有完全相同的元组。

(5) 关系的行、列顺序可以交换。

(6) 每个关系都有一个主码,它唯一标识不同的元组。

3.2.1 关系模型的实例

SYSTEM R 是关系原型系统。它的系统结构及数据模型很有代表性。

在 1.4 节中,我们已经介绍了 ANSI/SPARC 系统结构。它与 SYSTEM R 有一个对应关系。图 3.6 给出了这种对应关系。下面我们对它作一些简要说明。

（1）概念层中的基表和 ANSI/SPARC 中的"概念记录型"完全等价。基表是独立存在的表。每个基表在内层中都有一个给定的存储文件（stored file）相对应。

（2）SYSTEM R 的用户数据库观点（外模式）是一些基表（BASE TABLE）和若干个窗口（View）的集合。窗口（SYSTEM R 的窗口概念与前面所讲的视图含义不同）是从一个或几个基表导出的表。窗口实际上是一个虚表，它的数据在数据库中并不存储，而是由基表导出的。

（3）SYSTEM R 使用的数据子语言是结构查询语言 SQL，它具有查询（query）、操作（manipulation）、定义（definition）和控制（control）等功能。

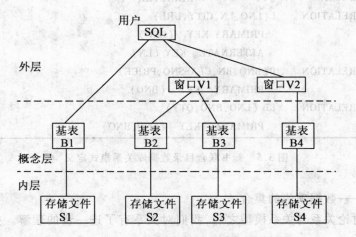

图 3.6　单用户见到的 SYSTEM R

SQL 语言分为 SQL DDL、SQL DML 和 SQL DCL 等部分，用户使用 SQL DML 可以在外层操作，也可以在概念层操作。SQL DDL 不仅可以定义外层（窗口）和概念层（基表），而且还可以定义内层（索引）等实体。SQL 的具体细节将在第 4 章中进一步讨论。

（4）内层中的存储文件是一个相同类型的所有存储记录值的集合，每个存储文件可有若干个索引。

SYSTEM R 包括两个主要子系统：RDS（relational data system）和 RSS（research storage system）。

由图 3.6 可知，SYSTEM R 的数据模型是若干基表的集合。

3.2.2 关系数据操作语言

关系数据操作语言以关系运算为基础,方便灵活、功能强,深受用户欢迎。关系运算分为两大类:

(1)把关系当集合,对关系实行各种集合运算的语言称为关系代数。

(2)用谓词来表示查询要求和条件的语言称为关系演算。关系演算又可分为两种:

①元组演算语言(tuple calculus language);

②域演算语言(domain calculus language)。

关系数据库操作语言比起其他网络数据库和层次数据库的数据操作语言有很多的优越性,主要原因是关系模型只有一种数据结构,即采用了简单的规范化的表结构,使之可以任意分割和组合。另外它是基于集合运算与谓词演算,因而操作更加方便灵活。下面我们来分别介绍几种关系数据库操作语言。

3.3 关系代数

关系代数(relation algebra)是关系运算的集合。关系运算可分为两类:

(1)传统的关系运算:并、差、交和笛卡儿积等。

(2)特殊的关系运算:投影、选择、联结和除法等。

关系代数运算中常用到下列运算符:

集合运算符:∪、-、∩、×

特殊运算符:π、σ、|×|、÷

算术比较符:>、>=、<、<=、=、<>

逻辑运算符:￢、∧、∨

3.3.1 传统的集合运算

传统的集合运算包括并、交、差和笛卡儿积。在进行并、交、差运算中,要求参加运算的两个关系必须有相同的度,并且这两个关系的第 j 个属性(j=1, 2,…,n)必须在相同的域内定义。

1. 并(union)运算

关系 A 和 B 的并由属于 A 或属于 B 或同时属于 A、B 的元组组成,记为 A∪B。

65

$A \cup B = \{a | a \in A \lor a \in B\}$，如图 3.7(c)所示。

关系 A

X	Y	Z
x1	y1	z1
x2	y2	z2
x2	y3	z3

(a)

关系 B

X	Y	Z
x2	y2	z2
x3	y3	z3
x2	y3	z3

(b)

关系 A∪B

X	Y	Z
x1	y1	z1
x2	y2	z2
x2	y3	z3
x3	y3	z3

(c)

关系 A−B

X	Y	Z
x1	y1	z1

(d)

关系 A∩B

X	Y	Z
x2	y2	z2
x2	y3	z3

(e)

图 3.7

2. 差(difference)运算

关系 A 与关系 B 的差为一个新关系。记为：

$$A-B = \{a | a \in A \land a \in B\}$$

新关系 A−B 由属于关系 A 而不属于关系 B 的元组所组成，如图 3.7(d)所示。

3. 交(intersection)运算

关系 A 与关系 B 的交是一个新关系。记为：

$$A \cap B = \{a | a \in A \land a \in B\}$$

这是由既属于关系 A 又属于关系 B 的元组所组成，如图 3.7(e)所示。

4. 广义笛卡儿积(extented cartesian product)

关系 A 为 n 度关系，关系 B 为 m 度关系，关系 A 与 B 的广义笛卡儿积是一个新关系。记为：

$$A \times B = \{ab | a \in A, b \in B\}$$

它的元组 ab 是关系 A 的元组 $a = (a_1, a_2, \cdots, a_n)$ 与关系 B 中的元组 $b = (b_{n+1}, b_{n+2}, \cdots, b_{n+m})$ 连接而成 $ab = (a_1, a_2, \cdots, a_n, b_{n+1}, b_{n+2}, \cdots, b_{n+m})$，如图3.8所示。

A：

A1	A2
a11	a21
a12	a22

B：

B1	B2	B3
b11	b21	b31
b12	b22	b32
b13	b23	b33

A×B：

A1	A2	B1	B2	B3
a11	a21	b11	b21	b31
a11	a21	b12	b22	b32
a11	a21	b13	b23	b33
a12	a22	b11	b21	b31
a12	a22	b12	b22	b32
a12	a22	b13	b23	b33

图 3.8

3.3.2　特殊的关系运算

1. 选择(SELECT)

关系 R 的选择运算结果是给定关系 R 的"水平"子集,即关系 R 内满足指定谓词 F 的元组的集合,记为:$\sigma_F(R)$。

F 是一个公式,以常数或属性名为运算对象,可以包括算术运算符,还可以包括逻辑运算符。例如对照表 3.1 中的关系 L 的选择如表 3.3(a)所示,对关系 B 的选择如表 3.3(b)所示,对表 3.2(b)中关系 LB 的选择如表 3.3(c)所示。

表 3.3(a)　　　　　　　　　$\sigma_{CITY='北京'}(L)$

LNO	LN	CITY	URL
L1	北京图书馆	北京	www.nlc.gov:cn
L2	北京大学图书馆	北京	www.lib.pku.edu.cn
L3	清华大学图书馆	北京	www.lib.tsinghua.edu.cn

表 3.3(b)　　　　　　　　　$\sigma_{price>80}(\mathbf{B})$

BNO	BN	CLASSNO	PRICE
B4	共同走向科学,百名院士 科技系统报告集(下)	50.83/Z666(3)	80.00
B5	中国科学技术文库,院士卷,1	50.83/Z713	180.00

表 3.3(c)　　　　　　　　　$\sigma_{QTY<8}(\mathbf{LB})$

LNO	BNO	QTY
L1	B6	5
L2	B4	5
L3	B5	5
L3	B6	5
L4	B9	2
L6	B8	5
L7	B8	3
L7	B9	2

2. 投影(project)运算

投影运算是把关系去掉某些列,然后重新排列剩余的列。或者说,投影的结果关系是取出所需的列,重新排列后并去掉重复元组后组成的一个新关系。设关系 R 为 n 元关系,A_{i1},A_{i2},$\cdots$,A_{im} 分别是它的第 i1,i2,$\cdots$,im 个属性,则关系 R 在 A_{i1},A_{i2},$\cdots$,A_{im} 上的投影是一个 m 元关系(其属性为 A_{i1},A_{i2},$\cdots$,A_{im}),记为

$$\Pi A_{i1},A_{i2},\cdots,A_{im}(R)$$

对照表 3.1 中的数据投影运算的例子如表 3.4 所示。

表 3.4

$\Pi_{CITY}(L)$ $\Pi_{LN,URL}(L)$

CITY
北京
武汉
合肥
西安
上海

LN	URL
北京图书馆	www.nlc.gov:cn
北京大学图书馆	www.lib.pku.edu.cn
清华大学图书馆	www.lib.tsinghua.edu.cn
武汉大学图书馆	www.lib.whu.edu.cn
中国科技大学图书馆	www.lib.uste.edu.cn
西安交通大学图书馆	202.117.24.24
上海图书馆	www.libnet.sh.cn

3. 连接(join)运算

设关系 A 和 B 分别是 n 元和 m 元关系,A_i 和 B_j 分别是关系 A 和 B 的分量,则关系 A 的第 i 列与关系 B 的第 j 列的 θ(θ 是算术比较符)连接是一个 n+m 元的新关系 S,它是关系 A 和 B 的笛卡儿子集。S 的元组必须满足 A_i 与 B_j 的 θ 关系,记为:

$$S = A |\times| B$$
$$A_i \theta B_j$$

当 θ 为"="时,上式为等连接。

当 θ 为"<"时,上式为小于连接。

当 θ 为">"时,上式为大于连接。

当 θ 为"<>"时,上式为不等连接。

表 2.5 给出了等连接的例子。

4. 自然连接(Natural Join)运算

自然连接类似于等连接。它是一种十分重要的运算。但它与等连接又有很大区别。

设关系 A 和 B 有相同的属性名 A_i(i=1,2,…,K),则 A 和 B 的自然连接为一个新关系,它是 A 和 B 在 A_i 上等连接后去掉重复的 A_i 属性后的结果,记为 A * B。

例如,将表 3.5 中关系 B 中的属性 B1 换成 A2,则 A 与 B 的自然连接如表 3.6 所示。

表 3.5

A	A1	A2	A3
	a11	1	a31
	a12	3	a32
	a13	3	a33
	a14	2	a34
	a15	1	a35
	a16	7	a36

B	B1	B2	B3	B4
	1	b21	b31	b41
	2	b22	b32	b42
	5	b23	b33	b43
	7	b24	b34	b44

A|×|B	A1	A2	A3	B1	B2	B3	B4
A2 = B1	a11	1	a31	1	b21	b31	b41
	a14	2	a34	2	b22	b32	b42
	a15	1	a35	1	b21	b31	b41
	a16	7	a36	7	b24	b34	b44

比较表 3.5 和表 3.6 可以知道,等连接与自然连接是不一样的。首先,自然连接要求有相同的属性 Ai,而等连接不一定具备。其次,自然连接将相同属性的重复属性去掉,而等连接仍然保留。

表 3.6

A * B	A1	A2	A3	B2	B3	B4
	a11	1	a31	b21	b31	b41
	a14	2	a34	b22	b32	b42
	a15	1	a35	b21	b31	b41
	a16	7	a37	b24	b34	b44

5. 除法(division)运算

设 A 为 m+n 元关系,B 为 n 元关系,则 A DIVIDE BY B 的结果为一个 m 元的新关系 R。记为:

$$R = A \div B$$

例如,关系 DEND(LNO,BNO)为一个二元关系,关系 DOR(BNO)为一个

一元关系，而

$$RESULT = DEND \div DOR$$

为一个一元关系。三个除法的运算结果如表 3.7 所示。

表 3.7

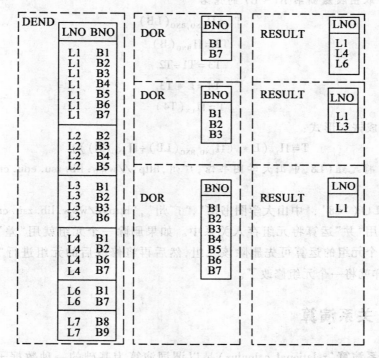

3.3.3 实例

1. 查找收藏新书 B4 的馆号

首先对 LB 进行选择（F：BNO = 'B4'），将满足 F 的元组组成临时关系 T1，然后将 T1 在 LNO 上投影，得到结果如下：

$$T1 = \sigma_{BNO = 'B4'}(LB)$$

$$T = \Pi_{LNO}(T1)$$

或者写成嵌套的形式：

$$T = \Pi_{LNO}(\sigma_{BNO = 'B4'}(LB))$$

2. 取出收藏新书 B4 的馆名

$$T1 = \sigma_{BNO = 'B4'}(LB)$$

$$T2 = L * T1$$

$$T = \Pi_{LN}(T2)$$

也可以写成嵌套的形式：

$$T = \Pi_{LN}(L * (\sigma_{BNO = 'B4'}(LB)))$$

3. 取出收藏新书 B1～B7 的馆名

$$T1 = \Pi_{LNO,BNO}(LB)$$

$$T2 = \Pi_{BNO}(B)$$

$$T3 = T1 \div T2$$

$$T4 = L * T3$$

$$T = \Pi_{LN}(T4)$$

或者写成嵌套形式：

$$T = \Pi_{LN}(L * (\Pi_{LNO,BNO}(LB) \div \Pi_{BNO}(B)))$$

4. 将元组(L8,中山大学图书馆,广州,http://www.lib.zsu.edu.cn)插入关系 L

$$T = L \cup ('L8', '中山大学图书馆', '广州', 'http://www.lib.zsu.cn')$$

即用"并"运算将元组存入关系中。如果删除一个元组就用"差"运算。修改一个元组的运算可先删除该元组,然后再将修改后的元组进行"并"运算,这样就将一个元组修改了。

3.4 关系演算

关系演算(relational calculus)是以谓词演算为基础的一种数据子语言。关系演算的思想由 Kuhns 于 1967 年提出,后来 E. F. Codd 提出了关系演算的概念,并建议了一种关系演算式的语言——DSL ALPHA(Data Sub Language ALPHA)。虽然 ALPHA 语言本身没有实现,但它奠定了实现这类语言的基础。后面将要介绍的一种关系数据库系统 INGRES 的查询语言 QUEL 就与 ALPHA 非常类似。

关系演算分两种:元组关系演算和域关系演算。前者以元组为变量,后者以域为变量,下面来分别进行讨论。

3.4.1 元组关系演算

元组关系演算的主要结构是元组演算表达式,它可以用来定义一个检索结果、一个更新目标或一个视图等。

关系演算表达式由元组变量、条件和 WFF 等元素组成。

元组变量 R(T)表明 T 是元组变量,它在关系 R 中变化。而 T. A 表达式为关系 T 的一个属性为 A。公式 X $*$ Y 的条件,X、Y 为表达式和常量(至少有一个为元组变量)。$*$ 为算术运算符 = , > , >= , < , <= , ⌐ 中的一种。

WFF(Well-Formed Formulas)为合适公式。它由条件(f)、布尔运算符(AND、OR、NOT)和限定符(∃、∀),按照一定的规则组成。其中"∃"为"存在量词","∀"为"全称量词"。这一定的规则是:每个条件 f 都是 WFF。若 f 为 WFF,则 NOT(f)也是 WFF。若 f 和 g 为 WFF,则(f AND g)和(f OR g)也是 WFF。若 f 为 WFF,T 为自由变量,则∃T(f)和∀T(f)是 WFF。元组演算的表达式为:

$$T. A, U. B, \cdots, V. C[\text{WHERE } f]$$

其中:T,U,$\cdots$,V 为元组变量,A,B,$\cdots$,C 为相关关系的属性。f 是真正包含了 T,U,$\cdots$,V 作为自由变量的 WFF。

例如,我们对关系 L 用元组变量 LX,LY,LZ,……对关系 B 用元组变量 BX,BY,BZ,……对关系 LB 用 LBX,LBY,LBZ,……

条件:LX. LNO = 'L4 '

  LX. LNO = LBY. LNO

  LBY. BNO = BZ. BNO

某些有效的 WFF 为:

NOT(LX. CITY = '合肥')

LX. LNO = LBY. LNO AND LBY. BNO = BZ. BNO

  LBX(LBX. LNO = LX. LNO AND LBX. BNO = ' B4 ')

  BX(BX. BN = "爱国与信仰")

上例中,第二个 WFF 中 LX、LBY、BZ 都是自由的,称自由变量。在第四个 WFF 中的 BX 是有范围的,称范围变量。

下面看几个实际例子。

(1)取出馆址在武汉的图书馆馆号。

LX. LNO WHERE LX. CITY = '武汉'

这样得到一个关系 LNO 的子集。子集中每个馆号所指的图书馆,其馆址均在武汉。

(2)查找收藏新书"B6"的馆名。

LX. LN WHERE LBX(LBX. LNO = LX. LNO AND LBX. BNO = "B6")

(3)取出数据库中所有图书馆的馆号:LX. LNO。

后面没有注明限定条件,则取出整个馆号集。

元组关系演算应用很广,Ingres 系统(该系统的介绍详见第 12 章第 5 节)所配置的查询语言 QUEL 就是典型一例。下面列举两个用 QUEL 语言实现检索的例子。

QUEL 的 retrieve 语句格式如下:

range of t1 ,t2 ,…,tm is r1 ,r2 ,…,rm

retrieve ti1. A1 ,ti2. A2 ,…,tik. Ak

where φ(t1 ,t2 ,…,tm)

例 1　查找馆址(CITY)在北京的图书馆馆号与馆名。

range of t is L

retrieve (t. LNO ,t. LN)

where t. CITY ='北京'

例 2　查找收藏新书 B2 的图书馆馆号、馆名与复本数(QTY)。

range of t1 is L

range of t2 is LB

retrieve (t1. LNO ,t1. LN ,t2. QTY)

where t2. BNO =' B2 ' and t1. LNO =t2. LNO

3.4.2　域关系演算 QBE

元组关系演算仅是关系演算的一种形式,下面介绍元组演算的另一种形式——域关系演算。域关系演算以元组变量的分量作为谓词变元的基本对象。QBE 就是一个很有特色的域关系演算语言。QBE 是 Query By Example 的简称。它于 1975 年由 M. M. Zloof 提出,由 IBM Yorktown Hights Research Laboratory 研究完成,在 IBM 370 机上实现。QBE 既指系统本身,又指系统支持的用户语言。QBE 用户语言用表格进行说明,用户填表进行操作,故称 QBE 语言为表格语言。

QBE 的操作非常直观,其操作过程可归纳如下:

(1)用户提出使用要求。

(2)系统显示一张空表(见图 3.9)。

(3)用户指定关系名。

(4)系统自动显示出该关系的属性名。

(5)用户提出具体的操作目标。

(6)系统执行用户的操作并反馈信息。

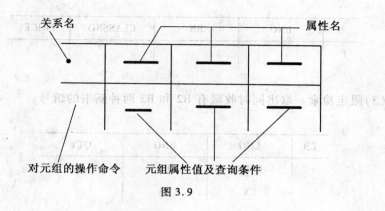

图 3.9

例如,打印馆址在武汉的像 L4 这样的所有馆号。

L	LNO	LN	CITY	URL
	P. L4		<u>武汉</u>	

其中,P 表示"打印",即操作目标。L4 表示"实例元素",即一个可能答案的实例。实例元素用下画线标明。武汉一个常量元素。为了对 QBE 作进一步的说明,我们用一批操作实例来进行具体讨论。

我们假定图书 B 的结构为:B(BNO,BN,CLASSNO,PRICE)。

1. 检索操作

(1)简单检索。打印收藏新书的书名。

B	BNO	BN	CLASSNO	PRICE
		P.<u>数据结构</u>		

(2)简单检索。取出新收藏图书的全部信息。

B	BNO	BN	CLASSNO	PRICE
	P. <u>B1</u>	P.<u>论系统工程</u>	P. <u>73</u>	P.<u>24.00</u>

上述操作也可用下表简略地表示出来。

B	BNO	BN	CLASSNO	PRICE
P.				

（3）限定检索。取出同时收藏有 B2 和 B3 两种新书的馆号。

LB	LNO	BNO	QTY
	P. LX	B2	
	LX	B3	

这里用两行表示查询，同一实例元素必须用两次，系统才能将两行进行"与"操作。

（4）使用链接检索。取出收藏新书 B4 的馆名。

L	LNO	LN	CITY	URL
	LX	P. LN1		

LB	LNO	BNO	QTY
	LX	B4	

其中，实例元素 LX 用作表 L 与 LB 之间的链接。

（5）使用链接检索。查找收藏至少有一种 CLASSNO 为 73 的新书的馆名。

L	LNO	LN	CITY	URL
	LX	P. LN2		

LB	LNO	BNO	QTY
	LX	BX	

B	BNO	BN	CLASSNO	PRICE
	BX		73	

这里，表 L 与 LB 之间用 LX 作链接；表 LB 与 B 之间用 BX 作链接。

（6）使用"非"检索。取出没有收藏新书 B6 的馆名。

L	LNO	LN	CITY	URL		LB	LNO	BNO	QTY
	LX	P. LN3					¬	LX	B6	

表 LB 中的"¬"为 NOT(非)操作符。

（7）从一个以上的表内检索。取出馆名和它收藏新书的书号。

L	LNO	LN	CITY	URL		LB	LNO	BNO	QTY
	LX	LN4					LX	BX	

RESULT	LN	BNO
	P. LN4	P. BX

（8）在一个表内用链接检索。取出图书馆 L3 所收藏的一种新书的另一个收藏馆的馆号。

LB	LNO	BNO	QTY
	P. LX	BX	
	L3	BX	

2. 利用内部函数检索

QBE 提供了下列内部函数集,供检索时选用。

CNT. ALL   CNT. UNQ. ALL

SUM. ALL   SUM. UNQ. ALL

AVG. ALL   AVG. UNQ. ALL

MAX. ALL   MIN. ALL

其中:"UNQ"为 UNIQUE,有消除冗余的功能;"UNQ"为选择项,只有 CNT,SUM,AVG 函数可以选择;而"ALL"总是被指定使用。

（1）使用函数的简单检索。取出这批新书的种数。

B	BNO	BN	CLASSNO	PRICE
	P. CNT. ALL. BX			

（2）使用函数的限定检索。取出新书 B4 的总收藏量。

LB	LNO	BNO	QTY
		B4	P. SUM. ALL. Q

（3）带组的检索。对每种新书，取出其书号和它的总收藏量。

LB	LNO	BNO	QTY
		P. G. BX	P. SUM. ALL. QX

表中的"G"是 QBE 带组检索操作符号。它与 SQL 语言中的 GROUP BY 操作符等价。

3. 更新操作

（1）单个记录的更新。将 L7 的馆址由北京改为合肥。

L	LNO	LN	CITY	URL
	L7		U. 合肥	

或者

L	LNO	LN	CITY	URL
U.	L7		合肥	

（2）多个记录的更新。将 L2 收藏的每种新书的册数加 5 本。

LB	LNO	BNO	QTY
	L2		$\underline{Q}$
U.	L2		$\underline{Q}$+5

(3)记录的插入。将新书(B9,软件工程,73,3.60)插入表 B。

B	BNO	BN	CLASSNO	PRICE
I.	B9	软件工程	73	24.50

(4)记录的删除。将新书 B7 删除。

B	BNO	BN	CLASSNO	PRICE
D.	B7			

3.5 RDBMS 的级别

关系数据库管理系统(RDBMS)是关系数据库系统(RDBS)的基础和核心。当前,流行的 RDBS 很多,它们的功能相似,但不完全一样。从一个 RDBS 具有的功能指标来考核,主要考核点为关系模型的三个基本要素:关系数据结构(Structure,S)、数据操作(Manipulation,M)和关系的完整性(Integrity,I)。有些关系系统只是部分地满足这些要素,而有的全部满足。依照 E. F. Codd 的观点,关系系统可分为四类(如图 3.10 所示)。图 3.10 中的阴影部分表示各类系统支持关系模型的程度。

(1) 表示系统　　(2) (最小)关系系统　　(3) 关系完备系统　　(4) 全关系系统

图 3.10　关系系统分类

1. 表示系统

这类系统实际上不能算关系系统。因为它仅支持关系数据结构(即表结构),不支持数据集合的操作。

2.（最小）关系系统

这类系统不仅支持关系数据结构（表结构），而且还支持选择、投影、连接三种关系操作，因而它是一个关系系统。由于它的其他功能比较薄弱，因而是最小关系系统。目前，在微机上流行的 RDBMS 中的中、小型 RDBS，大多数为这类 RDBMS。

3. 关系完备系统

它支持关系数据结构和所有的关系代数操作。目前，较流行的 ORACLE、DB2 等大型关系系统都属于这一类。

4. 全关系系统

这类系统完全支持关系结构（S）、数据操作（M）和完整性（I）约束。当前的一些大型 RDBMS（如 DB2、ORACLE 等）虽然比较接近这个目标，但远没有完全达到这些目标。因而，目前还没有一个完全的关系系统。

综上所述，后 3 种关系系统虽然有差别，但它们完全支持三级模式和两级映像。具有较好的数据独立性和自动恢复功能、不同程度地支持安全性、完整性。这两类系统是当前关系系统的主流。

习 题 3

3.1 什么叫关系？如何描述关系框架？

3.2 什么是关系变量？何谓关系的标题与主体？

3.3 信息原则是何含义？

3.4 试定义下列名词术语：

域	度	关系框架
元组	基表	关系模式
属性	笛卡儿积	关系数据库模型
主码	候选码	关系数据库模式
外码	次码	空值 超码

3.5 简述关系与传统文件之间的区别。

3.6 下图表示了图书发行数据库模型，分别由书店（S）、图书（B）、图书馆（L）和图书发行（LBS）等表组成。书店的主码为 SNO，图书的主码为 BNO，图书馆的主码为 LNO，而图书发行的主码为（LNO，BNO，SNO）。试用关系代数写出下列各题结果。

L

LNO	LN	CITY	URL

B

BNO	BN	PUBLISHER	PRICE

S

SNO	SNAME	ADDRESS	TEL

LBS

LNO	BNO	SNO	QTY

（1）查找 L2 从书店 S1 和 S2 所购买的新书书号及其册数。

（2）查找购买新书 B1 收藏馆的馆名。

3.7　用 QBE 方法写出习题 3.6 中（1）～（2）各题的结果。

3.8　如何对 RDBMS 进行分类？

4 结构式查询语言 SQL

关系数据库仍是当前数据库的主流产品。由于历史的原因,流行的 RD-BMS 很多,而数据格式各异。例如,Oracle,SQL Server,Sybase,DB2,INGRES,Informix,VFP,ACCESS 等的数据操作如何统一呢? 这就需要统一的数据语言,SQL 应运而生。实际上,SQL 语言是关系数据库的标准语言。

4.1 SQL 的诞生与发展

结构式查询语言(Structured Query Language,SQL)是关系数据库的标准化语言。它的前身是 SEQEL(Structured English Query Language)语言。1974 年由 Boyce 和 Chamberlin 提出。1976 年修改成 SEQUEL 2,即 SQL 语言。

1975—1979 年,IBM 公司 San Jose Research Laboratory 研制的关系数据库管理系统(原型)System R 首先实现了这种语言。该语言结构清晰、语言简洁、使用方便灵活、功能很强。不仅具有查询(检索)功能,而且还具有定义、维护(更新)数据库和数据控制功能。它既是一种自含式语言,又可作为嵌套式子语言使用,因而深受用户欢迎。计算机厂商把 SQL 语言应用到各种机型的 RDBS 中,近年来,随着 Internet 迅猛发展,人们在 HTML(超文本标记语言)中嵌入 SQL 语句,通过 WWW 访问数据库。使 SQL 语言在因特网上更快发展。

1986 年,美国 ANSI(American National Standard Institute)推出了第一个 SQL 标准——SQL-86,1987 年国际标准化组织通过了相应的 ISO 标准。1989 年,ISO 组织在模式定义中增加了完整性描述的内容,并对相关内容进行了修订,推出了新的 ISO 标准 SQL-89。1990 年我国也制定了 SQL-89 兼容版的国家标准。随着 SQL 语言的广泛应用和快速发展,SQL-89 已不能适应新需求,因而 1992 年 ISO 对 SQL-89 进行了扩充和修改,推出了新标准 SQL-92,即 SQL2。

SQL2 规模庞大,为了有利于不同级别用户的需要,对 SQL2 分为三级:初级 SQL2、中级 SQL2 和完全 SQL2。初级 SQL2 仅对 SQL-89 增加了部分功能。例如,在 SELECT 子句中可用 AS 子句为表达式命令等。中级 SQL2 在初级 SQL2 上有全面扩充,一是扩充了数据类型,二是扩充了操作种类和完整性方面的内容。而完全 SQL2 又进一步扩充了中级 SQL2,对某些操作放宽了限制,增加了 bit 数据类型,并支持过程数据库的操作。三种级别的 SQL2 促进了关系数据库的利用。随着应用的进一步深入,对 SQL 语言又提出了不少要求。于是美国标准协会(ANSI)在 1995 年又将 SQL2 进一步进行了扩充,主要是扩展了面向对象功能,它支持用户自定义数据类型,提供递归操作、临时视图、更通用的授权结构和嵌套的检索结构等。推出了新标准 SQL3。随着应用的广泛深入,SQL3 还将发展下去。

无论 SQL-86 和 SQL-89 还是 SQL2 和 SQL3,它们都包括了四个方面的基本功能:定义数据库、数据查询、更新数据库和数据控制等。

SQL 语言可以作为独立的语言由联机终端用户在交互环境下使用,也可以作为一种嵌套子语言嵌入宿主语言(如 COBOL、PL/1 语言等)中使用。独立的 SQL 又分成 SQL DDL 和 SQL DML。

4.2 SQL DDL

SQL DDL 用来定义 RDB 的数据结构,负责建立、维护和删除基表、窗口和索引等对象。在介绍定义格式之前,我们先看一个例子。对照图 4.1 的数据,给出表 S、Course 和 Sc 的 SQL 定义。

下面分别给出 SQL DDL 对基表、窗口、索引等的定义格式。

1. 基表

基表(base table)是独立存在的一种表(实表),用 SQL DDL 进行定义。其定义的语句格式如下:

CREATE TABLE⟨base-table-name⟩

  (⟨field-1 definition⟩[,⟨field-2 definition⟩]……)

  [IN SEGMENT⟨segment name⟩]

其中,field-definition 为字段定义。每个字段包括三项:

field-name(data-type [,nonull])即字段名、字段数据类型和 NONULL 说明(任选)。字段名的定义必须具有唯一性。字段数据类型可定义下列类型

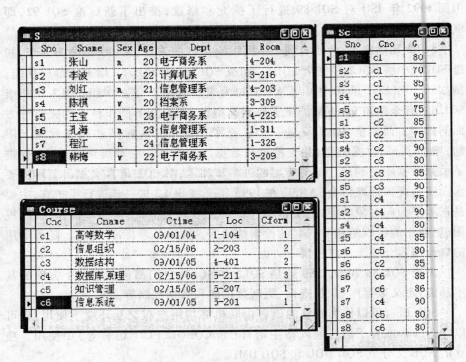

图 4.1　教学管理数据库范例数据

的任意一种：

CHAR(n)(固定长字符串)，VARCHAR(n)(可变长字符串)，MEMO(任意长度的文本数据)；

INTEGER(全字长二进制整型数)，SMALLINT(半字长二进制整型数)，NUMERIC(数值型数据)，FLOAT(双字长浮点数)；

日期型(DATE)，日期时间型(DATE TIME)；

逻辑型(LOGICAL)；

通用型(GENERAL)；

大二进制对象(BLOB)等。

若选用 NONULL，则该字段不允许空值。若没有此选择项，才允许空值 NULL VALUE。空值是对数据库插入新记录时，未予指明的数据项之值。这是区别于任何具体数值的虚设数值。

例如，用 SQL DDL 建立教学管理数据库里的表 S、Course 和 Sc 的情况。在 SQL Plus 环境下，先来看表 S(学生信息表)的定义语句：

```
SQL> CREATE TABLE S(
2        sno char(12),/ * 学号 * /
3        sname varchar(20),/ * 姓名 * /
4        sex char(1),/ * 性别 * /
5        age number(2),/ * 年龄 * /
6        Dept varchar(12),/ * 系名 * /
7        Room char(10),/ * 住址 * /
8        Constraint pk_s primary key(sno)/ * 主码为 sno * /
9        );
```

表已创建

事实上,用户输入的上述语句执行后系统反馈"表已创建",说明表 S 的结构已由系统生成,并在数据字典中登记。这时利用 DML 语句就可以录入数据。

用相同的方法,可以创建表 Course。其语句录入如下:

```
SQL>    Create table Course(
2        Cno char(5),/ * 课程号 * /
3        Cname varchar(16),/ * 课程名 * /
4        Ctime DATE,/ * 开课时间 * /
5        Loc char(8),/ * 开课地点 * /
6        Cform char(1),/ * 开课方式 * /
7        Constraint pk_c primary key(cno)/ * 外码定义 * /
8        );
```

表已创建

同理,建立表 sc(选修课程成绩)的人机交互过程如下:

```
SQL> Create table sc(
2        Sno char(12),
3        Cno char(5),
4        G number(3),/ * 成绩 * /
4        Constraint pk_sc primary key(sno,cno)/ * 主码为组合属性 * /
6        );
```

表已创建

对于已经建立的基表,可以进行扩充。其语句格式为:

EXPAND TABLE base-table-name

ADD FIELD field-name(data-type)

例如：

EXPAND TABLE S

ADD FIELD TEL (INTEGER)

该语句给学生表加上了电话号码(TEL)字段。原定义的 S 表,由 5 个字段扩充到 6 个字段。这时新字段的值为空值。

SQL DDL 可以用来对基表进行删除。其语句格式如下：

DROP TABLE base-table-name

执行该语句,指定表中所有记录被删除,由它建立的索引,导出的窗口也一并删除。同时释放它的存储空间。

2. 窗口

窗口(view)是用户的数据库观点。上面已指出基表是实表,相应窗口为虚表。这是因为基表有独立的存储文件支持,而窗口仅由一个或几个基表导出。

定义窗口的语句格式：

CREATE VIEW 〈view-name〉[(field-name 1

[,field-name 2] ……)]

AS SELECT-statement

用户可以通过这一格式语句,定义自己所需要的窗口。如果利用教学管理数据库,建立一个窗口,供查询电子商务系的学生住址用。这样,可以定义

CREATE VIEW v1_zz

AS SELECT sname,room

FROM S

WHERE 系名 ='电子商务系'

又如：

CREATE VIEW v2_kb

AS SELECT cname,loc

FROM Course

这是简易课表的窗口,它只关心课程名与开课地点。

窗口是一个虚表,它的定义只在数据字典(数据字典的具体情况将在第 6 章中讨论)中存储。在执行 CREATE VIEW 语句时,其中的 SELECT 语句并不执行。只是在用户对窗口进行一次查询时,才执行一次查询修改。即系统把查询语句与窗口定义中的 SELELT 语句结合起来,生成一个修正的查询语句,

然后加以执行。

例如:SELECT *

FROM v1_zz

这是对窗口 v1_zz 操作,而 v1_zz 并不实际存储在目标库中,它只是从关系 S 中导出的虚表。于是,查询窗口的定义,生成一个修正的查询语句为:

SELECT sname,room

FROM S

WHERE dept='电子商务系'

删除一个窗口的语句格式为:

DROP VIEW〈View-name〉

执行这一语句,则从关系数据库数据字典中将该窗口的定义以及由它导出的其他窗口的定义一起被删除。

3. 索引

为了提供多个存取路径,DBA 负责对一个基表建立若干个索引。索引用 B+树组织,检索的响应速度快。用户不必知道索引的情况。DBA 利用 SQL DDL 建立基表索引,其语句格式是:

CREATE 〔UNIQUE〕INDEX index-name

ON base-table-name(field-name

〔ORDER〕〔,field-name ORDER〕……)

其中:UNIQUE 为任选项,定义索引字段值的唯一性。ORDER 任选项可以指定为 ASC 和 DESC,ASC 为字段值的升序排列;DESC 为字段值的降序排列。若没有指定 ORDER,则按 ASC 处理。

例如:

SQL>CREATE INDEX XM ON S (SNAME);

索引已创建

SQL>CREATE INDEX km ON course (cname);

索引已创建

SQL>CREATE INDEX XB ON S(Dept,sno);

索引已创建

可以对基表中的字段建索引,也可以对基表中的字段组合建立索引。

删除一个索引的语句格式为:

DROP INDEX index-name

例如:

SQL>DROP INDEX XB

执行该语句,既删除了索引 XB,又释放了存储空间。

4.3 SQL DML

SQL DML 支持对数据库的更新操作,可以对数据库进行插入(insert)、删除(delete)和修改(update)。

1. 插入记录

将一个学生的记录信息插入到关系 S 中。例如:

SQL> insert into S values('S7','程江','m',24,'信息管理系','1-326');

已创建 1 行

SQL>COMMIT;

提交完成

上述语句完成了一条记录的插入,它将记录写入了指定的数据表中。多个元组的插入就建成了如图 4.1 所示的多个表,从而构建了一个数据库。

2. 删除记录

将课程 c6 删除:

SQL> delete course where cno='c6';

已删除 1 行

SQL>COMMIT;

提交完成

其中:WHERE 子句表示条件,如果 WHERE 子句省略,则整个表 B 内的全部记录将被删除,但此表的定义仍在数据字典中。

3. 修改记录

将王宝的住址改为 4-201。

SQL> update S set room='4-201' where sno='s5';

已更新 1 行

SQL> commit;

提交完成

其中,WHERE 子句为条件,SET 子句为修改后的新值。UPDATE 子句的功能是将符合条件的记录找到并送工作区修改,然后送回数据库。Commit 为写入提交并测试。

4.4 SQL 查询

用 SQL DDL 定义的关系数据库,可以用 SQL DML 进行插入与维护数据库。然后,进行检索与统计。其操作分几个类型,如单表检索、多表检索和利用内部函数进行操作等。为了叙述方便。我们先对照图 4.1 中数据进行操作。

SQL 查询操作,其基本结构是用查找块:SELECT- FROM- WHERE 表示。各子句的含义如下:

> SELECT　〈目标列表〉
> FROM　　〈操作对象列表〉
> WHERE　〈查询条件〉

其中:目标列表为需要检索输出的属性列表。操作对象列表可以是基本表、视图或数据库。而查询条件可以是简单条件,也可以是复杂条件(用布尔逻辑组合)。教学管理数据库的可视化数据模型如图 4.2 所示。外码把数据库的多个表连接在一起。

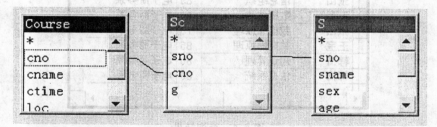

图 4.2　教学管理数据库的可视化模型

例 1 列表输出选修 c2 课程的学生名单及其成绩。

Select sname,G

From S,Sc

Where s. sno = sc. sno and　cno = ' c2 '

运行结果如图 4.3 所示。

例 2 检索输出电子商务系学生选课成绩表。

Select sname,cname,G,dept

From S,Sc,Course

Sname	G
张山	85
刘红	75
陈棋	90
孔海	85

图 4.3　查询结果

```
Where s. sno=sc. sno and dept='电子商务系'
      and Sc. cno=course. cno
```

其运行结果如图 4.4 所示。

Sname	Cname	G	Dept
张山	高等数学	80	电子商务系
王宝	高等数学	75	电子商务系
张山	信息组织	85	电子商务系
王宝	数据结构	90	电子商务系
张山	数据库原理	75	电子商务系
王宝	数据库原理	85	电子商务系
韩梅	知识管理	80	电子商务系
韩梅	信息系统	80	电子商务系

图 4.4　查询结果

例 3　检索输出电子商务系学生选课成绩表，并将检索结果按姓名排序输出。

```
Select sname, cname, G, dept
From S, Sc, Course
Where s. sno=sc. sno and dept='电子商务系'
      and Sc. cno=course. cno
      Order by sname asc
```

其运行结果如图 4.5 所示。

查询

Sname	Cname	G	Dept
韩梅	知识管理	80	电子商务系
韩梅	信息系统	80	电子商务系
王宝	高等数学	75	电子商务系
王宝	数据结构	90	电子商务系
王宝	数据库原理	85	电子商务系
张山	高等数学	80	电子商务系
张山	信息组织	85	电子商务系
张山	数据库原理	75	电子商务系

图 4.5　查询结果

在第 3 章中，我们讨论了新书联合目录数据库的示例。下面就以表 3.1(a)、(b)和表 3.2(b)的数据来讨论 SQL 查询的情况。

例如，取出武汉地区图书馆的馆名和网址：

```
SELECT LN,URL
FROM L
WHERE CITY='武汉'
```

结果：

LN	URL
武汉大学图书馆	http://www.lib.whu.edu.cn

上例的查询块中，SELECT 后面列出的字段名(LN,URL)为需要检索的项目。FROM 后面的表名(L)为检索对象。WHERE 后面的谓词(CITY='武汉')或查询块为检索条件。这一检索操作，实际上有两步操作。首先选择满足条件 CITY='武汉'的元组集合。然后在目标字段(LN,TEL)上投影，得出检索结果。下面是一组检索的例子。

(1)简单检索。取出所有收藏的书号。

```
SELECT BNO
FROM LB
```

结果：

BNO
B1
B2
B3
B4
B5
B6
B7
B2
B3
B4
B5

BNO
B1
B2
B3
B6
B1
B2
B6
B9
B1
B8
B8
B9

上面的查询块由于省掉了 WHERE，因而没有限定条件，于是 LB 整个表中的 BNO 均被取出。显然，这里没有去掉重复。要想去掉重复，得用 UNIQUE 说明。

上例改写为：

SELECT UNIQUE BNO
FROM LB

结果：

BNO
B1
B2
B3
B4
B5
B6
B7
B8
B9

92

(2) 限定检索。查找收藏 B6 的馆号。

SELECT LNO

FROM LB

WHERE BNO = ' B6 '

结果：

LNO
L1
L3
L4

(3) 用 IN 检索。取出收藏 B6 的馆名。

SELECT LN

FROM L

WHERE LNO IN

        SELECT LNO

        FROM LB

        WHERE B# = ' B6 '

结果：

LN
北京图书馆
清华大学图书馆
武汉大学图书馆

(4) 从一个以上的表中检索。对收藏的每种新书，取出书号、书名和定价。

SELECT UNIQUE BNO, BN, PRICE

FROM LB, B

WHERE LB. BNO = B. BNO

结果:

BNO	BN	PRICE
B1	论系统工程	50.00
B2	爱国与信仰	0.27
B3	哥德巴赫猜想	2.58
B4	共同走向科学:百名院士科技系统报告集(下)	80.00
B5	中国科学技术文库．院士卷．	180.00
B6	科坛漫话	1.40
B7	闻一多选集(第二卷)	3.09
B8	An Introduction to Database System	66.00
B9	The relational model for database management; version 2/	17.80

(5)顺序检索。取出北京地区的图书馆名和 URL,并按馆名字顺排序。

SELECT LN,URL

FROM L

WHERE CITY = '北京'

ORDER BY LN ASC

结果:

LN	URL
北京大学图书馆	www. lib. pku. edu. cn
北京图书馆	www. nlc. gov : cn
清华大学图书馆	www. lib. tsinghua. edu. cn

(6)用 ANY 检索。查找 L4 收藏的新书名。

SELECT BN

FROM B

WHERE BNO = ANY(SELECT BNO

FROM LB

WHERE LNO = ' L4 ')

结果：

BN
论系统工程
爱国与信仰
科坛漫话
The relational
model for
database
management：
version 2/

这里"=ANY"和"IN"等价。它们可以互换。一般用 IN 更为简洁。

（7）用多级嵌套检索。查找收藏有"爱国与信仰"新书的馆名。

```
SELECT LN
FROM L
WHERE LNO IN      (SELECT LNO
                   FROM LB
                   WHERE BNO IN    (SELECT BNO
                                    FROM B
                                    WHERE BN='爱国与信仰'))
```

结果：

LN
北京图书馆
北京大学图书馆
清华大学图书馆
武汉大学图书馆

（8）用 ALL 检索。取出没有收藏 B1 的图书馆名。

```
SELECT LN
FROM L
WHERE 'B1'ㄱ=ALL
```

```
(SELECT BNO
FROM LB
WHERE LNO = L. LNO）
```

结果：

LN
北京大学图书馆
中国科技大学图书馆
上海图书馆

(9)用 EXISTS 检索。取出收藏有 B2 的图书馆名。

```
SELECT LN
FROM L
WHERE EXISTS
  (SELECT
FROM LB
WHERE LNO = L. LNO AND BNO =' B2 '）
```

结果：

LN
北京图书馆
北京大学图书馆
清华大学图书馆
武汉大学图书馆

其中,EXISTS 表示存在限定符。

(10)用 NOT EXISTS 检索。取出没有收藏 B3 的馆名。

```
SELECT LN
FROM L
WHERE   NOT EXISTS
    (SELECT *
    FROM LB
    WHERE LNO = L. LNO AND BNO =' B3 '）
```

结果：

LN
武汉大学图书馆
中国科技大学图书馆
西安交通大学图书馆
上海图书馆

(11)用 NOT EXISTS 检索。取出收藏有所有新书的馆名。

```
SELECT LN
FROM L
WHERE NOT EXISTS
        (SELECT *
        FROM B
        WHERE NOT EXISTS
                (SELECT *
                FROM LB
                WHERE LB. LNO = L. LNO
                AND B. BNO = LB. BNO))
```

结果：

LN
北京图书馆

利用库函数检索的方法如下：

SQL 语言提供了若干个专用的库函数。如

COUNT：值的个数

AVG：值的平均数

MAX：最大值

MIN：最小值

SUM：值的总和

利用这些库函数检索可以加强检索功能。

(1)取出新书联合目录数据库参加馆的总数。

```
SELECT COUNT( * )
FROM L
```

结果:

7

（2）取出新书 B4 的总收藏量。

SELECT SUM(QTY)

FROM LB

WHERE BNO =' B4 '

结果:

15

（3）计算每种新书的收藏量。

SELECT BNO,SUM(QTY)

FROM LB

GROUP BY BNO

结果:

BNO	
B1	100
B2	120
B3	95
B4	15
B5	15
B6	40
B7	20
B8	5
B9	4

　　其中:GROUP BY 的作用是将 FROM 指定的表分成若干个组,使得任何组内的所有行对 GROUP BY 字段有相同的值;SELECT 子句用于将表划分成若干个组后,每组进行 SUM 函数操作,然后得出运算结果。

　　（4）取出收藏这批新书的图书馆数。

SELECT COUNT(UNIQUE) LNO

FROM LB

结果：

6

（5）查找这批新书中价格最便宜的书名与价格。

SELECT BN,PRICE

FROM B

WHERE PRICE =

   （SELECT MIN(PRICE)

    FROM B)

结果：

BN	PRICE
生物工程	2.20

（6）取出有三个以上收藏馆的新书号。

SELECT BNO

FROM LB

GROUP BY BNO

HAVING COUNT(*)>=3

结果：

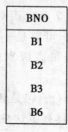

BNO
B1
B2
B3
B6

其中：HAVING 是对组（GROUP BY BNO）进行 COUNT(*)函数及比较运算，即对分组的表按 HAVING 子句条件进行选择。

（7）求收藏这批新书的平均平均数。

SELECT AVG（QTY)

FROM LB.

4.5 SQL DCL

SQL 语言的一项重要功能就是数据控制,保护数据库的安全,防止不合法的使用。这种控制模块通常称为 DCL(data control language)。

SQL DCL 通过授权(GRANT)或吊销(REVOKE)部分用户的某种操作权限而实现数据控制功能。

1. 授权

SQL 语言的授权语句格式如下:

GRANT<权限_1>[,<权限_2>...]

　　　　[ON <对象类型> <对象名>]

　　　　To <用户_1>[,<用户_2>...][WITH GRANT OPTION]

其中:对象类型有属性(列)、视图、基表和数据库,对不同的操作对象又分不同的操作权限。

例如,对基表的操作权限有:

SELECT
INSERT
UPDATE
DELETE
ALTER
INDEX
ALL PRIVIEGES
} 7种

而属性(列)各视图的操作权限有上面的 1～4 和第 7 种。而对数据库的操作权限有 CREATE TAB(建表)。接受操作特权的用户可以是一个或多个,也可以是全体用户(PUBLIC)。在用户特权中,DBA 有最高级别的权限,由 DBA 给各类用户授权。

授权语句中最后一个选择项 WITH GRANT OPTION 子句是转授权限的限定。若没有此选择子句,则接受权限的用户只是自己具有了这种操作权限,而不能转授其他用户。若语句中指定了该子句,则接受某种权限的用户不仅自己具有了这种操作权限,而且还可将这种权限再授给其他用户。

例 1 把查询基表 LB 的权限授给所有用户。

GRANT SELECT ON TABLE LB TO PUBLIC;

例 2 将基表 B 查询和插入数据的权限授给用户 U1,U2,U3。

GRANT SELECT,INSERT ON TABLE B TO U1,U2,U3;

例3 授予用户 U6 更新基表 LB 中属性 QTY 的权限,并允许 U6 将该权限转授给其他用户。

GRANT UPDATE(QTY), SELECT ON TABLE LB TO U6 WITH GRANT OPTION;

2. 吊销权限

DBA 不仅可以授予各用户的不同权限,而且也可收回部分权限。吊销部分用户的有关权限的语句格式为:

REVOKE <权限-1>[,<权限-2>……][<对象类型><对象名>
FROM<用户-1>[,<用户-2>……]

例4 收回用户 U3 对基表 LB 的插入权。

REVOKE INSERT ON TABLE LB FROM U3;

例5 将用户 U2 查询基表 B 的权限吊销。

REVOKE SELECT ON TABLE B FROM U2;

除了上述对基表和属性的操作权限之外,对窗口和数据库的操作权限控制相似。既可以授予有关用户,又可以随时收回有关权限,操作方便灵活。

4.6 嵌套 SQL

SQL 语言既可以作为自含式数据子语言使用(正如上面所述),也可以作为宿主型数据子语言嵌入主语言(如 COBOL、PL/1、HTML、C、Java 等)中使用。

嵌入主语言的 SQL 语句必须加前缀 $,以便同主语言的语句相区别。在 SQL 语句中,可引用主语言说明的变量,不过在引用时也必须在变量前加上前缀"$"。大部分 SQL 语句可以直接嵌入 COBOL 或 PL/1 语言中使用,但 SELECT 语句需特殊处理。执行 SQL SELECT 语句的结果是得到一张表(一般包含多个记录)。而主语言一次处理一个记录,这与 SQL SELECT 语句功能上不匹配,这样就需要提供一些联系的形式作为桥梁,这种桥梁就是设置游标(cursor)。在使用宿主型 SQL 子语言时,可以带游标,也可以不带游标进行操作。

1. 不带游标的操作

(1)插入(INSERT)。将新书(BNO,BN,CLASSNO,PRICE 分别由程序变量 BX、BNX、CLASSX、PRICEX 给定)插入表 B 内。

$ INSERT INTO B(BNO,BN,CLASSNO,PRICE):

⟨ $ BX, $ BNX, $ CLASSX, $ PRICEX⟩

（2）删除（DELETE）。删除由程序变量 BN 所给定图书的全部馆藏。

```
$ DELETE LB
WHERE BNO IN
( SELECT BNO
FROM B
WHERE ( BN = $ BN ) );
```

（3）更新（UPDATE）。将这批新书价格的调整率存入变量 RATE 中,更新新书的价格。

```
$ UPDATE B
    SET PRICE = PRICE * $ RATE
```

2. 带游标的操作

（1）游标的定义。游标用 LET 语句定义,其语句格式为：

```
$ LET cursor-name BE embedded-SELECT-statement;
```

例如,取出北京地区的图书馆名及其 URL。

```
$ LET X BE
   SELECT LN , URL
   INTO $ LN , $ URL
   FROM L
   WHERE CITY = '北京'
```

其中,x 为定义的游标。它与指定的 SELECT 语句相联系。

（2）带游标的操作。在游标上的操作分三种：打开（OPEN）、导出（FETCH）和关闭（CLOSE）。

①语句 $ OPEN X。打开游标 X,使 X 处于工作状态。它指向相应的 SE-LECT 语句所指集合的第一个记录。

②语句 $ FETCH X。该语句使游标下移一个记录,按照 LET 语句相联系的 SELECT 和 INTO 子句给程序记录和变量赋新值。此语句常用于循环。

③语句 $ CLOSE X。关闭游标 X,X 与所指定的记录集合之间的关系中断。当执行 FETCH 语句而下一个记录不存在时,则系统返回一个信息,同时自动关闭游标 X。

4.7 查询优化

　　SQL 语句是"非过程性"的"描述性"语言,它只告诉 DBMS 做什么,需要哪些条件数据,但并没有告诉 DBMS 通过什么具体操作过程,得到这些数据。

SQL 语句相当于一个目标,达到目标的方法有很多,DBMS 需要为指定的 SQL 语句选取效率较高的查询方案,这时就需要进行"查询优化"。

首先对 SQL 语句的执行过程进行介绍。如图 4.6 所示。当用户提交一个 SQL 查询(Select 语句),首先由查询分析器进行语法分析,如果语法正确而且相应的表、属性、视图等都是数据库中确实存在的,就将分析结果(分析后的查询)交给查询优化器。查询优化器借助数据库中的数据字典,选择最佳的查询求解计划,优化器生成多个可选的执行计划,并选择其中开销最小的(效率最高)的计划,传递给查询计划求解器。查询计划求解器按照执行计划的指示,按照计划中设定的存取路径,获取数据库中的数据并展示给用户。

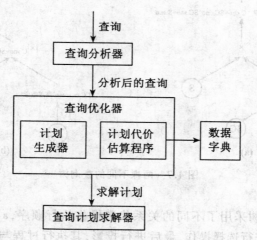

图 4.6 查询分析、优化和执行过程

从上述查询求解过程来看,查询优化的关键是选择查询求解计划,并根据一些规则和方法选取其中开销最小的。查询优化器首先将分析后的查询转化成为一棵"查询树"。转化方法如下:

(1)首先将 SQL 语句转换成为关系代数表达式。

(2)将关系代数表达式转换成为"查询树"。

以下面的查询为例:查询选修了课程名为"高等数学"的学生姓名。

SQL 语句如下:

```
select sname
from S,SC,C
where S. sno = SC. sno and SC. cno = C. cno and Cname = '高等数
```

上述 SQL 语句可以转换成为关系代数表达式：

$$\pi_{sname}(\sigma_{C.cname='高等数学' \wedge S.sno=SC.sno \wedge SC.cno=C.cno}(S \times SC \times C))$$

关系代数表达式可以转换成为一棵"查询树"。在查询树中，查询的输入关系表示为叶子节点，关系代数操作表示为内部节点。查询树的执行包括执行一个内部节点操作，执行完毕后就形成了新的关系节点，再执行其他的内部节点，直到到达树的根部，查询树执行完毕。按照上面的关系代数表达式，可以形成如图 4.7 所示的查询树。

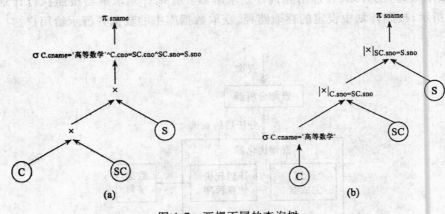

图 4.7　两棵不同的查询树

上面的查询树采用了不同的关系代数操作执行顺序，a 树首先进行了笛卡儿积操作，再进行选择操作，最后进行投影，其执行过程与上面的关系代数表达式吻合；b 树首先执行了选择操作，再做连接。从查询效率上看，b 树较好，a 树较差，因为 b 树首先进行的笛卡儿积操作是非常低效的，b 树虽然在运算结果上与 a 树相同，但其对应的关系代数表达式进行了变换，形式如下：

$$\pi_{sname}(\sigma_{C.cname='高等数学'}(C) \underset{C.cno=SC.cno}{|\times|} SC \underset{SC.sno=S.sno}{|\times|} S)$$

上述变换是通过关系代数等价变换表达式完成的。通过等价变换可以控制查询树中不同类型的关系代数操作（选择、投影、连接）的执行顺序，进而对其进行优化。

采用如下的启发式规则，可以指导关系代数操作执行顺序的确定，具体如下：

（1）选择运算应尽早执行。在查询优化中，这是最重要的、最基本的一条规则，它可以使查询的执行时间大大减少。

（2）对于某些使用频率较高的属性，应在它上面建立索引，这样可以提高存取效率。

（3）应把投影运算和选择运算同时进行，避免重复扫描文件，只保留后续操作所需的属性。

（4）在连接或其他二元操作执行之前首先执行选择和投影操作。

（5）把选择和选择前面的笛卡儿积结合起来运算，即选择得到的一个元组立即和参加运算的另一个元组做笛卡儿积，此时实际是一个连接运算，而连接运算总比笛卡儿积运算效率高。

（6）把投影运算与其后的其他运算同时进行，以免重复扫描文件。

（7）把公共子表达式的运算结果存于外存，当需要时再从外存读入内存。

通过上述的启发规则，可以对关系代数表达式中选择、投影、连接的执行先后次序作调整，但必须保证调整前和调整后的关系代数表达式是等价的，也就是说调整过程必须是关系代数表达式的等价转换。那么就必须遵循必要的等价转换定律，通常有下列一些等价转换定律：

（1）选择串接：具有多个条件的单个选择操作可以转换为多个选择操作序列。

$$\sigma_{F1 \wedge F2}(R) \equiv \sigma_{F1}(\sigma_{F2}(R))$$

（2）选择交换律：多个选择操作的执行顺序可以交换。

$$\sigma_{F1}(\sigma_{F2}(R)) \equiv \sigma_{F2}(\sigma_{F1}(R))$$

（3）投影串接：在多个投影操作序列中，最终只有最外层的投影起作用。

$$\pi_{list1}(\pi_{list2}(\pi_{list3}(R))) \equiv \pi_{list1}(R)$$

（4）选择与投影的交换：如果选择条件 F 只涉及投影列表中的属性 A1，A2，$\cdots$，An，两个操作可以互换。

$$\pi_{A1,A2,\cdots,An}(\sigma_F(R)) \equiv \sigma_F(\pi_{A1,A2,\cdots,An}(R))$$

（5）选择与笛卡儿积（连接）的交换。

如果 F 只涉及 $R1$ 中的属性，则

$$\sigma_F(R1 \times R2)) \equiv \sigma_F(R1) \times R2；\sigma_F(R1 | \times | R2)) \equiv \sigma_F(R1) | \times | R2$$

如果 F1 只涉及 $R1$ 中的属性，F2 只涉及 $R2$ 中的属性，则

$$\sigma_{F1 \wedge F2}(R1 \times R2)) \equiv \sigma_{F1}(R1) \times \sigma_{F2}(R2)$$

（6）投影与笛卡儿积（连接）的交换。

如果投影的属性序列 L=（A1，A2，$\cdots$，An，B1，B2，$\cdots$，Bn）中，A1，A2，$\cdots$，An 属于关系 $R1$，B1，B2，$\cdots$，Bn 属于 $R2$，则

$$\pi_L(R1 \times R2)) \equiv \pi_{A1,A2,\cdots,An}(R1) \times \pi_{B1,B2,\cdots,Bn}(R2)$$

$$\pi_L(R1 | \times | R2)) \equiv \pi_{A1,A2,\cdots,An}(R1) | \times | \pi_{B1,B2,\cdots,Bn}(R2)$$

（7）选择（投影）与并交换。

$$\sigma_F(R1 \cup R2) \equiv \sigma_F(R1) \cup \sigma_F(R2);$$

$$\pi_{A1,A2,\cdots,An}(R1 \cup R2) \equiv \pi_{A1,A2,\cdots,An}(R1) \cup \pi_{A1,A2,\cdots,An}(R2)$$

（8）笛卡儿积（连接）交换律。

$$R1 \times R2 \equiv R2 \times R1; R1 \mid \times \mid R2 \equiv R2 \mid \times \mid R1$$

（9）选择与差交换。

$$\sigma_F(R1 - R2) \equiv \sigma_F(R1) - \sigma_F(R2)$$

（10）选择与笛卡儿积转换为连接。

如果笛卡儿积之后进行的选择操作的条件 F 对应于一个连接条件，如 S. sno = SC. sno，那么可以将选择和笛卡儿积序列转换为连接操作。

$$\sigma_F(R1 \times R2) \equiv {}'R1 \mid \times \mid_F R2$$

采用上述等价转换定律，并在启发式规则的指引下，就可以对关系代数的执行顺序作调整，形成不同的查询树。仍以上文所述的查询为例，将查询树 a 转换为 b，利用了等价变换规则，步骤如下：

初始查询表达式为：

$$\pi_{sname}(\sigma_{C.cname='高等数学' \wedge S.sno=SC.sno \wedge SC.cno=C.cno}(S \times SC \times C))$$

将上式中的单个选择分解为多个选择：

$$\pi_{sname}(\sigma_{C.cname='高等数学'}(\sigma_{SC.cno=C.cno}(\sigma_{S.sno=SC.sno}(S \times SC \times C))))$$

将两个选择分别与两个笛卡儿积合并为两个连接操作：

$$\pi_{sname}(\sigma_{C.cname='高等数学'}(S \underset{S.sno=SC.sno}{\mid\times\mid} SC \underset{SC.cno=C.cno}{\mid\times\mid} C))$$

由于选择条件 C. cno = 'c1' 只涉及到 C 中的属性，因此将其与 C 合并：

$$\pi_{sname}(S \underset{S.sno=SC.sno}{\mid\times\mid} SC \underset{SC.cno=C.cno}{\mid\times\mid} \sigma_{C.cname='高等数学'}(C))$$

交换连接的顺序，使选择操作最先执行：

$$\pi_{sname}(\sigma_{C.cname='高等数学'}(C) \underset{C.cno=SC.cno}{\mid\times\mid} SC \underset{SC.sno=S.sno}{\mid\times\mid} S)$$

上式对应上文查询树的 b 图，但该表达式仍不是最优的。因为在结果中，只需要输出 sname 属性，因此可以在连接过程中通过投影操作输出必要的属性即可，形成如下的关系代数查询表达式：

$$\pi_{sname}(\pi_{sno}(\pi_{cno}(\sigma_{C.cname='高等数学'}(C)) \underset{C.cno=SC.cno}{\mid\times\mid} \pi_{cno,sno}(SC)) \underset{SC.sno=S.sno}{\mid\times\mid} \pi_{sno,sname}$$

$(S))$。

上式对应的查询树如图 4.8 所示。该图将投影操作与连接和选择操作结合进行，可以保证只输出必要的属性。

查询优化的过程就是对查询树的结构进行调整的过程，调整要在启发式规则的指引下，在遵循关系表达式等价变换规则的情况下进行。

除了对查询树进行调整，还可以为经常作为查询条件的属性列建立索引，

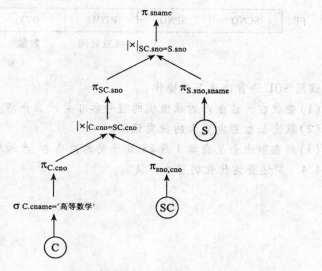

图 4.8　最终的查询树

索引可以大大提高查询的效率。另外,对与选择操作 σ 执行的先后顺序,也有一些经验性的规则:优先执行过滤强度高的选择操作。以下面的条件为例:性别 ='男'和年龄 =' 18 '。根据经验,后一个条件的过滤强度较高,即 18 岁的学生在所有学生中所占比例要远远低于性别为男的学生比率。通过优先执行过滤强度高的选择操作,可以使生成的临时关系规模更小,提高后续的选择、连接、投影操作的效率。

习 题 4

4.1　SQL 语言分哪几类? 它们的运行条件是什么?

4.2　简述 SQL 语言的组成及其功能。

4.3　现有一商品批发数据库,其数据模型由商品(SP)、商场(SC)和批发记录(PF)等三个关系组成(如下图所示)。

SP	SPNO	SPNAME	TYPE	LOCATION	PDATE	DESCRP
	代码	商品名	型号	产地	生产日期	简介

SC	SCNO	SCNAME	MANAGER	TEL	FAX	E-mail
	编号	商场名	经理	电话	传真	电子信箱

PF	SCNO	SPNO	PTIME	QTY	PRICE
			批发时间	数量	单价

试用 SQL 语言描述下列操作：

(1)查找在大连生产的录像机的型号和相关产品介绍。

(2)取出长虹彩电当天的批发记录。

(3)列表输出金星商场 3 月 28 日批发的商品名、产地和数量。

4.4 简述查询优化的基本方法。

5 关系模型设计理论

在第 3 章中已讨论了关系与关系变量、关系模式与表结构。设计一个结构优化的关系数据库需要好的表结构。本章专门研究数据库表的优化问题，从而有效控制数据冗余、避免数据异常。下面具体讨论关系的规范化理论与实践。

关系数据库是以关系模型为基础的数据库，它用关系模型方法描述现实世界。一个关系有一个关系框架，即关系模式（关系变量）。若干个关系模式的集合就构成了一个关系数据库模型，如图 5.1(a)、(b)所示。

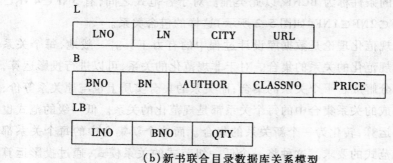

SP(商品号,商品名,型号,单位,产地,出厂日期,库存量)
SJ(编号,商家名,经理,电话,传真,地址,开户银行,账号)
PF(日期,商品号,编号,数量,批发价)

(a)电子商务管理数据库关系模型

L

| LNO | LN | CITY | URL |

B

| BNO | BN | AUTHOR | CLASSNO | PRICE |

LB

| LNO | BNO | QTY |

(b)新书联合目录数据库关系模型

图 5.1

在现实世界中,万事万物都不是孤立的。在第 3 章中,我们已讨论了外码,它将不同的关系联系在一起,这种联系称为外部关联性。而在一个关系中,不同的属性之间也有一定的联系。例如,一个商品号就决定了该商品的名称、型号、制造厂商、产地等信息(见图 5.1(a))。又如,一个图书馆馆号就决定了该馆的馆名、馆址、电话、网址等属性值(见图 5.1(b))。这种属性间的关联性称为内部关联性,在数据模型中相应地反映出来就是数据相关性问题。在关系数据模型设计中,首先要讨论数据的函数相关性、完全相关和传递相关,然后讨论多值相关和连接相关性,进而引出了不同级别的关系规范化形式。

前面我们已简要介绍了规范化的关系。所谓规范化的关系,就是该关系的每个属性值都是原子的(即不可再细分)。满足这个条件的关系都是规范化的关系。

规范化(normalization)理论是 1971 年由 IBM 公司的 E. F. Codd 提出,并给出了 1NF(first normal form)、2NF(second normal form)和 3NF(third normal form)的定义。1974 年 Boyce 和 Codd 又共同提出了一个新的规范化形式,人们把它叫做 BCNF(boyce/codd normal form)。后来,不少学者对关系的规范化又作了大量的研究,提出了更高级的规范化形式——4NF(fourth normal form)和 5NF(fifth normal form)。

所谓范式,是指关系满足一定的条件。条件越严格,则关系的规范化级别就越高。例如,把所有属性是原子值的关系称为规范化的关系指的是第一范式(1NF)。在第一范式关系中,有一些满足新条件的关系称为 2NF。在第二范式中,有一些又满足于新条件的关系称为 3NF。在第三范式中,有一些关系满足更严格的条件称为 BCNF,以此类推。对于各范式之间,有 5NF⊂4NF⊂BCNF⊂3NF⊂2NF⊂1NF(如图 5.2 所示)这样的包含关系。

关系的规范化理论是数据库设计过程中的有力工具。一般地,每个关系不一定都是规范化的关系的集合。对于非规范化的关系,可以进行投影运算,把原有关系分解成若干个关系的集合;而关系的集合实质上也与原关系等价,使得新分解成的关系集合中的每个关系都是规范化的关系。低一级的范式也可通过投影运算,转化为一个新关系的集合。而这个新集合中的每个关系都符合高一级范式的要求。这种将一个低一级范式的关系模式,通过投影运算转化为若干个高一级范式的关系模式集合的过程称为关系的规范化。在正式讨论不同级别的范式之前,先介绍函数相关的有关知识。

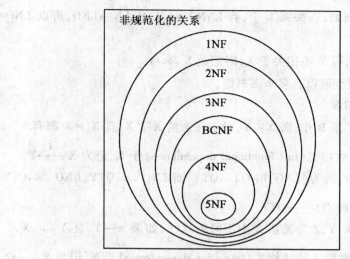

图 5.2 范式之间的包含关系

5.1 函数相关

定义 1 在给定的关系 R 中, X 为关系 R 的属性(或属性组合), Y 为 R 中任意属性。如果在任何时候, 对于关系 R 中的属性(或属性组合)X 的每一个值, 在属性 Y 中只有一个值与之对应, 则称 X 函数相关(functional dependence, 简写 FD)决定 Y①, Y 函数相关于 X。记为 R. X→R. Y, 或 X→Y。

在新书联合目录数据库的关系 B 中, 显然有:

B. BNO→B. BN

B. BNO→B. CLASSNO

B. BNO→B. PRICE

在关系 LB 中有:

LB. (LNO, BNO)→LB. QTY

若 X→Y, 但 Y ⊄ X, 则称 X→Y 为非平凡函数相关。否则称为平凡函数相关。今后在没有特别指明的均为非平凡函数相关。

---

① Dependence 一词也可译为关联性、相依性、依赖性。

在关系 R 中,若 X→Y,则 X 叫决定因素(determinant)。若 X→Y,且 Y→X,则 X←→Y。例如,在关系 L 中,有 LNNO→LN,且 LN→LNO,所以 LNO←→LN。

在关系 R 中,若 Y 不相关于 X,则记做 X —×→Y。

例如,一个城市可以有多个图书馆。

故 CITY —×→LN

定义 2 在关系 R 中,若 X→Y,对于任意的 X′⊂X,且 X′≠X 都有 X′—×→Y,则称 Y 完全函数相关(full functional dependence)于 X,记为 $X \xrightarrow{f} Y$。

在关系 LB 中,因为(LNO,BNO)→QTY,而 LNO —×→QTY,BNO —×→QTY

所以 $(LNO, BNO) \xrightarrow{f} QTY$

定义 3 设 X、Y、Z 为关系 R 中不同的属性,如果 X→Y,且 Y —×→X,Y→Z,显然有 X→Z,则称 Z 传递相关(transitive dependence)于 X,记为 $X \xrightarrow{t} Z$。

例如关系 B 中,BNO→BN,而 BNB —×→NO,BN→CLASSNO,故 $BNO \xrightarrow{t} CLASSNO$。

对于新书联合目录数据库的三个关系中的函数相关,如图 5.3 所示。

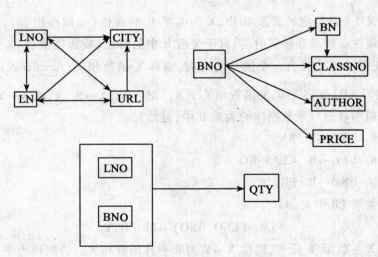

图 5.3 关系 L、B 和 LB 中的函数相关

112

5.2 1NF 2NF 3NF

我们假定一个关系 FR(LNO,BNO,LN,CITY,QTY),且有如图 5.4 所示的函数相关图。下面我们来随着这一关系的化简来逐步讨论 1NF、2NF 和 3NF 的条件。

1NF 定义:当且仅当关系 R 的每个属性域都只含原子值时,则关系 R 为第 1 规范化形式(1NF)。

显然,关系 FR(LNO,BNO,LN,CITY,QTY)是 1NF(见表 5.1)。

1NF 的关系 FR 是最基本的规范化形式,实际应用中,它有许多弊病。在进行插入、删除和更新操作时会带来不少问题。

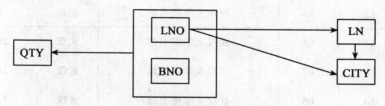

图 5.4　关系 FR 中的函数相关

表 5.1

FR	LNO	BNO	LN	CITY	QTY
	L1	B1	北京图书馆	北京	20
	L1	B2	北京图书馆	北京	20
	L1	B3	北京图书馆	北京	15
	L1	B4	北京图书馆	北京	10
	L1	B5	北京图书馆	北京	10
	L1	B6	北京图书馆	北京	5
	L1	B7	北京图书馆	北京	20

113

FR	LNO	BNO	LN	CITY	QTY
	L2	B2	北京大学图书馆	北京	30
	L2	B3	北京大学图书馆	北京	50
	L2	B4	北京大学图书馆	北京	5
	L2	B5	北京大学图书馆	北京	5
	L3	B1	清华大学图书馆	北京	30
	L3	B2	清华大学图书馆	北京	50
	L3	B3	清华大学图书馆	北京	30
	L3	B6	清华大学图书馆	北京	5
	L4	B1	武汉大学图书馆	武汉	20
	L4	B2	武汉大学图书馆	武汉	20
	L4	B6	武汉大学图书馆	武汉	30
	L4	B9	武汉大学图书馆	武汉	2
	L5	B7	上海图书馆	上海	5
	L6	B1	中国科技大学图书馆	合肥	30
	L6	B8	中国科技大学图书馆	合肥	2
	L7	B8	西安交通大学图书馆	西安	3
	L7	B9	西安交通大学图书馆	西安	2

1. 插入操作异常

只有至少收藏有一种新书的图书馆,才能插入这个馆的有关信息(LN,CITY 等)。因为关系 FR 的主码为(LNO,BNO),主码的值不允许为空。

2. 删除操作异常

在关系 FR 中,如果删除了仅收藏有一种新书的特定收藏馆的元组,则这个馆的(所有)有关信息则同时被删除。例如元组(L5,B7,上海图书馆,上海,5)在 FR 中为 L5 仅有的一个元组,B7 被删除。(L5,B7)为主码,则整个元组被删除。本来只想删除其 B7 的馆藏,但却将不应删除的图书馆有关信息一起被删除了。

3. 更新中的不一致

图书馆 L6 从北京迁到合肥,则需要对数据库进行更新。由馆藏在 FR 关系中出现多次,这种冗余使更新中可能出现不必要的麻烦。在更新中若一个元组更新遗漏,就会出现数据不一致。L6 的馆址有的元组为合肥,而还有的为北京。

出现这类问题的根本原因是关系 FR 的规范化程度不高所致。要解决这些问题,可以将 FR 关系进行投影运算。用关系 SR(LNO,LN,CITY)和关系 LB(LNO,BNO,QTY)两个关系来取代关系 FR 就可以解决这类问题。图 5.5 表示了关系 SR 和 LB 的函数相关图。表 5.2 表示了与表 5.1 所对应的范例数据,这样一个新收藏馆虽然它暂时还没有收藏新书,但仍可在关系 SR 中插入一个记录表示新收藏馆的有关信息。在 LB 中删除 L5 仅有的一本所收藏的新书记录时,只删除了相应的书号(BNO)和收藏量(QTY),而有关 L5 的信息在 SR 中仍得到保存,没有出现异常删除情况。在更新 L6 的馆址时,只更新一个元组值,由于它没有重复存放,因而就避免了更新后出现的数据不一致问题。实际上,关系 SR 和 LB 比关系 FR 要求更严格,是规范化级别更高的关系。

2NF 定义:关系 R 为 1NF,当且仅当它的每一个非主属性完全函数相关于主码时,关系 R 称为第 2 范式(2NF)。

上面给出的关系 SR 和 LB 都是 2NF,而关系 FR 则不是 2NF,因为 LN 不是完全函数相关于主码(LNO,BNO)。

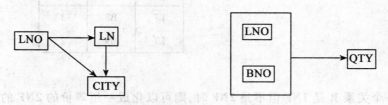

图 5.5 关系 SR 与 LB 的函数相关图

表 5.2

SR

LNO	LN	CITY
L1	北京图书馆	北京
L2	北京大学图书馆	北京
L3	清华大学图书馆	北京
L4	武汉大学图书馆	武汉
L5	中国科技大学图书馆	合肥
L6	西安交通大学图书馆	西安
L7	上海图书馆	上海

LB

LNO	BNO	QTY
L1	B1	20
L1	B2	20
L1	B3	15
L1	B4	10
L1	B5	10
L1	B6	5
L1	B7	20
L2	B2	30
L2	B3	30
L2	B4	5
L2	B5	5
L3	B1	30
L3	B2	50
L3	B3	30
L3	B6	5
L4	B1	20
L4	B2	20
L4	B6	30
L4	B9	2
L6	B1	30
L6	B8	2
L7	B8	3
L7	B9	2

一个关系 R 是 1NF 但不是 2NF 时,则可以化成一组等价的 2NF 的关系。只需对 R 进行适当的投影运算,就可以得到一组 2NF 关系与关系 R 等价。这一组 2NF 的关系,若进行自然连接运算即可得到关系 R。

上例中将关系 FR 转化成 SR 和 LB 就是用的投影运算,而 SR 和 LB 进行自然连接就可得到关系 FR。我们称关系 FR 化成 SR 和 LB 的过程叫关系的无损分解,即在分解中没有丢掉任何信息。

关系 SR 和 LB 虽然比 FR 关系的结构好,避免了一些基本操作中产生的问题,但它仍然会引起一些问题。解决这类问题的办法是进一步进行投影运算,使关系满足更高级别的规范化形式。

3NF 定义:若关系 R 为 2NF,当且仅当每个非主属性都是非传递相关于主码时,关系 R 为第 3 范式(3NF)。

关系 BS(BNO,BN,CLASSNO)中,BNO 为主码,因为 BNO→BN,而 BN —×→ BNO 且有 BN→CLASSNO,所以 BNO. —t→CLASSNO。

进行投影运算可将 BS 分解成两个关系:T1 和 T2。显然,图 5.6 中的关系 T1 和 T2 的结构很好,它克服了原来引起操作中的异常问题,而 T1 和 T2 是关系 BS 进行无损分解得出的。

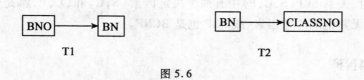

图 5.6

这种运算也可逆。将 T1 和 T2 进行自然连接,就可以得到关系 BS。因而关系 BS 与关系组 T1 和 T2 等价。

5.3 BCNF

前面对第 3 范式(3NF)已进行了定义。它直接引用了 2NF 和 1NF,这样比较麻烦。后来,Boyce 和 Codd 提出了第 3 范式(3NF)的新定义,简称 BCNF(Boyce/Codd NF)。BCNF 的定义比 3NF 的定义简单,既不要 1NF、2NF 的直接引用,也不讨论完全相关和传递相关等问题,但它的条件比 3NF 更严格。

BCNF 定义:给定的关系 R,当且仅当 R 的每个决定因素都是候选码时,关系 R 为 BCNF。

为什么说 BCNF 定义的条件比 3NF 更严格呢?因为满足 BCNF 的关系都是 3NF,而满足于 3NF 条件的关系却不一定是 BCNF。下面通过具体实例来说明。

例 1 关系 R(A,B,C),存在(A,B)→C,且 C → B,R 是 3NF,但不是 BCNF。

例 2 对于关系 SCP(S,C,P),其中 S 为学生(student),C 为课程(course),P 为名次(position)。假定在班上学生的每门课的成绩中都没有相同的名次。则有两个候选码(S,C)和(C,P),如图 5.7 所示。因为它没有非主属性的传递相关,所以关系 SCP∈3NF。

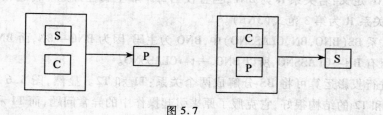

图 5.7

同时,关系 SCP(S,C,P)中有两个决定因素(S,C)和(C,P)都是码,除此之外,再无其他的决定因素,故 SCP 也是 BCNF。

5.4 4NF

我们已给出了 FD 的定义。现在讨论函数相关更一般的情况——多值相关(multivalued dependence,MVD)。

MVD 的定义:设 R 是属性集 U(U=A1,A2,…,An)上的一个关系,X,Y 是 U 的子集,若对 R 的任何一个可能的当前值 r,对 X 的一个给定值,存在 Y 的一组值与之对应,而 Y 的这组值不以任何方式与(U−X−Y)中的属性有联系,则称 Y 多值相关(MVD)于 X,记为 X→→Y。显然,这一定义只有在关系 R 至少有三个属性(如 A、B、C)时,MVD 才成立。实际上,并不一定要求关系 R 至少有三个属性,允许 U−X−Y 为空。若 U−X−Y 为空,则称为平凡多值相关,记为:R. X→→R. Y。若 U−X−Y 非空,则称为非平凡多值相关。

例如,关系 RC(C,T,X)中 C、T、X 分别表示课程(course)、教师(teacher)和教材(text)。表 5.3 表示了关系 RC 的两个非规范化的记录。这个关系中记录的含义是:一门课程指定了一组教材,无论哪个教师授课,均用规定的教材,即教师与教材互相独立。

表 5.3　　　　　　　　**RC 关系的范例数据(非规范化的)**

RC

COURSE	TEACHER	TEXT
数学	张教授 王教授 刘教授	高等数学 线性代数
物理	李教授 陈教授	量子力学 电学教程

为了进一步研究这一关系,首先我们把它转化为规范化形式(见表 5.4)。从表中可知,数据的冗余度大,数据在更新操作时也会出现数据的不一致问题。同时,插入一个信息,如数学课增加一种教材《离散数学导论》,则必须同时插入一系列信息(生成三个新元组)才行。

表 5.4　　　　　　　　**RC 的范例数据(规范化形式)**

RC

COURSE	TEACHER	TEXT
数学	张教授	高等数学
数学	张教授	线性代数
数学	王教授	高等数学
数学	王教授	线性代数
数学	刘教授	高等数学
数学	刘教授	线性代数
物理	李教授	量子力学
物理	李教授	电学教程
物理	陈教授	量子力学
物理	陈教授	电学教程

为了解决这一问题,我们对关系 RC 进行投影运算,转化成 CT 和 CX 两个新关系(如表 5.5(a)、(b)所示)。

表 5.5

CT

COURSE	TEACHER
数学	张教授
数学	王教授
数学	刘教授
物理	李教授
物理	陈教授

(a)

CX

COURSE	TEXT
数学	高等数学
数学	线性代数
数学	量子力学
物理	电学教授

(b)

从关系 CT 和 CX 中可以知道,它们都有多值相关(MVD)的情况:

CT. COURSE→→CT. TEACHER.

CX. COURSE→→CX. TEXT.

实际上,函数相关(FD)是多值相关(MVD)的特例,而 MVD 是 FD 的一般情况。关系 RC 转化成 CT 和 CX 的关系集,就避免了更新操作时可能出现的数据不一致问题。关系 RC 出现的麻烦主要是因为它有多值相关,但又不是函数相关所致。投影运算后的关系 CX 和 CT 就没有非函数相关的多值相关(MVD),说明它们是更高级别的规范化形式。

4NF 定义:对关系 R(U),U=A,B,C,…,X,Y,Z 在任何时候 A→→B,且 R 中其他属性 X 都函数相关于 A(即 A→X),则关系 R 为第 4 范式(4NF)。

显然,关系 RC(C,T,X)不是 4NF,因为它包含了非函数相关的多值相关,不符合 4NF 的条件,而对 RC 投影运算后所得的关系 CT 和 CX 都是 4NF。

5.5 5NF

我们已讨论过 1NF、2NF、3NF、BCNF 和 4NF,它们的条件要求越来越高。对于任意关系 R(非规范化的),都可以无损地分解成一组等价的 4NF 关系。然而 4NF 并不是完美的,它仍需要进一步地规范化。把 4NF 的关系再分解成 5NF。在讨论 5NF 之前,先给出连接相关 JD(join dependence)的定义。

JD 定义:设 R(U)关系定义在属性集 U(X1,X2,…,Xn)上;X1,X2,…,

Xn 为 U 的子集,U = Uni = 1 Xi。若 R 在 X1,X2,…,Xn 上的投影具有无损连接分解的性质,则 X1,X2,…,Xn 之间具有 n 目连接相关(JD)的关系。记为:

$$* [X1][X2]……[Xn]$$

当 n = 3 时,连接相关 JD 称为互联相关。例如,图 5.8 中的关系 LBP(LNO,BNO,PNO)满足 JD 的条件,因而它是连接相关。

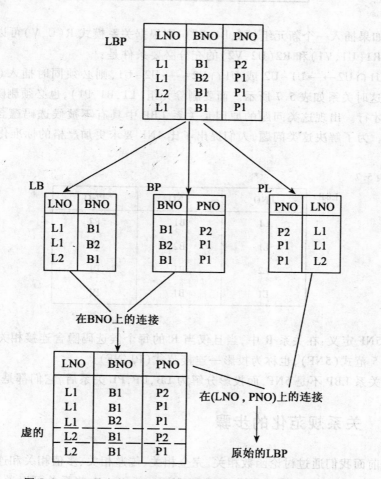

图 5.8 LBP 是它的三个投影的连接而不是任意两个的连接

具有 JD 的关系在更新操作时,仍然会出现一些问题。例如,关系 LBP 在某一时刻的情况如表 5.6 所示。

表 5.6

LBP	LNO	BNO	PNO
	L1	B1	P2
	L1	B2	P1

如果插入一个新元组(L2,B1,P1),则根据关系模式 R(U,V)可以无损分解为 R1(U1,V1)和 R2(U2,V2)的充分必要条件是：

U1∩U2→→U1−U2 或 U1∩U2→→U2−U1,则必须同时插入(L1,B1,P1),这时关系如表 5.7 所示。而要删除元组(L1,B1,P1),也必须删除另一个元组才行。出现这类问题的原因是关系 LBP 中具有不被候选码蕴含的连接相关。为了解决这类问题,人们提出了比 4NF 要求更加严格的标准化形式。

表 5.7

LBP	LNO	BNO	PNO
	L1	B1	P2
	L1	B2	P1
	L2	B1	P1
	L1	B1	P1

5NF 定义:在关系 R 中,当且仅当 R 的每个候选码隐含连接相关,则称 R 为第 5 范式(5NF),也称为投影—连接范式(PJ/NF)。

关系 LBP 不是 5NF,而投影分解为 LB,BP,PL 关系后,它们都是 5NF。

5.6 关系规范化的步骤

前面我们通过讨论函数相关、完全相关、传递相关、多值相关和连接相关,引进了 1NF、2NF、3NF、BCNF、4NF 和 5NF。任何一个关系总可以通过无损分解把它化成一组等价的 5NF 关系。我们用图 5.9 作为关系规范化的小结。

在关系的规范化过程中,有时可以跳过某些步骤。同时,对关系 R 进行无损分解所得到的一组等价关系,结果不是唯一的。

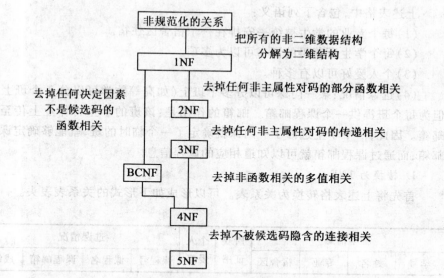

图 5.9 关系规范化的过程

5.7 关系规范化范例

本节通过一个完整的范例,解释关系规范化的步骤。该范例对应的数据为学生基本情况表,如表 5.8 所示。

表 5.8 学生基本情况表

基本信息			
学号:001	姓名:张林	专业:信息系统	宿舍区:3 区
所获证书			
英语四级	英语六级	计算机二级	计算机四级
个人爱好			
乒乓球	羽毛球	旅游	民族舞
选课情况			
课程号	课程名	课程邮箱	成绩
c1	数据库原理	simdb@126.com	98
c2	高级语言程序设计	simjava@126.com	89
c3	信息组织	simorg@126.com	79

上述表格中,包含下列语义:

(1)每个专业的学生被统一安排在一个宿舍区住宿。

(2)每个学生所获得的证书可以为多项。

(3)个人爱好可以有多种。

(4)选课情况:某一门课可以分多个班上(如高等数学可以分3个班上),但为每个班提供一个课程邮箱。邮箱的作用是:该班的学生将作业上传至该邮箱。因此,一个学生选修了一门课就确定了一个临时的班,就能够确定课程邮箱;而通过课程邮箱就可以知道相应的课程信息。

1. 转换为1NF

首先将上述表格转换为关系表。可以形成如下形式的关系表表头。

基本信息				所获证书	个人爱好	选课情况			
学号	姓名	专业	宿舍区			课程号	课程名	课程邮箱	成绩

在上述分解中,"基本信息"和"选课情况"并不是原子属性,而是复合属性,因此是不满足1NF的,可以将其进行分解,去掉复合属性,保留构成复合属性的原子属性。则形成下面的二维表R(下画线为主属性)。

学号	姓名	专业	宿舍区	所获证书	个人爱好	课程号	课程名	课程邮箱	成绩

在表R中,存在如下函数依赖:

学号→姓名;

学号→专业;

学号→宿舍区;

专业→宿舍区;

学号,课程号→成绩;

学号,课程号→课程邮箱;

课程号→课程名;

课程邮箱→课程名;

课程邮箱→课程号;

学号,课程邮箱→成绩。

在上述依赖中,"所获证书"和"个人爱好"是多值属性,因此并不能通过

学号直接确定相应的证书和爱好。由此得出候选码可以是:

（学号,所获证书,个人爱好,课程号）

（学号,所获证书,个人爱好,课程邮箱）

可以确定关系 R 中的主属性和非主属性。

主属性:学号,所获证书,个人爱好,课程号,课程邮箱;

非主属性:姓名,专业,宿舍区,课程名,成绩。

2. 1NF 到 2NF

由于在表 R 中,存在下述依赖:

学号→姓名;

学号→专业;

学号→宿舍区;

课程号→课程名;

课程邮箱→课程名。

说明存在非主属性对候选码的部分函数依赖。将关系表 R 进行分解,消除部分函数依赖,形成三张表 A、B、C。表中的"主属性"用下画线标示出。

表 A:

学号	姓名	专业	宿舍区

表 B:

学号	所获证书	个人爱好

表 C:

学号	课程号	课程名	课程邮箱	成绩

分解过程如图 5.10 所示。

通过分解,原始表被分解成了三个表 A、B、C。在 A 表和 B 表中,都不存在非主属性对码的部分函数依赖,因为 A 表候选码只有一个,且为单属性集;B 表不存在部分函数依赖(仅存在多值依赖);C 表中候选码有两个:(学号、课程号)和(学号、课程邮箱),因此存在课程名对候选码的部分函数依赖,可以继续进行分解,分解为表 C1 和表 C2,表中的"主属性"用下画线标示出。

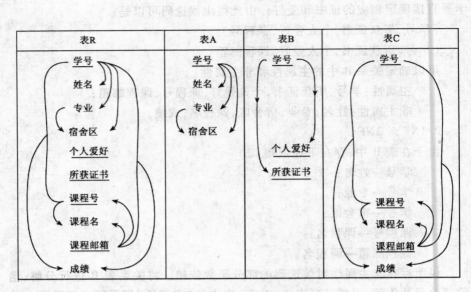

图 5.10 将表 R 分解为 A、B、C

表 C

学号	课程号	课程名	课程邮箱	成绩

表 C1

学号	课程号	课程邮箱	成绩

表 C2

课程号	课程名

分解过程如图 5.11 所示。

经过上述分解,原始表被分解成了 A、B、C1、C2 四张表,且四张表中都不存在非主属性对候选码的部分函数依赖。

3.2NF 到 3NF

在分解出的四张表中,A 表的主码为"学号",且"宿舍区"传递函数依赖于"学号",因此不满足 3NF,进行分解,形成两张表。

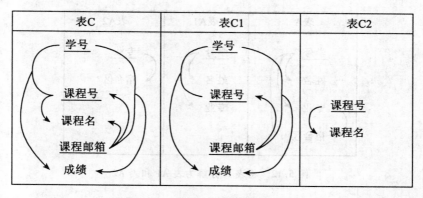

图 5.11 将表 C 分解为 C1 和 C2

表 A

学号	姓名	专业	宿舍区

表 A1

学号	姓名	专业

表 A2

专业	宿舍区

分解过程如图 5.12 所示。

经过分解,表 A1 和表 A2 消除了传递函数依赖,满足了 3NF,同时由于两个表中候选码为单属性集,因此函数依赖的决定属性集都包含候选码,因此也同时满足 BCNF 范式。

但是表 C1 不满足 BCNF 范式,需要通过分解,才能转换为 BCNF 范式。

4.3NF 到 BCNF

在 C1 表中,包括 2 个候选码(学号,课程邮箱)、(学号,课程号),因此只有"成绩"属性是非主属性,因此不存在非主属性对候选码的传递函数依赖和部分函数依赖。但存在如下函数依赖:课程邮箱→课程号,这个函数依赖的决定属性集不是候选码,因此不满足 BCNF 范式。为了达到 BCNF 范式,必须对其进行分解。

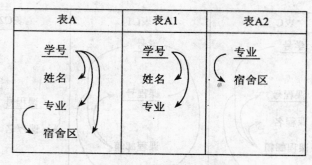

图 5.12 将表 A 分解为表 A1 和表 A2

分解方法 M 如下(假定现有关系模式为 R):

(1)找出违反 BCNF 范式的函数依赖 X→Y。

(2)将 R 分解为 R-Y 和 X∪Y 两个关系模式。

根据上述分解方法,则可以发现 X 为课程邮箱,Y 为课程号,可以得到如下分解:

表 C1

学号	课程号	课程邮箱	成绩

表 C11

学号	课程邮箱	成绩

表 C12

课程邮箱	课程号

分解过程如图 5.13 所示。

在上述 BCNF 范式分解中,采用的分解方法 M,可以保证分解的无损连接性,但却不一定能够保持函数依赖。以上述分解为例,在 C1 分解为 C11 和 C12 的过程中,丢失了函数依赖:

(学号,课程号)→成绩。

因此在将 3NF 转换为 BCNF 范式时,不能保证不丢失函数依赖。

分解后的 C11 和 C12,已满足 BCNF 范式,且其内部不包含非平凡多值依

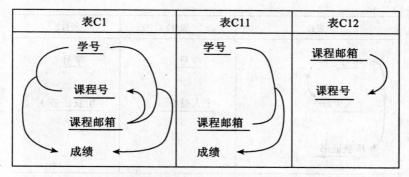

图 5.13　将 C1 表分解为 C11 和 C12

赖,因此也同时满足 4NF。但在表 B 中,存在多值依赖。

5. BCNF 到 4NF

表 B 中,三个属性都为主属性,且构成唯一一个候选码,因此其满足 BC-NF 范式,但存在多值依赖。给定学号"001"和学生的爱好"篮球",可以找到一组"所获证书",且这些证书只与 001 号学生相关,与爱好"篮球"无关。因此存在两个多值依赖:

学号→→个人爱好;学号→→所获证书。

对表 B 进行分解形成表 B1 和表 B2。

表 B

学号	所获证书	个人爱好

表 B1

学号	所获证书

表 B2

学号	所获证书

分解过程如图 5.14 所示。

经过上述分解过程,将原始表 R 最终分解成了如图 5.15 所示的 7 个子表。

图 5.14　将表 B 分解为 B1 和 B2

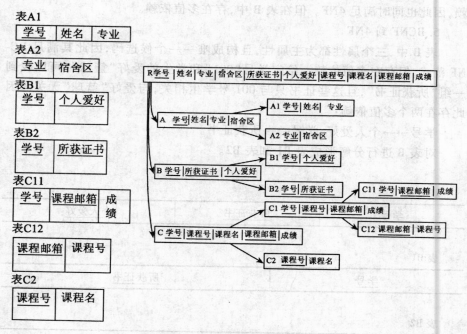

图 5.15　最终生成的 7 个子表及总体分解过程

上面范例给出了关系规范化的过程,下面给出关于模式分解的几个重要事实:

(1)若要求分解保持函数依赖,那么模式分解总可以达到 3NF,但不一定能达到 BCNF。

（2）若要求分解既保持函数依赖，又具有无损连接性，可以达到 3NF，但不一定能达到 BCNF。

（3）若要求分解具有无损连接性，一定可以达到 4NF。

习 题 5

5.1　什么是函数相关？什么是完全函数相关？

5.2　关系的规范化形式有哪些？它们之间有什么关系？

5.3　什么叫传递相关？研究它有何意义？

5.4　简述多值相关与单值相关的关系。

5.5　研究连接相关有何意义？

5.6　为什么说 BCNF 比 3NF 的条件更严格？

5.7　简述关系规范化的过程。

5.8　现有关系 R(RNO,RNAME,DEPT,ADDRESS)，在属性读者号、读者名、单位、地址中，假定一个单位为一个通信地址，试将关系 R 化为 3NF。

6 数据库设计

6.1 数据库生命周期

6.1.1 系统开发生命周期

数据库是信息系统的基础与核心。一个成功的数据库设计是建立一个信息系统的先决条件。成功的信息系统是在系统开发生命周期(System Development Life Cycle,SDLC)框架中开发的(如图 6.1 所示)。而成功的数据库设计是在数据库生命周期(Data Base Life Cycle,DBLC)的框架中(如图 6.2 所示)设计的。

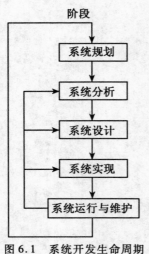

图 6.1　系统开发生命周期

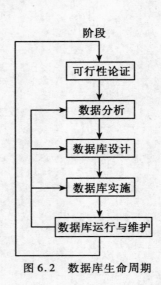

图 6.2　数据库生命周期

系统开发周期分为五个阶段:系统规划、系统分析、系统设计、系统实现、系统运行与维护。

系统规划:根据市场需求和社会发展的需要,对系统进行调查、评估并进行可行性研究,完成系统规划书的编制。

系统分析:在系统规划原则指导下,对现有用户进行调查,同时对近期的潜在用户需求进行科学预测。并对现有系统进行评价,从而完成逻辑系统的初步设计。

系统设计:对信息系统进行功能设计、流程设计、数据分析与格式设计、输入/输出接口设计,完成系统详细设计。

系统实现:将系统设计方案进行实施,进行编码、测试与调试,完成系统整合并试运行,对实施的系统进行评价。

系统运行与维护:在系统试运行、测试、评价并调整后,办用户培训班,将系统转入正常运行与维护。系统管理员要对系统进行实时监控,对系统不断进行分析与评价,从而适时调整与维护,保持系统的良好状态。

6.1.2 数据库生命周期

数据库是信息系统的基础。数据库生命周期有可行性论证、数据分析、数据库设计、数据库实施、数据库运行与维护等阶段。

可行性论证:对拟建的数据库进行初步调研,分析数据库管理的业务范围、定义目标对象和约束、确定边界。

数据库设计:包括概念模型设计、DBMS 软件选择、逻辑模型设计(数据库的内部模型和用户组对应的一组外部模型)、物理模型设计等。

数据库实施:安装 DBMS、创建数据库、转换数据和加载数据,试运行并进行测试。根据测试情况对数据库和它的应用程序进行评估,不断调整各级模型和相关的应用程序(如图 6.3 所示)。

数据库运行与维护:编制用户手册,培训终端用户和程序员用户,数据库正式投入运行。在使用中更新和提高,不断增强管理功能,从而完成数据库设计。

6.1.3 数据库的设计条件

数据库系统是计算机化的信息资源综合处理系统,它由硬件(计算机系统和通信网络)、软件(系统软件和应用软件,包括 DBMS)、数据库(一般为多个)和用户(包括 DBA)组成,具有信息搜集加工、组织、存储、检索、传递与利用等功能。

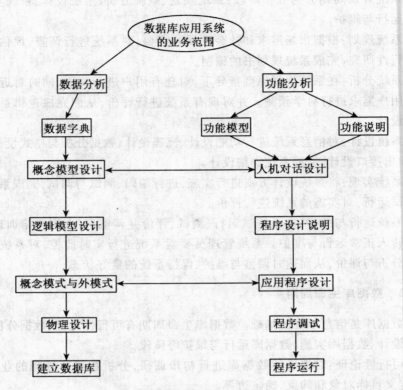

图 6.3　数据库应用系统设计

　　一般来说,购买计算机时已配置有系统软件和应用软件,所以,设计一个数据库系统,实际上是数据库设计和部分应用程序的设计,其核心问题是数据库设计。

　　一个数据库系统工作效率如何,关键在于信息资源数据库的数量与质量。因此,对数据库进行合理的逻辑设计和有效的物理设计是实现一个功能完善、效率高的数据库系统之关键。

　　信息资源数据库在信息管理工作现代化中占有极其重要的地位。在现代信息资源管理工作中,信息的搜集、加工与存储就是搜集信息、建立数据库。信息的检索、传递与利用就是使用数据库。数据库是现代信息管理系统的基础与核心。因此,设计和建立数据库是信息管理工作者的重要任务。

　　设计一个数据库需要以下一些必要条件:

　　(1)信息需求。用户对信息与日俱增的需求是建立信息资源数据库的动力,我们必须作好用户需求的调查与预测,为制定开发政策提供可靠的依据。

（2）丰富的信息资源。一个信息资源库的价值在于它能及时提供全、准、新的信息。建立一个信息资源数据库,必须要有丰富的信息资源,并且能做到原始信息收集方便、提供及时,这样才能建立一个好的数据库。有了丰富的信息资源才能做到选择合理。

（3）结构合理的建库专业队伍。建立信息资源数据库对人员的素质有一定要求。建库人员应包括懂得计算机、数据库、信息处理、系统分析与设计、程序设计等方面的人才。要加强现有职工队伍的培训,有条件的地方和单位,要充分联合社会力量,使之成为一支结构合理的专业队伍。

（4）合适的计算机系统。包括配置实用的软件系统。

（5）可靠的资金来源。一个实用的数据库是一项投资较大的工程项目,没有可靠的资金来源是无法完成的。

另外,信息资源数据库要求标准化的组织方法,这样建立起来的数据库才能达到数据共享,否则会造成很大浪费。

上述条件若已具备,就可以组织力量设计和建立数据库。否则,应首先创造条件,待条件具备后再考虑实际建库问题。

设计一个数据库,首先要进行系统调查。搞清楚设计数据库所涉及的使用单位和业务范围,各类用户要求,该领域内信息服务的发展趋势等,同时要吸收用户代表参加设计。数据库应用系统的设计过程如图 6.3 所示。其中,数据字典是进行数据库设计与管理的有力工具,它的具体情况将在下节讨论。数据库应用系统设计可细分为两部分:数据库结构设计和数据库应用程序设计。

数据库结构设计包括:数据分析、数据字典设计与建立、数据库概念模型设计、数据模型(逻辑模型)设计与定义(概念模式与外模式)以及物理设计与实现。

数据库应用程序设计包括:功能设计、人机对话设计、应用程序开发、程序调试与运行。

6.2 数据字典

数据字典是数据字典/目录(Data Dictionary/Directory,DD/D)的简称,它是数据库设计与管理的有力工具。在数据的收集、规范和管理等方面都用到DD/D。虽然数据字典并非数据库所独有,但对于数据资源多、关系复杂、多用户共享的数据库来说,数据字典有着更重要的作用。在数据库设计中,先要收集信息,进行分类整理、登记、定义等,这就要开始编制字典。随着设计工作的结束,数据字典也就生成了。

数据字典是关于数据描述信息的一个特殊数据库,它包含每一数据类型的名字、意义、描述、来源、格式、用途以及它与其他数据的联系等数据。这类数据称为元数据(meta data)。因此,数据字典又称为元数据库。

一个字典数据库内所包含的数据类型有:

数据项。描述实体的一个属性,每个数据项都有自己的专有名称或标志。

组项。为若干个数据项的组合,它们是互相关联的数据项,组项的名称也必须具有唯一性。

记录。若干个数据项和组项的集合,它是对一个实体的完整性的描述。

文件。记录值的集合。

外模式。用户视图的定义。

概念模式。描述数据库所含实体、实体间的联系和信息流。

内模式。数据库存储结构的描述、实体间联系及其存取方法、物理映像等。

用户应用程序。

存取口令。

安全性要求。

完整性约束。

映像。

……

例如,表 6.1 中是数据字典的一些示例,这些元数据具体描述了数据结构和数据之间的联系。

表 6.1   数据字典的示例

表名	属性名	内容	类型	范围	PK/FK	FK 参照表
S	sno	学号	Char(12)	9(12)	PK	
	sname	姓名	Varchar(20)	Xxxxx		
	sex	性别	Char(1)	X		
	age	年龄	Number(2)	99		
	dept	系名	Varchar(18)	Xxxxx		
	room	住址	Char(10)	Xxxxx		

表名	属性名	内容	类型	范围	PK/FK	FK 参照表
Sc	sno	学号	Char(12)	9(12)	PK/FK	S
	cno	课程号	Char(5)	Xxxxx	PK/FK	Course
	G	成绩	Number(3)	999		

当然,DD/D 中的数据类型还有很多,以上介绍的仅是基本部分。建立数据字典的目的在于应用。数据字典用途很广,下面是它的几个应用方面:

(1) DD/D 是系统分析员、数据库设计人员的得力助手。

(2) DD/D 是协助 DBA 管理数据库的有力工具。DBA 在管理数据库中要经常查询 DD/D,以便了解系统性能、空间利用、各种统计信息及数据库运行状态等。

(3) DD/D 支持 DBMS。在接到用户存取数据库的请求时,都要立即检查用户标识、口令、外模式、概念模式和存储模式等。

(4) DD/D 帮助应用程序员和终端用户更好地使用数据库。

6.3 数据库设计过程

数据库设计过程可以归纳为可行性论证、数据分析、数据库设计、数据库实现等几个设计阶段,每个设计阶段又可分几个设计步骤,其流程如图 6.4 所示。图 6.4 中的数据分析、数据库设计与数据库实现的具体内容将在后文中分别讨论。系统运行与维护已进入数据库使用的日常管理与维护阶段。

6.3.1 需求分析

数据分析(data analysis)是数据库研制过程中的第一阶段,它的任务是进行系统调查和需求分析,决定数据库的信息内容、信息的性质、经济性与安全保密性以及提供查找这些信息的检索途径,设计出一个恰当的数据库模型。

数据分析中需求分析是非常关键的一环。需求分析的过程是一个融合了系统现状、制约条件和理论模型的过程,通过分析系统现状以及业务过程中的各类制约条件,采用各种理论模型(如经济理论、管理知识和数据分析知识),形成新的系统模型(如图 6.5 所示)。

在设计数据库之前,必须充分地了解和分析用户的需求以及数据库的用途。为了获取用户需求,必须弄清楚数据库系统与其他哪些信息系统进行交

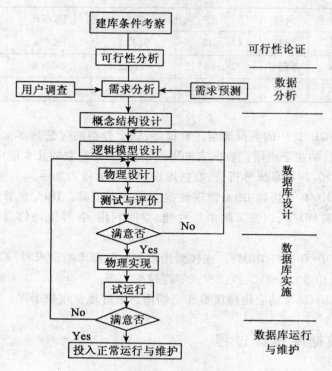

图 6.4　数据库设计过程

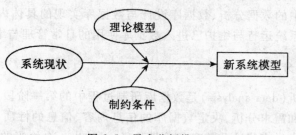

图 6.5　需求分析模型

互,确定哪些应用与数据库系统相关,使用这些应用的用户有哪些,用户需求包括如下三个方面的内容:

第一,用户对信息资源数据库应包括的信息内容(数据名称、类型、长度、取值范围等)、信息的性质(数据值的大小、数据间的联系等)提出了明确要求,以满足用户在业务上的需要。

第二,用户对数据库系统的功能有一定的要求。例如,对数据库的检索途径、使用系统的响应时间和处理方式等。这些要求必须有相应的数据库结构支持才能满足。

第三,对数据库数据的安全性与完整性要求。

在需求分析阶段,必须采用一系列的步骤获取用户的需求,需求分析阶段包含下列典型活动:

(1)明确正在设计的数据库系统会影响哪些应用程序以及使用这些应用程序的用户,从这些用户中选取关键用户作为访谈的对象。

(2)研究和分析与应用有关的各类文档。对于其他类型、与应用无关的文档,如政策条例、表单、报告和组织结构图等,也要进行分析,以确定它们是否会影响需求的收集和制定。

(3)分析当前的操作环境和数据的用途。这包括对事务操作的类型、事务发生的频率以及系统中的信息流进行分析,研究事务的来源和数据报告的流向等,确定事务的输入和输出数据。

(4)向潜在的数据库用户提问,收集和整理用户的回答。提出的问题包括用户的优先级、用户对不同应用的重视程度,有时需要咨询某类用户中的关键用户,以帮助数据库设计人员对数据的价值和重要性作判断,设置数据的优先级。

在需求分析过程中往往采用调查的方式,调查方式可以包括如下几种:

(1)发放调查表和调查问卷。用户填写调查表,以书面的方式表达需求。

(2)开调查会。按照职能部门召开座谈会,了解各部门的业务范围、工作内容、业务特点及对新系统的想法和建议。

(3)个别访问。选取对业务过程和信息流向特别熟悉的关键用户进行专门访问,请他们介绍业务全过程和对新系统的设想、建议和要求。

(4)现场观看。增加对业务的感性认识和实际印象。

(5)查阅各种表单、票据、文档。许多数据和信息的定义存在于各类表单和票据中,而关于业务处理过程的定义往往存在于一些业务文档中。

通过多种调查方式,可以获取初步的需求。此时的需求很可能是不规范、不完整、不一致的,有些需求可能由于调查人员的误解导致需求本身是错误的,因此必须对调查获取的需求进行验证和检验,以保证需求的准确性。

调查获取的需求往往是不规范的,因此必须采用某种需求规范技术将需求规范化。常用的技术包括:面向对象分析和数据流图(DFD),这些技术使用图形的方式组织和表达需求。除了采用图表方式外,还可以使用表格、示意图等形式对需求规范化。对于规范化的需求,可以使用一些计算机辅助技术检查规范的一致性和准确性。

　　需求的收集和分析阶段是非常耗费时间和精力的,但它确实是数据库系统成功与否的关键,在该阶段出现的错误会波及很多方面,并影响后续系统的设计和开发,比在系统实现过程中出现的错误更严重。如果需求收集和分析发生了错误,会直接导致系统无法满足用户的需要,因此必须充分重视这一阶段。

6.3.2　概念模型设计

　　数据分析过程中除了进行需求分析外,还包括实体分析,建立相应的数据字典等工作,并在此基础上设计出基本的 E-R 图,确定信息资源数据库的概念结构,即信息资源数据库的概念模型。在用户需求分析过程中,每组用户都具有一个用户需求调查表,将这些具体需求条理化、目标函数化并综合成为概念模式,如图 6.6 所示。

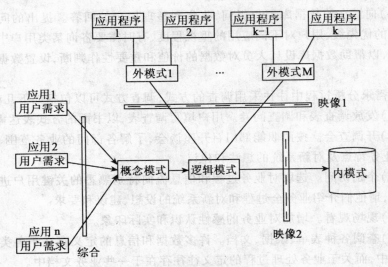

图 6.6　概念模型设计

　　概念模式是数据库概念结构的定义,它是在进行了广泛的用户调查和科学的需求预测之后而得到的。概念模式设计的目标是获取对数据库结构、语义、相互关系和各类约束的全面理解。概念模式的设计是独立于具体的DBMS 的,因为每个 DBMS 都具有各自的特点和限制,不能使之影响概念模式的设计。

概念模式是对数据库中数据内容的静态描述,由于它独立于具体的DBMS,因此在数据库设计中显得格外重要,概念模式设计的优劣直接影响数据库系统设计的好坏。

概念模式的设计往往采用更高级的、抽象程度更高的数据模型(如 ER 模型或 EER 模型),不能使用具体于某个 DBMS 的数据模型,那样会影响其与DBMS 之间的独立性。另外,高级数据模型往往采用图表形式表达模型语义,它的基本概念更容易理解,因此有助于数据库用户、设计人员和分析人员的交流,保证概念模型设计的准确性。

在概念模式设计阶段使用的高级数据模型,应具备以下特征:

(1)表达性:数据模型应该具有较强的表达能力,以区分不同类型的数据、关系和约束。

(2)易理解性:模型应该尽量简单,以使非专业用户也能理解并使用模型中的概念术语。

(3)最小性:模型应当只有少量的基本概念,这些概念应各不相同,概念的含义互不重叠。

(4)图形表示:模型应当具有图形化表示方法,方便对概念模式的展示、交流、解释和理解。

(5)形式化:数据模型中所表示的概念模式必须是关于数据的无二义性的形式化规范,概念模式的定义必须准确,不能模棱两可。

高级数据模型包括 ER 模型、EER 模型、面向对象模型等。在实际应用中,较常使用 ER 模型进行概念模式设计。

概念模式的设计过程中,必须明确模式的基本组成:实体、实体类型、联系类型、属性等。根据数据分析和需求分析阶段采集的需求,可以采用如下方法进行概念模式设计。

(1)集中式设计方法。这种方法要求将从不同应用和用户组获得的需求合并为一个需求集,然后为这个总需求集设计概念模式。当需求涉及多个应用和用户组时,需求的合并是非常枯燥、费时费力的,并由 DBA 单独负责需求的合并以及概念模式的设计,设计结束后再由 DBA 根据全局概念模式为每个用户组设计外模式。

(2)视图集成方法。这种方法无需合并需求,而是针对每个应用和用户组设计相应的模式(视图),然后再将各个模式进行集成(视图集成),形成数据库的全局概念模式。最后根据全局概念模式,修正各个应用的模式。

在集中式设计方法中,大量工作都压在 DBA 的身上,他需要负责集成各个需求并消除各个组之间的差异和冲突,并设计概念模式。当建立大型数据库时,涉及的需求过多,采用集中式设计方法管理的复杂度过大,因此在实际中,往往采用视图集成方法。

视图集成方法首先设计外模式,再进行合并。外模式相对较小,因此可以简化模式的设计。视图集成过程要完成如下几个子任务:

① 确定各视图之间的对应关系及冲突。由于各个视图是单独设计的,往往会发生冲突,为了解决冲突首先要确定各个视图中的实体、联系、属性,并识别潜在的冲突。冲突的类型包括:

a.命名冲突。这类冲突包括两种:同义词、同名异义词。当使用不同的词语表达同一概念时,就会出现同义词,如"职工"和"员工";当使用相同的词语表达不同的概念时,就会出现同名异义词,如"日期"分别表达"出生日期"和"入职日期"。

b.结构冲突。同一概念在不同的视图中使用了不同的抽象,在一个视图中作为实体,而在另一个视图中被作为属性。

c.属性冲突。即属性值的类型、取值范围或取值集合发生冲突。如电话号码,有的用数字表示,有的用字符串表示。

d.约束冲突。两个模式可能具有不同的约束。如不同视图中对同一个实体采用了不同的主码,同一联系在不同视图中分别为"1∶N"和"M∶N"。

② 修改视图使其相互一致。根据识别出来的各类冲突,修改各个视图,消除各类冲突,使各个视图达成一致。

③ 视图合并。将各个子视图合并成为一个总视图,即全局概念模式,保证在该模式中,具体实体和联系只出现一次,并要确定视图与全局概念模式的映射关系。当涉及的实体和联系的数目过多时,这一步是非常关键的,需要大量人力并通过协商的方式解决各类冲突。

④ 重构。对形成的全局概念模式进行分析,消除其中的冗余和不必要的复杂性,重构概念模式。

视图集成的过程可以表示成如图 6.7 所示的过程。

在视图集成方法中,视图合并过程是非常复杂的,可以采用不同的集成策略,使视图合并过程规范化。这些集成策略包括如下方面(如图 6.8 所示)。

① 二叉梯状集成。这种方法首先将两个相似的视图集成,所得到的模式再与最相似的视图集成,这样循环进行,得到最终的模式,整个过程形似一棵梯状的二叉树。

② N 元集成。分析完每个视图包含的实体和联系后,通过复杂的分析和设计过程完成集成,直接得到全局概念模式。

③ 二叉平衡集成。首先将相似的模式两两分组,进行集成,再对新的模

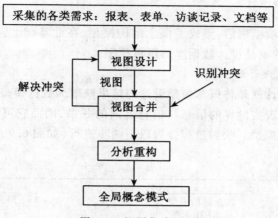

图 6.7 视图集成过程

式两两分组,进行集成,集成过程形似一棵二叉平衡树。

④ 混合策略。首先将相似的多个模式划分成组,单独集成,中间模式再分组和集成,如此继续,直至得到最终模式。

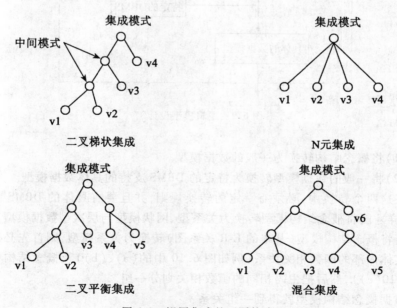

图 6.8 视图集成的不同策略

6.3.3 逻辑模型设计

数据分析阶段结束后,形成了概念结构模型,在此基础上,要进行数据库设计,首先进行的就是设计数据库的逻辑模型。

1. 逻辑模型设计的步骤

逻辑模型设计就是将概念模型设计的结果映射为数据模型。由于概念结构真实地反映了现实世界的信息与信息之间的联系,因而它可以映射为不同的数据库的逻辑模型。映射过程分为以下两步进行(如图 6.9 所示):

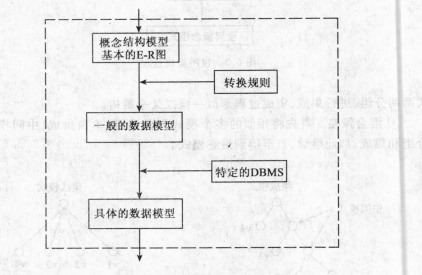

图 6.9　逻辑模型设计

(1)将概念结构转换为一般的数据模型。

(2)将一般的数据模型转换为特定的 DBMS 支持的具体数据模型。

在这两个转换中,必须有一定的转换规则,并且要有具体的 DBMS 的支持,这样才能将概念结构模型转换为关系型、网状模型与层次型数据模型。

若将概念结构模型(基本的 E-R 关系图)转换为关系模型,则首先必须写出各实体内部的函数相关关系(例如图 6.10 中的(a)、(b))及概念结构模型(图 6.10(c)),然后把主码相同的函数相关划分一组。

根据概念结构模型就得到一组关系:

读者(RNO,RN,DEPT,TEL)

图书(BNO,BN,CLASSNO,AUTHOR,CALLNO)

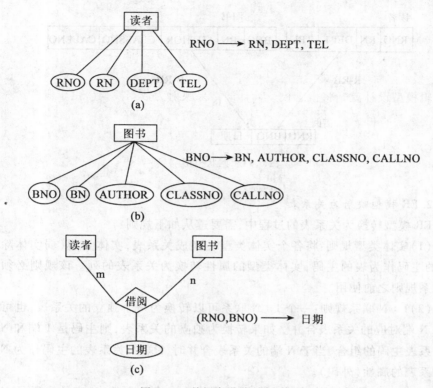

图 6.10　数据库设计:概念模型

借阅(RNO,BNO,日期)

这就形成了一个关系数据库数据模型。

如果将概念结构模型转换为网状或层次数据模型,也必须根据实体属性函数相关的关系来划分分组,把 N∶M 的实体联系转化为多个 1∶N 的情况,对照如图 6.10 所示的结构,得到相应的网式数据模型(如图 6.11 所示)。

因为层次式数据模型是网状模型的特例,而网状模型是层次模型的一般情况,它们之间可以互相转化,因而可以把概念结构模型更方便地转换成层次数据模型。由于关系模型作为数据模型被大多数 DBMS 所采用,下面将详述将概念模型转换为关系数据模型的过程,此处选取 ER 模型作为概念模型,ER 模型转换为关系数据模型主要经历如下过程:ER 模型映射为关系表,选择具体的关系 DBMS,特定 DBMS 关系数据模型的设计。

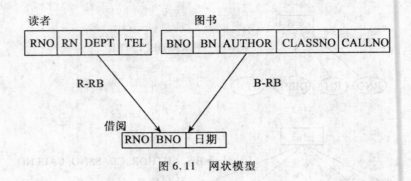

图 6.11　网状模型

2. ER 模型映射为关系表

ER 模型转换为关系表的过程中,需要遵从如下规则:

(1)实体类型规则:将各个实体类型转换成关系表,实体类型(弱实体除外)的主码作为表的主码,实体类型的属性转换为关系表的列。该规则必须在联系规则之前使用。

(2)1:N 联系规则:一个 1:N 联系可以转换为一个独立的关系表,也可以与 N 端对应的关系表合并。如果转换为独立的关系表,则主码是 1 端和 N 端关系表主码的组合,当于 N 端的关系表合并时,1 端的关系表的主码作为 N 端关系表的属性(外码)。

(3)M:N 联系规则:各个 M:N 联系成为一个独立的表,表的主码是 M 端和 N 端关系表主码的组合。

(4)1:1 联系规则:一个 1:1 联系可以成为一个独立的表,也可以和任意一端的关系表组合。

(5)多元联系规则:三个或三个以上实体类型间的联系为多元联系,将其转换成为单独的表,其主码为各个实体表主码的组合,其属性为多元联系本身的属性。

(6)合并规则:为了减少系统中关系表的数目,具有相同主码的关系表可以合并。合并方法是将其中一个关系模式的全部属性加入到另一个关系模式中,然后去掉同义属性。

(7)同一实体类型间的联系规则:如果某个联系涉及的实体类型是相同的,则为自联系,可以按照 1:1、1:N、M:N 的三种情况分别处理。

3. 数据模型的优化

根据关系规范化理论,由 ER 模型映射而得到的关系模式不一定是最优

的,因此必须采用关系规范化理论对关系模式进行优化,方法如下:

(1)确定数据依赖。按照需求分析阶段获取的语义,分别写出每个关系模式内部各属性之间的数据依赖以及不同关系模式属性间的数据依赖。

(2)对关系模式之间的数据依赖作极小化处理,消除冗余的联系。

(3)按照关系规范化理论对关系模式逐一分析,考察是否存在部分函数依赖、传递函数依赖、多值依赖等。具体的规范化方法可参考第 5 章的内容。

(4)按照需求分析阶段得到的处理要求,分析这些模式是否适用于具体的应用环境,确定现有的关系模式是否合适,是否有必要进行模式合并与分解。

有时规范化程度的提高会增加关系表的数量,这就导致对于某些查询操作,必须对相应的表进行连接操作,而这会降低响应速度,因此在有些应用中,可以适当降低规范化的程度,以提高系统的性能。

(5)对关系模式作必要的分解,以提高数据的操作效率,提高存储空间的利用率。常用的关系模式分解方法有:水平分解和垂直分解。

水平分解是以时间、空间、类型等范畴属性的取值为条件,将满足条件的数据行作为子表,分解后的表具有相同的属性,包含符合各自条件的元组。例如可以将学生表水平分解为"在读学生表"和"已毕业学生表"。

垂直分解是以非主属性的划分为基础的,依据一定的标准将非主属性进行划分,并分别与主码合并形成多个子表。例如可以将学生表划分为"学生基本信息表"和"学生家庭信息表"。

4. 选择具体的 DBMS

一般的数据模型与具体的 DBMS 无关,但最终必须将其在具体的 DBMS 中实现,因此选取合适的 DBMS 是非常关键的。DBMS 不同,具体的数据模型映射方法也不同。DBMS 的选取要考虑多种因素,这些因素可以分为技术因素和非技术因素。

技术因素决定了 DBMS 能否满足数据库系统的需要,包括 DBMS 的类型(关系型、对象—关系型、对象型或其他类型)、DBMS 支持的存储结构和存取路径、提供的用户界面和开发界面、支持的客户—服务器体系结构等。

非技术因素包括 DBMS 的购买成本和维护成本、DBMS 厂商提供的技术支持和培训服务、数据库运行成本和相关硬件购买成本等。

在这些因素中,较为关键的因素有:

(1)开发人员对某个 DBMS 的熟悉程度。如果开发人员对某个 DBMS 比较熟悉,可以大大降低培训成本和学习时间,加快系统开发的速度。

(2)组织看待数据资源的角度和观点。这常常决定了具体选用何种数据模型(关系模型、面向对象模型),如果组织更侧重于某个开发方法学(如面向对象分析设计等),就会倾向于选取支持相应数据模型的 DBMS。

(3)DBMS 开发商提供的服务。如果数据库系统是新建立的,那么就需要由原来的手工或文件管理环境转换到 DBMS 环境,转换过程是一个非常艰巨的任务,非常需要 DBMS 开发商提供的服务。

(4)DBMS 的平台可移植性。组织的信息系统会随着软件、硬件、信息技术的发展以及系统需求的变化而改变,这就要求 DBMS 应该具有不同平台下的可移植性。

(5)DBMS 的备份、恢复、海量数据管理、性能和安全性的需求。特定的应用会格外需要 DBMS 在某方面表现突出,因此要根据不同 DBMS 的特点加以权衡。

5. 具体的数据模型的设计

确定了数据库系统选用的 DBMS 后,就可以将一般的数据模型映射为特定 DBMS 的具体的数据模型。这个过程需要通过指定 DBMS 的 DDL 语言,定义各个基本表,将数据模型具体化。由于不同 DBMS 的 DDL 语言各不相同,因此必须充分理解其特性,设计出符合用户需求的数据模型。

具体的数据模型定义过程除了定义全局数据模型外,还必须在此基础上为不同的应用和用户组设计外模式。外模式的定义要从用户和应用系统的需求出发,同时考虑数据的安全性和用户操作的便捷性。定义外模式要考虑如下因素:

(1)使用符合用户习惯的别名。在概念模型设计阶段,已经消除了各种命名冲突,保证了概念表达上的一致性,但在设计外模式时,对于同一概念,应尽量使用符合用户习惯的别名,方便用户理解和操作。

(2)对不同级别的用户定义不同的外模式,限定他们对数据访问的权限,保证数据的安全性。

(3)简化用户对系统的使用。如果某些应用需要通过复杂的查询才能获取所需数据,就应该将这些复杂查询简化为一个视图,使用户直接对该视图进行查询,简化用户查询的过程。

外模式的定义过程就是在具体的 DBMS 中定义用户视图的过程,因此同样需要采用特定的外 DDL 语言。

6.3.4 物理设计

在逻辑模型设计完毕后,就要进行物理设计。物理设计的主要内容有:信息资源数据库的结构、数据库各种文件的存储结构、文件之间的相互关系、存取路径选择、数据的存储分配等。

所谓信息资源数据库的结构,是指数据库的构成(库内文件的总数、各种文件的类型及相互关系),数据检索时的控制流程和数据流程等。

数据库的存储结构是指数据库内各种文件的存储结构。如 INGRES 提供了四种基本的存储结构:heap、heapsort、isam、hash。另外,它还提供了四种压缩的存储结构:Cheap、cheapsort、cisam、chash。

存储结构的设计要考虑存储空间、存取时间和维护代价等因素。用户要求有较快的响应时间,这是应首先满足的。响应时间快一般可采用 hash 文件存储,但 hash 文件所需要的空间多,浪费大。为了克服这一弱点,必须对存储结构进行改进。在数据库系统中,为了快速响应,不惜多花一点时间对数据库进行定期维护,以保持系统的高效率。

存取路径的选择,决定了数据库的入口点和相应的工作文件,一般来说,一个检索途径需要一个索引文件的支持。有多少个检索点,就要建立多少个索引文件。

例如,在建立新闻资料数据库时,需要从电头、标题、著者、分类号、稿号、资料来源、主题词、自由词等途径检索。为了支持快速响应,在设计数据库时,需建立电头、标题、著者、分类号、稿号、资料来源、主题词、自由词 8 个倒排文档及其相应的索引文件。当需要对多个属性组合检索时,可以通过这些索引文件进行组配检索来实现。

物理设计还包括对数据存储的具体安排。为了减少存取时间,可以对同一数据文件进行水平划分和垂直划分。把相互关联的、经常同时存取的记录划分为一组,并设法使它们存放在同一磁盘的同一柱面或邻近的柱面上。

所谓垂直划分就是把同一类型数据记录中的数据项按不同的存取要求划分为多个记录,然后把相应的数据存放在不同的地方以利于存取。

把同一数据文件中不同的记录按使用要求划分为不同的组,各组存放在不同的地方以利于存取的方法称为水平划分。

在具体存储时,还需对存储分配的参数进行优化处理。例如,在数据存储分配中,溢出区大小的选定、数据块的大小、缓冲区的大小与个数等。选择得当,可以节约存储空间、加快数据传递速度,否则会浪费资源,严重影响系统效率。

6.3.5 数据库测试与评价

在进行物理设计之后,必须对具体设计方案进行验证和检测,这就是图6.4中所列出的测试与评价。测试和评价的目的是检查设计中存在的问题,以便在系统实施前对系统进行修改和优化。

测试的内容是多方面的,如数据测试、时间测试和功能测试等。测试要使用典型数据,这些数据的设计与选择是很重要的。既要数量不大,又要有广泛的代表性,能测试各项功能和技术性能指标。典型数据按要求存储后,就可测到设计方案的空间效益、处理速度和数据库的各种功能。把测试结果与设计方案所定的指标进行比较,若达到了原设计要求,则使该系统投入运行。如果部分指标未达到设计要求,就要修改物理设计方案,优化系统后再进行测试。测试与评价也许反复多次,直到设计方案达到满意为止。

在系统设计中,往往设计几种平行的方案进行测试对比,通过系统评价后,选择一个最优的设计方案。

6.3.6 数据库实现

数据库实现是数据库系统设计的具体实施阶段,它的任务是根据系统设计方案,完成数据库系统的硬件、软件配置,装入大量数据,投入试运行,在试运行的基础上进行系统评价。经过评价认为系统已达到原设计要求,则正式投入运行,接待用户,正式开展信息服务。若试运行中发现未完全达到设计要求,则修改系统设计方案,重复上述过程,一直到完全达到原设计要求为止。

实现一个数据库系统,具体任务如下:

(1)硬件(包括外部设备)的购置、安装与调试。

(2)软件的购置、编写与调试。实现一个数据库系统,必须有合适的软件。数据库系统的管理软件很多,不过,一般的 DBMS 都只适用于特定类型的计算机。因此,在购买计算机时,就要考虑选用合适的 DBMS,要了解所要购买的计算机系统是否配有先进的数据库管理软件。在前几年的工作中,往往不是这样,仅就现有的计算机而言,能配什么软件,就只好用这种软件来管理数据库。至于应用软件的配置,可以购买市场上的优质软件,使用它可以很快地投入应用。如果市场上没有合适的软件可选购,那就应自己组织力量编写或委托有关单位研制,这种方式生产的软件,生产周期长一些。

(3)数据的装入,数据库各类文件的生成。数据的装入可调用专用的装入程序来完成。数据的来源有三种:一是自己加工、建立的数据文件;二是通过协作或交换的数据文件;三是通过市场购买的机读数据文件。通过交换和购买的数据文件,一般具有标准化格式,通用性好;而自建的数据文件可根据系统设计要求的规格,采用与标准格式兼容的格式存储。这需要设计一个数据输入子系统,该子系统具有数据的录入、校验、修改、转换、归并等功能,生成系统设计要求的数据文件。

通过交换和购买的数据文件,虽然通用性好,但其记录格式往往各不相同,与本系统的要求也不一定相同,这就存在一个数据转换问题。数据转换包括代码转换和格式转换。经过转换后的数据即可装入、建库并投入使用。

(4)操作人员的培训与考核。

(5)系统试运行的测试报告和专家评审、鉴定意见。系统试运行除了与系统设计方案对比、修改和优化设计以外,还必须产生一个测试报告。符合要求的测试报告,经有关专家评审和鉴定,写出评审意见。

(6)编印系统说明书和操作手册。发给用户,必要时可开办用户培训班。

(7)正式投入运行。

数据库正式投入运行,标志着设计任务已基本完成,转入了实用阶段的数据库维护。当然,数据库设计工作还可以继续。人们的认识是不断深化的,对数据库的设计也会不断优化。在数据库的应用中,通过多次评价,可以调整和修改原设计方案。数据库的维护工作是对运行进行监督、分析和评价,在适当的时候可重组数据库。在运行中,系统对数据库进行安全性与完整性控制,提供转储和恢复策略。当数据库中的数据受到意外损失后,系统能及时恢复这些数据,确保数据库的正常运行。

6.4 数据库的完整性

数据库的完整性是为了防止数据库中出现不符合应用语义的数据。为了保证数据的完整性,DBMS 必须提供一种机制来检查数据是否满足语义规定的条件,即完整性约束条件。这些约束条件作为关系表定义中的一部分存储在数据库中,可以防止对数据的意外破坏,保证数据的一致性。

在第一代数据库系统中,IMS 和 DBTG 系统都有一定的规则在数据模型中给予约束。而在关系数据库系统中,除了在数据模型和数据字典中指定一些完整性规则外,还在 RDBS 的标准化语言——SQL 中提供约束机制。

SQL 语言中完整性约束有多种机制,它主要分为表完整(table constraint)、域完整(domain constraint)和断言(assertion)三类。

(1)表约束措施:表约束机制可细分为唯一性约束(unique constraint)、引用约束(referential constraint)和表检验约束(table constraint)。

① 唯一性约束说明的语法:

<唯一性约束定义>::=<唯一性说明>(<唯一性列清单>)

<唯一性说明>::=UNIQUE/PRIMARY KEY

<唯一性列清单>::=<列名_1>[,<列名_2>...]

在关系模型的定义(关系数据库模式)中,每张表都指定了主码(PRIMARY KEY)和一些唯一性描述。唯一性约束可以在创建表时进行定义,以下面的 SQL 语句为例(Oracle 中定义表的方法)。

```
CREATE TABLE . "B" (
    "BNO" VARCHAR2(10),
    "BN" VARCHAR2(10),
    "CLASSNO" VARCHAR2(10) NOT NULL,
    "PRICE" NUMBER(10) NOT NULL,
    CONSTRAINT "C1" PRIMARY KEY("BNO"),
    CONSTRAINT "C2" UNIQUE("BN"))
```

在上述 SQL 代码中,定义了图书表 B,在属性 BNO(图书编号)上建立了唯一性约束(PRIMARY KEY),而在 BN(图书名)属性上建立了唯一性约束(UNIQUE),另外 CLASSNO 和 PRICE 两个属性上定义了 NOT NULL(非空约束)。实际上主码约束(PRIMARY KEY)是唯一性约束和非空约束的组合,既要求取值的唯一性,又要保证每个元组主码上的取值非空。表主码的唯一性约束又被称为实体完整性约束,而 NOT NULL 和 UNIQUE 约束常被当做两个单独的约束类型。

② 引用约束说明语法:

<引用约束定义>::=FOREIGN KEY (<引用列名>)(引用约束说明)

<引用约束说明>::=REFERENCES<被引用的表名和列名>

[<匹配类型>][<引用触发动作>]

这个定义使系统把引用表和被引用表视为同一张表处理。

以学生借书过程为例,学生的借书行为会产生借书记录,对应借阅表 BS(BNO,SNO),即借阅表中包括了书号和学生学号,而这两个属性 BNO 和 SNO 又分别是书表 B 和学生表 S 中的主码,此时 BNO 和 SNO 的取值就必须引用和参照 B 表中的 BNO 和 S 表中的 SNO,如图 6.12 所示。这种引用行为可以通过引用完整性约束来定义。

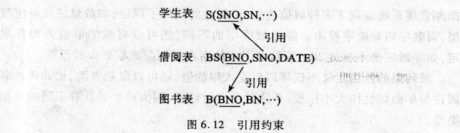

图 6.12　引用约束

在定义引用约束时,需要确定当前表的外码,参照表以及参照表的主码。在 Oracle 中,定义上述引用约束的代码为:

```
CREATE TABLE."BS"(
    "BNO" VARCHAR2(10) NOT NULL,
    "SNO" VARCHAR2(10) NOT NULL,
    CONSTRAINT "C4" FOREIGN KEY("BNO") REFERENCES "B"
("BNO"),
    CONSTRAINT "C5" FOREIGN KEY("SNO") REFERENCES "S"
("SNO"))
```

③ 表检验约束语法:

`<检验约束说明定义>::=CHECK(<搜索条件>)`

表检验约束(CHECK 约束)用于将列的取值限定在指定的范围内,如性别取值只能为"男"或"女",工资必须大于"800",这些规则来自于业务流程中蕴含的各类业务规则。

下面的代码为 B 表添加了一条 CHECK 约束,限制书的价格在 0 到 500 之间。

```
ALTER TABIE B
ADD CONSTRAINT check_price
CHECK( PRICE > 0 and PRICE <500 )
```

下面的代码为 S 表添加了一条 CHECK 约束,限制性别的取值必须为"M"和"F"之一。

```
ALTER TABIE S
ADD CONSTRAINT check_sex
CHECK( SEX IN ('M','F') )
```

(2)域约束措施:域约束主要是核对定义在该域上的列取值范围的有效性。关系表中的每个属性都对应一个包含了所有可能取值的域(Domain),数据库管理系统提供了多种取值类型,对属性的域作了限定,如数量应该对应整型,而名字则对应字符串。除了域类型的不同,还可以对域的取值范围作限定,如年龄应该不超过 200,而馆藏图书的库存量则应该取更大的范围。

域约束的恰当定义不仅可以检查入库的值,还可以限制查询,比如将姓名属性与年龄属性作大小比较,系统就会提示错误,因为两个域具有不同的数据类型。

在域约束的具体实现中,首先通过定义属性时加以限定。如:

CREATE DOMAIN PROFIT NUMBER (10,2)

对利润这一属性限制为可包括 8 位整数和 2 位小数。

除了在创建属性时定义属性的类型和取值范围外,还可以采用 CHECK 对域的范围进行更复杂的限定,具体方法同上文。

(3)断言的语法描述:<断言定义>::=ASSERT <断言名>ON<涉及对象><搜索条件>

断言约束满足的充分必要条件是<搜索条件>为真。

一个断言(Assertion)就是一个谓词,它表达了希望数据库总能满足的一个条件。域约束和参照完整性约束是断言的特殊形式。有些约束是域约束和参照完整性约束无法完成的,此时就可以定义断言实现。

例:每个大四的学生必须修满课程类型为"必修"的课程。

这个约束条件无法通过域约束和参照完整性完成,必须将其作为断言映射为相应的 SQL 语句加以定义。

CREATE ASSERTION A1 CHECK(

NOT EXISTS (

　　SELECT SNO

　　FROM S

　　WHERE S. TYPE = '大四' AND EXISTS

　　(　SELECT *

　　FROM C,SC

　　WHERE C. CNO = SC. CNO AND C. CTYPE ='必修'

　　AND NOT EXISTS

　　(SELECT * FROM SC

　　　WHERE SC. CNO = C. CNO AND SC. SNO = S. SNO

上述语句,使用了复杂的 SQL 查询语句来定义断言,而通过域约束和参照完整性约束是无法实现的。

在创建断言时,系统会检查断言的有效性,如果断言有效,则以后只有不破坏断言的数据库修改才被允许。但由于断言相对复杂,检测过程系统开销大,因此断言的定义格外谨慎,许多 DBMS 也由于断言检测和维护的代价太高而去掉了对复杂断言的支持,或只提供易于检查的特殊形式的断言。

6.5　数据库安全性

完整性约束可以保证数据的一致性,但对于未经授权的访问和恶意破坏就无能为力了,这属于数据库安全性的范畴,必须提供有效的安全性措施保障数据库的安全。违反安全性的操作包括:

(1)未经授权窃取信息。

(2)未经授权篡改数据。

(3)未经授权破坏数据。

6.5.1　数据库安全性措施的层次

数据库的安全性措施可以保护数据库不受恶意访问,这些安全性措施可以分为如下几个层次:

(1)DBMS 层次。DBMS 通过授权的方式,将数据库的各种权限赋予给不同的用户,使这些用户只能执行权限规定的操作,访问权限规定的数据库对象和数据。

(2)操作系统层次。不论 DBMS 多么安全,如果操作系统不够安全,就会使非法用户通过操作系统的弱点非法访问到数据库中的数据。

(3)网络层次。由于数据库与客户端往往是通过网络连接的,网络软件的软件层安全性和物理安全性同样重要,数据库数据在网络传输过程中如果缺乏安全性,数据就会被窃取和篡改。

(4)物理层次。计算机系统所处的位置必须在物理上受到保护,以防止入侵者强行进入或暗中破坏。

(5)人员层次。要严格控制用户授权行为,防止将权限授予不法用户或潜在的入侵者。

数据库安全性的控制是一个多层次、多种措施的保障过程,如图 6.13 所示。用户通过应用程序访问数据库,首先要经过应用程序的身份验证,通过应用程序身份验证的还要通过 DBMS 的身份验证。双重验证都通过了,用户才能够访问数据库。用户在访问数据库时,DBMS 对其进行权限验证,防止用户执行权限未赋予的操作行为,访问权限未授予的数据对象;操作系统层面则针对数据库文件的存取进行控制,设置文件的访问权限;而存储在介质上的文件还可以加密存储,这样可保证即使数据被窃取,没有解密密钥也无法获取数据内容。

图 6.13　数据库系统安全性控制过程

6.5.2　存取控制与基于角色的权限管理

DBMS 所提供的安全性措施是数据库安全的基础,DBMS 主要通过存取控制机制保障数据库的安全。存取控制包括两个部分:

(1)定义用户的权限。DBMS 采用权限定义语句定义用户权限,并存储于数据字典中。

(2)合法权限检查。用户发出存取数据请求后,DBMS 首先检查数据字典,根据权限定义,决定接受或拒绝用户的存取请求。

数据库权限可以分为三类:

(1)管理和维护 DBMS 的权限。

(2)操作数据库对象的权限。包括数据库对象的创建(Create)、删除(Drop)和修改(Alter)。

(3)操作数据库数据的权限。包括数据库对象中数据的插入(Insert)、删除(Delete)、更新(Update)、查询(Select)。

在权限定义时,可以直接将具体的权限赋予某个用户。也可以将具有相同权限的多个用户看做是扮演某种数据库"角色"的集合。通过定义角色,将权限赋予扮演该"角色"的所有用户,这就形成了"权限"、"角色"、"用户"的三级结构,如图 6.14 所示。

采用基于角色的用户权限管理具有如下特点:

(1)通过角色抽象某类用户应具备的权限。

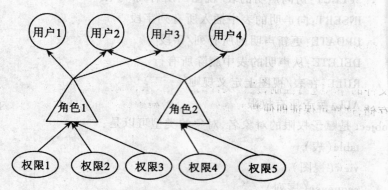

图 6.14　基于角色的权限管理机制

（2）更改角色的权限定义，可以批量修改具有该角色的所有用户的权限定义。

（3）可以将多个角色赋予同一个用户。

（4）一个角色可以赋予多个用户。

（5）可以将一个角色赋予其他角色。

采用角色可以方便用户的权限管理，增强权限管理的灵活性。在 DBMS 中往往包含许多预置角色，具有已经定义了的数据库权限。用户也可以通过权限设定定义其他的角色。以 Oracle 为例，它预置的角色有：DBA（数据库管理员）、RESOURCE（允许用户创建表、视图、索引等）、CONNECT（无需创建关系表的临时用户）等。

采用 SQL 语句创建和删除角色的 SQL 语法为：

CREATE ROLE 角色名；DROP ROLE 角色名。

将角色赋予用户及收回的 SQL 语法为：

GRANT <角色列表> TO 用户名；

REVOKE <角色列表> FROM 用户名。

在进行权限设定时，可以将具体的权限赋予角色或用户。Oracle 中 GRANT 语句语法如下：

GRANT privilege［,...］ON object［,...］TO｛Public｜Group｜Username｜role｝［WITH GRANT OPTION］

各个关键词含义如下：

privilege（权限）后跟的权限可以是：

SELECT:访问声明的表/视图的所有列/字段

INSERT:向声明的表中插入所有列字段

UPDATE:更新声明的所有列/字段

DELETE:从声明的表中删除所有行

RULE:在表/视图上定义规则

ALL:赋予所有权限

object 是赋予权限的对象名,对象的类型可以是:

table(表)

view(视图)

sequence(序列)

index(索引)

Public:代表所有用户

Group:将要赋予权限的组 GROUP

Username:将要赋予权限的用户名

role 某个角色,(如 DBA)

WITH GRANT OPTION:允许向其他用户赋予同样权限,被授权的用户可以继续授权。

在数据库对象创建后,除了创建者外,除非创建者向其他用户赋予了(GRANT)权限;否则,其他用户无法访问该对象。

如果用户 U1 登录了数据库,就可以通过如下语句将图书表的 SELECT 权限授权给用户 U2:

GRANT SELECT ON B TO U2

权限回收使用 REVOKE 关键字,其结构与 GRANT 类似,只需将GRANT…TO,变为 REVOKE…FROM。

从 U2 中回收表 B 的 SELECT 权限的语句如下:

REVOKE SELECT FROM B TO U2

6.6 数据库恢复策略

6.6.1 事务概念及特点

为了弄清数据库恢复的概念和过程,首先需要对事务和事务的并发调度进行研究。

158

在应用程序中,某个业务功能的实现需要多次访问数据库才能完成,因此需要执行一系列的数据库操作,如查询、更新、删除、插入等,形成一个操作序列。在这个操作序列中,某些操作必须同时完成,打断操作执行过程会造成数据错误和不一致。以从 A 账户到 B 账户的"转账"为例,需要执行如下操作:

① 确定转账金额 X,从 A 的账户中扣除 X 元。

对应的 SQL 操作:将 A 账户余额 balance 更新为(Update)balance−X。

② 向 B 的账户增加 X 元。

对应的 SQL 操作为:将 B 账户的余额 balance 更新为(Update)balance+X。

根据转账业务规则,上述操作要么连续执行完毕,要么都不执行,否则,就会出现 A 账户扣除了 X 元,而 B 账户并没有增加金额。

根据上例,可以发现某些"操作序列"要么全做、要么全不做,将这些不可分割的数据库操作序列称为"事务"。

(1)事务的基本特征。事务具有四个典型特征,简称 ACID。

① 原子性(atomic):事务中的操作序列不可分割。

② 一致性(consistency):事务执行前后数据库须保持一致性。

③ 隔离性(isolation):事务之间是隔离的,不进行交互。

④ 持久性(durability):事务一旦完成,其操作结果永久存储在数据库中。

为了保障事务的 ACID 特性,DBMS 提供了多种措施,包括恢复透明和并发透明。

① 恢复透明:一旦 DBMS 发生故障,使事务的操作序列被分离,造成数据库的不一致状态,DBMS 会自动将数据库恢复到事务执行前的状态。

② 并发透明:在多用户并发操作的情况下,DBMS 可以保证像单用户系统一样运行。

这两种措施对应于造成事务 ACID 被破坏的两类情况。第一类是指在事务未完成的情况下,DBMS 发生了故障,因此必须将数据库恢复到事务发生前的状态。将这种恢复操作称为"回滚"(rollback)。第二类情况是指多用户并发操作数据库时导致的事务 ACID 规则被破坏。

(2)事务并发产生的三个问题。当多个事务并发执行时,每个事务中的操作会交叉执行,这时会产生三个问题:

① 丢失更新:当两个事务交叉更新同一个数据项时,会发生丢失更新的问题。如表 6.2 所示,T1 和 T2 都要对 x 的值进行修改,起初读取了 x 值为 0,T1 在此基础上修改了 x 并写回数据库,而 T2 也在此基础上修改了 x,写回了数据库,由于 T1 提交较晚,因此只有 T1 的更新起了作用,T2 的更新

159

丢失了。

表 6.2 　　　　　　　　　　　　丢失更新示例

x 值	0	0	0	0	4	3
T1		read x = 0		x = x+3		write x
T2	read x = 0		x = x+4		write x	

② 读"脏"数据：当一个事务更新了某个数据项之后出现故障，另一个事务又来读这个数据项，就会读取到一个发生了问题的、不一致的"脏"数据。称之为"脏数据"是因为，第一个事务发生问题后，该数据项的取值处于不一致状态。如下例(见表 6.3)，T1 在执行增加 5 的操作后，将数据写回数据库，此时 T2 读取了 x 的值，而 T1 接下来发生故障回滚。也就是说，x 的值 5 应该是无效的，但却被 T2 读取了，并在最后写回了数据库。

表 6.3 　　　　　　　　　　　　读"脏"数据示例

x 值	0	5	0	8
T1	read x = 0；x = x+5；write x；		故障回滚	
T2		read x = 5；		x = x+3；write x

③ 不可重复读：如果事务 T1 两次读取某个数据项 x 的间隙中，事务 T2 对 x 的值作了更新，就会出现 T1 两次读取的 x 的值不一致的问题。如表 6.4 所示，T1 两次读取 x 值的间隙，T2 对 x 作了更新，导致 T1 重复读取的 x 值不一致。

表 6.4 　　　　　　　　　　　　不可重复读示例

x 值	0	0	5
T1	read x = 0；		read x = 5；
T2		read x = 0；write x = 5；	

(3)封锁机制。在解决上述事务并发情况下导致的数据库不一致问题上，往往采用为数据库对象加锁的方式完成。对数据对象加锁可以防止其他

事务对该对象的操作。加锁的数据对象可以具有不同的粒度,小到一个属性值,大到一个磁盘块,甚至是一个文件或整个数据库。

锁按照其加锁方式可以分为多种,如二进制锁、共享/排他锁、验证锁等,下面主要介绍常用的共享/排他锁(见表6.5)。

表6.5 共享锁与排他锁

共享锁 Shared Lock S 锁	加锁的事务 T 只允许其他事务读取数据项,而不能写入。	如果事务 T 要读取数据项,则需要添加共享锁。
排他锁 Exclusive Lock X 锁	加锁的事务 T 不允许其他事务对数据项作任何操作,数据项被 T 独占。	如果事务 T 要对数据项写入,必须使用排他锁。

表6.6列出了用户1持有锁的情况下,用户2请求锁的结果。

表6.6 加锁冲突与等待

用户 1 持有	用户 2 请求	
	S 锁	X 锁
S 锁	允许加锁	不允许加锁,等待
X 锁	不允许加锁,等待	不允许加锁,等待

不加限制地使用 S 锁和 X 锁并不能避免上述三类问题的出现,采用三级封锁协议就可以避免上述三类问题,三级封锁协议内容如下:

① 一级封锁协议:事务 T 在修改数据 R 之前必须对 R 添加 X 锁,直到事务结束才释放。事务结束包括正常结束(执行完毕)和非正常结束(回滚)。读取数据无须加锁。

这个协议保证了事务 T 对 R 的修改是独占性的,其他事务对 R 的修改必须等到 T 修改完毕后进行。因此能够避免"丢失修改"问题,但由于读数据无须加锁,因此可以对加了 X 锁的 R 进行读取,所以不能保证"可重复读"和不读"脏"数据。

② 二级封锁协议:在一级封锁协议的基础上,事务 T 在读取数据 R 之前必须对其加 S 锁,读完后即可释放 S 锁。二级封锁协议除了可以解决丢失修

改问题,还能解决读"脏"数据问题,但不能解决"不可重复读"的问题。

③ 三级封锁协议:在一级封锁协议的基础上,事务 T 在读取数据 R 之前必须对其加 S 锁,事务结束后方可释放 S 锁。三级封锁协议可以解决三类问题,完全防止数据的不一致。

采用三级封锁协议,可以避免上文提到的三种不一致情况。但不一定能保证并发事务的可串行性。并发事务的可串行性是指事务并发执行的结果与事务按序依次执行的结果一致。以并发的三个事务 T1、T2、T3 为例,三个事务串行执行的排列数有 8 种,如果并发事务的执行结果都在八种串行执行结果的范围内,则称并发事务 T1、T2、T3 的并发执行具有可串行性。采用"两段锁协议",可以保证并发事务的可串行性,协议内容如下:

① 在对任何数据进行读、写操作之前,事务首先要获得对该数据的封锁。

② 在释放一个封锁后,事务不能再获得其他封锁。以"<"代表加锁,">"代表解锁。则"<"符号不能出现在">"的后面。"<<<<<>>>>>"是正确的封锁和解锁过程,而"<< > < > < >>"是错误的封锁过程,因为">"符号的后面,不能出现"<"符号。

6.6.2　数据库故障与恢复

尽管计算机的硬件、软件、性能都在不断提高,但是硬件的故障、系统软件和应用软件的错误、操作人员的失误和恶意破坏仍然是不可避免的,这些故障会导致运行事务的中断,影响数据库中数据的一致性,有的甚至会致使数据库中的部分数据或全部数据丢失。

为了在故障发生后将数据库系统从错误状态恢复到某种逻辑一致状态,DBMS 需要提供数据库恢复功能,恢复功能的强弱大大影响着系统的可靠性和系统效率,也是衡量 DBMS 优劣的重要指标。

(1)数据库故障的类型。数据库运行过程中可能发生多种故障,主要分为三类:事务故障、系统故障和介质故障。

① 事务故障:在事务运行时,由于数据错误、违法完整性约束、应用程序错误导致事务未能完成全部操作就停止了,这种情况称为事务故障。

事务故障发生时,失败的事务很可能将对数据的修改写回了数据库,造成数据不一致。恢复程序此时要采用 Rollback 强行回滚失败的事务,这类恢复操作叫做事务撤销(UNDO)。

② 系统故障:系统故障是指运行过程中,由于某种原因,如操作系统和DBMS 代码错误、操作员失误、突然停电等造成系统停止运行,使得所有正在

运行的事务非正常终止,此时数据缓冲区的信息全部丢失,但外部存储设备上的数据未受影响。

③ 介质故障:系统运行过程中,由于硬件原因,如磁盘损坏、磁干扰等,使存储在外存中的数据部分丢失或全部丢失。这种情况称为介质故障,这类故障出现的几率较小,但破坏性最大。

(2)故障恢复技术。故障一旦产生,DBMS 需要针对不同类型的故障,采用不同的恢复技术。恢复技术的原理就是利用存储在系统中的冗余数据来修复数据库中被破坏或不正确的数据。建立冗余数据的常用技术为记录日志文件和数据转储。

① 日志文件:日志文件是记录事务对数据库更新操作(插入、删除、修改)的文件。日志内容包括事务标识、操作类型、操作对象、操作前后数据的值等。日志文件在数据库恢复中起着非常重要的作用,可以用来进行事务故障恢复和系统故障恢复,并能协助进行介质故障恢复。

② 数据转储:数据转储就是 DBA 将整个数据库复制到外部存储介质(磁盘、磁带)保存起来的备份过程,被保存起来的备份被称为后备副本。系统一旦发生介质故障,就可以将后备副本重新装入,恢复数据库。

数据转储依照转储时事务是否允许运行,分为静态转储和动态转储。静态转储要求转储过程中系统中没有正在运行的事务,转储期间不允许对数据库作任何存取、修改操作,因此静态转储的结果是一个具有一致性的数据副本。动态转储允许在转储过程中继续运行事务,因此 DBMS 除了进行转储外,还需要将转储过程中事务的运行记入日志文件,动态转储的后备副本与日志文件结合可以将数据库恢复到一致性状态。

数据转储按照转储的数据量分为海量转储和增量转储。海量转储是指每次转储整个数据库,增量转储则只转储上次转储后更新过的数据。采用海量转储的后备副本,恢复起来更方便,但如果数据库容量较大,事务处理频繁,则更应该采取增量转储方式。

(3)事务故障恢复方法。事务故障的恢复需要日志文件的支持。恢复过程如下:

① 反向扫描日志文件,查找该事务的更新(插入、删除、修改)操作。

② 对更新操作进行逆操作。"修改操作":将修改前的值写回数据库;"插入操作":将插入的元组删除;"删除操作":将被删的元组还原。

③ 继续反向扫描,找到其他更新操作,做同样的处理。

④ 遇到事务的开始标记,事务故障恢复过程结束。

（4）系统故障恢复方法。系统故障会造成两类数据不一致：一是未完成的事务将更新数据写入了数据库；二是已提交事务对数据库的更新还处于缓冲区，尚未写回数据库。因此系统故障恢复过程就是撤销未完成的事务、重做已完成但未写回数据库的事务，具体如下：

① 正向扫描日志文件，找出故障发生前已提交的事务，放入重做队列（REDO 重新执行）；找出故障发生时未完成的事务，放入撤销队列（UNDO）。

② 对撤销队列中的事务进行撤销操作（UNDO），即对更新操作执行逆操作，将更新前的值写回数据库。

③ 对重做队列中的事务进行重做处理（REDO）。正向扫描日志文件，对每个重做事务重新执行，直到所有队列中的事务都允许完毕。

（5）介质故障恢复方法。介质故障导致介质中存储的物理数据和日志文件被破坏，恢复方法是采用数据转储形成的后备副本重装数据库，然后再重做已完成的事务。具体如下：

① 装入最新的后备副本，使数据库恢复到最近一次转储时的一致性状态。重装过程中如果采用的是动态转储后形成的副本，则必须同时调入日志文件副本，采用恢复系统故障的方法，使系统回到相应时间点的一致性状态。

② 装入相应的日志文件副本，重做已完成的事务。

三种故障恢复过程中，事务故障和系统故障无须用户参与，DBMS 系统自动完成，而介质故障则需要 DBA 的参与，负责重装最近的数据库副本和有关的日志文件副本，并执行数据库恢复命令。

习 题 6

6.1　简述数据库的设计过程，并画出流程图。

6.2　如何进行数据库的逻辑设计？

6.3　解释下列名词术语：

需求模式　　概念结构

逻辑结构　　物理结构

海量转储　　增量转储

动态转储　　静态转储

6.4　怎样进行数据库的概念模型设计？

6.5　怎样进行数据库的逻辑模型设计？

6.6　怎样进行数据库的物理设计？

6.7　何谓数据字典？它有什么作用？

6.8　简述开发一个数据库的实施要点。

6.9　在数据库设计中,采取哪些措施保证数据库的安全？

6.10　什么是事务？事务具有哪些基本特征？

6.11　并发事务会产生哪三类错误？

6.12　数据库故障的类型有哪些？解决各类故障的方法是什么？

7 常规数据库

7.1　信息资源数据库的分类

　　数据库是信息系统的基础与核心,一个信息系统一般拥有多种类型的多个数据库。例如,Dialog 系统就有 600 多个数据库。其中,一半为文献数据库(包括文献目录数据库和全文数据库),另一半为事实数据库、数值型数据库和多媒体数据库。各类数据库是现代的信息资源。检索结果可用 html 或 text格式提供。

　　数据库的分类可以根据不同的标准进行。若按提供情报的级次来分,正如国际标准 ISO/DIS/5127/7 对数据库类型的等级结构(见图 7.1)划分的那样,数据库可分为两大类——参考数据库(reference database)和源数据库(source database)。

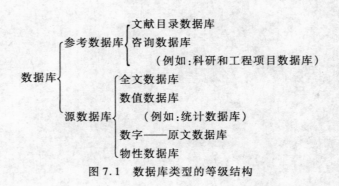

图 7.1　数据库类型的等级结构

　　如果按其存储介质来分类,有磁带数据库、磁盘数据库、光盘数据库等。

若按其存储的数据类型来分,有文献数据库、数值数据库、事实数据库、多媒体数据库等。为了叙述方便,我们将按数据类型进行分类来分别讨论。本章讨论文献目录数据库和全文数据库、事实数据库和数值数据库,第8章讨论多媒体数据库。

一个信息系统中多种类型的多个数据库,用一个软件统一管理。这个软件可以是通用的 DBMS,也可以是专用的数据库管理系统。在大型的国际信息检索系统中,一般采用专用的数据库管理软件,如 Dialog 系统、ORBIT 系统、ESA/IRS 系统都是如此。

在20世纪60年代末到80年代,由于计算机硬件与软件的限制,在第一代、第二代数据库系统中管理的信息(数据)对象长期停留在常规数据范围。当时,数据库应用系统中多为文献数据、事实数据和数值数据等信息资源。DBMS 对音频信息、视频信息的管理力不从心。当时的数据库都是一些常规数据库。而今的现状虽已有改观,非常规数据库层出不穷,但本章的讨论集中于常规数据库的内容,具体论述文献数据库、事实数据库、数值数据库的理论方法与技术手段。

7.2 文献资源的数字化与标准化

7.2.1 文献信息数字化

文献是固化在一定载体上的知识。由于科学技术的飞速发展,记录在多种载体上的图形、文字、音频、视频信息已成为记录人类知识的常用形式。特别是在互联网日益普及的今天,文献资源的开发与利用已进入了网络化环境的新阶段。

传统的图书、报刊、专利说明书、科技报告、法律文本以及录音带、录像带等已成为常用的文献载体形式,而将这些图、文、声信息数字化存入光盘、网站和数字图书馆里的文献信息已成为存取容易、传递快速、使用方便的有效形式。

为了叙述方便,我们把音频信息、视频信息的数字化留到第8章(多媒体数据库)中去具体讨论。本节主要讨论文本信息的数字化问题。

文本信息的数字化需要三个基础条件:一是各文种字符的字库;二是字符的统一编码标准,例如,GB2312—80、ISO/IEC 10646 等;三是输入/输出方法及其相应的软件支持。仅就汉字的输入方法就有拼音码、王码、智能 ABC 码、郑码、表行码等输入方法,而编辑输出各语种的输出格式各异。

在我们日常工作中,文本信息的大部分是中文、英文信息。中、英文信息的数字化工作已普及到各个单位的办公室和许多家庭。中、英文信息输入的常用方法有以下四种:

(1) 键盘录入:英文信息直接用键盘一键一个字符到位。中文字符用各种编码方法实现。在众多的编码中,王码编码较短,适宜专业人员使用;拼音码编码较长,还需要选择,但它不需要培训,仍为大多数人所接受。

(2) 手写输入:用写字板和专用写字笔进行输入,目前发展较快,但要专用软件支撑,对手写字体进行模式识别,转换为机内码存储。

(3) 声音输入:键盘输入与手写输入的劳动强度大,速度较慢,于是人们研制了轻松自如、快速的输入新方法——声音输入。录入员在正式输入文本信息前要读一遍拼音元素(如声母、韵母等),建立音素库,然后正式输入。由专门的软件和硬件支持,将读入的中文信息、英文信息进行音素分割合成为字、词,一边在屏幕上显示中、英文信息,一边用机内码进行存储,将中、英文信息数字化。

(4) 扫描输入:对于纸质载体上的文本信息数字化,可用扫描仪整版扫描输入,然后通过专用软件进行字符分割、字符点阵模式识别,转换成机内码存储。

上述四种方法都是文本信息数字化最主要的方法。

7.2.2 文献信息的标准化

没有标准化就没有现代化,文献信息资源共享,首先要解决标准化问题。

1. 全文数据库

全文数据库是目前发展速度极快的一种文献数据库。所谓全文数据库,是将一本图书、一篇文章、一种杂志、一份报纸或一部法律文本全部输入到计算机,使之成为计算机可以阅读和处理的文本。在全文检索软件的支持下,对文本中的各种大小知识单元——关键词、人名、地名,单个汉字进行检索,它是一种可以从各种角度进行检索、选取、组合、排序的数据库。全文数据库的建立过程要经过格式化处理、标引、建立索引等过程。其中,格式化处理既要遵循编辑出版的格式化标准,又要遵循电子出版物的标准、文献著录标准、数据库索引文件规范等。

在网络化环境中,全文数据库资源共享使用多种方法。元数据(metadata)方案就是一种有效的信息资源组织与检索利用的方法。英国 UKOLN(the UK office for library and information networking) 的 DESIRE(development of a european service for information on research and education) 项目的研究成果把元数

据划分为三个级别(见表7.1)。

表 7.1 元数据的级别

级别 描述	一级	二级	三级
记录	简单格式	结构化格式	复杂格式
特征	专用 全文索引	成为逐渐形成的 标准结构化字段	已成为国际标准 详细标识
实例	Lycos Altavista 雅虎等	Dublin Core RFC 1807 LDIF 等	MARC21 ISO 2709 TEI 等

一级元数据用简单的记录格式。目前,因特网上很多搜索引擎均采用这种格式,它们用全文抽取关键词的方法,建立关键词和分类索引,支持分类检索和主题检索。例如,雅虎网站已与世界 75 万个网站相联,它的主题索引与分类索引是对这 75 万个网站资源的索引。

为了实现真正的资源共享,各种网络搜索引擎(如 Lycos、Alta Vista、Open Text 等)的蓬勃发展在一定程度上帮助人们初步实现了这一目标。然而随着 Internet 发展的不断升级,上述方法的服务质量不尽如人意。搜索引擎虽然对许多资源有自动索引功能,利用它们固然可以得到大量的相关结果,但其精确度却实在不容乐观。因为没有使用适当的术语对它们进行标引。

因此,面向 21 世纪,以信息为主题的各门学科联合攻关,共同开展信息资源描述——元数据的深入研究,为信息技术的进一步应用提供有效可靠的理论方法,从而促进信息资源的组织、控制和开发,以适应全球网络化信息需求。

所谓元数据,就是描述数据的数据(data that describes data),它是促进数据处理和标引数据的数据,也是人们组织和发现 Internet 信息资源的数据。

2. DC 元数据

在元数据的研究与应用中, Dublin Core 是著名的成功范例。Dublin Core 是都柏林核心元数据元素集(dublin core metadata element set) 的缩写,它已成为 Internet 的基础结构的重要组成部分。该项研究吸引了许多网络专家和数字图书馆专家的加盟，这些专家来自北美洲、欧洲、澳洲和亚洲的 20 多个国家与地区，参加的团体有博物馆、图书馆、研究机构、政府部门、IT 企业和商业组织。

这些专家组成了 Dublin Core（DC）理事会、DC 执行委员会（DC-EC）和 DC 顾问委员会（DC-AC），进行卓有成效的合作。他们的活动通过各种专题讨论会和工作组在网上共同研究。Dublin Core 网站记录和发布了各项研究成果、标准化文献、研究论文和出版物目录并以 Mailing List 方式传递各种建议和通知，进行各种联络工作，推动着研究与应用的不断发展。

（1）DC 简介。DC 研究是一项跨国家、跨学科的研究活动，已在国外形成一定规模，由 OCLC（美国联机图书馆中心）主要负责，吸引了全世界图书馆界、网络和数字图书馆研究、目录学等多学科的专家。对 DC 元数据的最初研究可以追溯到 1994 年 10 月在芝加哥召开的 WWW 会议。此后自 1995 年起，平均每年召开一至两次 DC 正式研讨会。各次会议所取得的系列成果对 DC 的发展有重大影响。

DC 的描述对象为一切资源，既包括电子资源也包括传统型资源。当然，目前其研究重点仍然是网络信息资源。

为了进一步精确地了解 DC，让我们首先来看看资源描述的不同详略范围。

①全文索引。即对资源全文建立的无结构、倒排文件索引。

②无字段元数据。由作者、软件代理或专业索引人员为资源创建的一些无区别的术语的集合。例如：由于这类元数据不含子结构，因此检索含有字符串"邓小平"的资源，无法区分结果究竟是关于邓小平本人的传记，还是他的著作。

③字段最少化元数据。即有限数量的具有一定语义的字段集，这类命名元素支持字段检索。

④含限定词元数据。即有附加属性的基本字段名集，由这些属性对元素名/值进行细分、限定。

⑤复杂结构元数据。即描述最为详细的结构化数据。

上述五个详略不同的资源描述层次构成了一个资源描述统一体。资源描述统一体中的各层次是人们在不同背景下在成本、创建及维护的简便性、功能三者之间寻求平衡的不同结果。它的一极（层次一、二）强调简单性，即检索时无须考虑领域、结构或目的。尽管这样信息搜集和传递的规模相当大，但描述模型却十分简单——基于字的索引。这类检索命中结果集通常十分庞大,具有很高的相关性,然而精确度很低。当然,即使是使用如此不精确的检索,结果也很有用。搜索引擎使用的正是这一级别的元数据。在统一体的另一极(层次五),记录创建和维护的成本相对较高,但却能保证更高度的精确性、更强的组织一致性;同时无论是通过手工还是软件代理,解释、使用这样的记录也要更复杂些,例如需要人员培训以及软件中更强大的知识表示模式。MARC 等属于这一级别的元数据。

通过上面的分析,我们可以更清晰地看到:DC 被置于中间级别中,它所提供的记录是为了调和级别一和级别三这两种极端,来提供一种简单结构的记录。事实上,各个级别元数据间有一种跨越的趋势,且 DC 所属的级别二元数据变得越来越重要。当然,DC 并不是要替代其他的资源描述类型,而是对它们进行补充。DC 能通过扩展或通过对更复杂的记录的链接来增强其功能,并被对应到其他更复杂的记录中去。

综合上述,DC 的整体定位如图 7.2 所示。

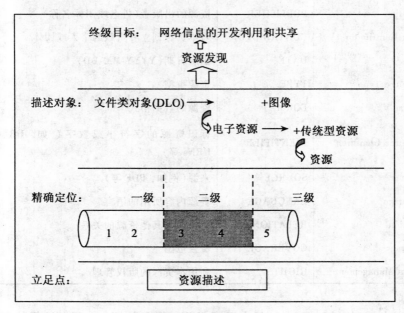

图 7.2　DC 的整体定位

(2)DC 元数据的内容。DC 元数据格式自确立后不断得到修正,经过几年的发展,大体上可以分为两类:基本 DC 和限定 DC。

①基本 DC。基本 DC 元素描述的是一个独立的既实用又相对稳定的集合,并有足够的执行经验来证明它目前的良好状况。基本 DC 包括 15 个描述元素(如表 7.2 所示),依据其所描述的内容类别和范围可分为三组:对资源内容的描述(Content)、对知识产权的描述(Intellectual Property)、对外部属性的描述(Instantiation)。目前,DC 基本元素集已形成一种标准。

表 7.2 　　　　　　　　　　　　**Dublin Core 元数据元素**

核心元数据元素	标　　号	描　　述
Title	TITLE	资源创立者或出版者所给的资源名
Author or Creator	CREATOR	资源的创立者或作者的姓名或组织名称
Subject and Keywords	SUBJECT	描述资源内容的主题词(关键词或短语)
Description	DESCRIPTION	资源内容的文字描述,包含可视化资源内容主题摘要
Publisher	PUBLISHER	资源的出版者(姓名或团体名称)
Other Contributor	CONTRIBUTOR	对本资源创立有贡献的个人或团体
Date	DATE	出版日期(YYYY-MM-DD)
Resource Type	TYPE	资源类型
Format	FORMAT	资源的数据格式
Resource Identifier	IDENTIFIER	标识资源的字符串或数字(如,URLs 和 URNs 等)
Source	SOURCE	来源(例如,PDF 等)
Language	LANGUAGE	资源内容所用的语言
Relation	RELATION	该资源与其他资源的关系
Coverage	COVERAGE	覆盖范围
Rights Management	RIGHTS	利用本资源的版权管理

以上元素是可扩展的,每个元素都可以重复使用,也可以选择使用。例如,WWW 化学元数据标准(chemical metadata standards for the world-wide web)就只选择了其中的 13 个元素,并对部分作了扩展,它的 HTML 编码如表 7.3 所示。

表7.3	化学元数据的实例

```
<HEAD>
<TITLE>Chemical Metadata</TITLE>
<META NAME = "DC. URC" TYPE = "CHEMETA" CONTENT = "0.1">
<META NAME = "DC. SUBJECT" CONTENT = "Chemical Metadata Types">
<META NAME = "DC. TITLE" TYPE = "MAIN" CONTENT = "A proposal for defining chemi-
cal metadata entries in document headers to improve the description of networked chemical infor-
mation objects">
<META NAME = "DC. TITLE" TYPE = "SUB" CONTENT = "chemical metadata types">
<META NAME = "DC. AUTHOR" CONTENT = "H. S. Rzepa">
<META NAME = "DC. PUBLISHER" CONTENT = "ICSTM">
<META NAME = "DC. DATE" CONTENT = "1996">
<META NAME = "DC. OBJECTTYPE" CONTENT = "ACS Nomenclature Committee">
<META NAME = "DC. FORM" SCHEME = "IMT" CONTENT = "text/html">
<META NAME = "DC. IDENTIFIER" SCHEME = "URL" CONTENT = "http://www.ch. ic.
ac. uk/chemime/chemeta. html">
<META NAME = "DC. RELATION" TYPE = "CHILD" SCHEME = "URL" CONTENT = "
http://www. ch. ic. ac. uk/chemime/chemeta_organic_chemistry. html">
<META NAME = "DC. RELATION" TYPE = "SIBLING" SCHEME = "URL" CONTENT = "
http://www. ch. ic. ac. uk/chemime/chemeta_acs. html">
</HEAD>
```

②限定 DC。在 DC 应用中,仅使用 15 个元素的描述似乎过于简单。自研究之初,人们便认识到大多数的应用都需要一定的机制来精确限定元数据元素及其值,原因如下:

a. 增强语义的专指性。使用特定领域的受控词表或分类方法(例如DDC)有助于增加描述的精确度。指明某主题描述词出自何处,这样才有可能利用有关浏览结构或知识结构。

b. 指明编码规则。指明正式的编码标准可避免出现含糊不清的词义。

c. 定义正式的子结构。很多情况下某元素的值是一个复合值,这样的赋值实际上就需要一种复合结构,因此需要一种定义子结构的机制——限定词。

d. 权限控制。很多结构化的权威记录都由相应的机构管理、维护,它们为某人、某组织、某地名提供唯一确认的值。

DC 的初衷即是一个简单的用户可扩展的元数据体系,因此必须提供一种可供扩展描述的方法,以增强在不同的体系之间的互操作能力。目前广泛应用并正式确定的限定词有语种描述(LANG)、模式体系(SCHEME)和属性类型(TYPE)。

语种描述(LANG)这一限定词指定了元素值描述字段的语言,而不是资源本身的语言。由于网络上的多语种问题越来越突出,这个限定词也变得越来越重要。迄今为止,英语被假定为是网络上的语言,但这一现象正在改变,确定资源本身和资源描述的语言问题变得极为重要。

模式体系(SCHEME)这一限定词指定了解释给定元素的上下文环境,通常参见自某外部定义的体系或已认可标准。如一个 SUBJECT 字段可以是一个体系限定为 LCSH(library of congress subject heading)的数据。从另一种角度理解,为使被限定元素能更好地使用,SCHEME 限定词能对应用软件或应用人提供一个处理线索。在某些情况下,SCHEME 限定词可忽略,它的忽略不影响有关信息的理解。然而,在其他情况下,SCHEME 标识符对字段的使用、日期的翻译都非常重要,不可或缺。

属性类型(TYPE)/子元素名(sub-element name)这个限定词指定了给定字段的一个方面,它的用途是缩小字段的语义范围。它同样可被看做是一个子元素名,TYPE 限定词修正的是元素的名称,而不是元素字段的内容。TYPE 是 DC 中争论最大的限定词。在明确定义可接受的类型以及怎样定义上有一些逻辑困难。在某种意义上,它不是一个限定词,而是元素名本身的一个层次性的子集。

DC 研究者建议应尽可能地使用已存在的外部标准体系(例如 DDC),这样既可以充分利用已有的投资,又可以提高互操作性。

(3)DC 的特征。DC 与其他元数据相比,主要具有如下特征:

①简单性。不仅是资源描述专家可以很好地利用 DC,DC 也同样适用于一般的非专业人员,因为大多数的标记元素十分通俗易懂。

②扩展性。DC 可以作为一些更复杂的描述模型(例如图书馆界的 MARC 记录)的一种经济可行的替代选择,并且它具有相当灵活的扩展性,可以将更详细的描述标准中固有的一些更精确的语义及结构加以表达。换句话说,DC 的扩展性具有两个方面的含义:

a. 对其他功能元数据的兼容。因为不同的用户可能希望为特殊站点需要或专业领域增加额外的描述信息,这种兼容性对支持语义互操作性是十分必要的,否则不同的元数据集将各自为政,从而导致很多人力、物力上的浪费。

b. 对本身可能进行更详细的扩展。这一机制使得在保证与最初定义的元素集兼容的同时,允许对自己的描述不断修正。

③语义互操作性。在 Internet 界,各学科不同的描述模型导致了不同的检索能力,提高描述符集的一致理解程度,有利于统一不同的数据内容标准,从而尽可能地增强各学科间的语义互操作性。DC 研究得到全世界范围内不同学科专家的积极支持和参与,因此获得了很强的语义互操作性。

④语法独立性。DC 的初期研究避免了过早地在正式定义提出之前作出语法限制,同时也是因为 DC 的目标是最终被应用于各门学科和不同的应用程序,这样 DC 语义与语法相对独立,两者的研究得到了最大限度的继承。

⑤可重复性/可选择性。DC 中的每个元素都是可以重复的,也可以经选择而最终决定是否使用。

⑥可修正性。DC 中的每个元素都有定义用于进行自我解释,然而满足不同团体的需要也是十分必要的。因此允许通过可选的限定词对每个元素进行修正。在无限定词的情况下,元素具有最通用的意义,否则其含义被限定词修正。限定词因为赋予 DC 一种能够在一般和专业使用者之间协调、沟通的机制而显得十分重要。

⑦国际一致性。国际范围内对 Web 资源发现的认同对于有效的资源发现基础结构的发展尤其重要。DC 得到了来自北美、欧、澳、亚等约二十多个国家的专家的积极参与和大力支持。就目前来看,DC 俨然是一个国际范围内通行的适用于资源发现系统的元数据标准。

(4)DC 的意义及影响。DC 至少具有四个优点:

①DC 将鼓励作者和出版者以自动资源发现工具能收集的形式来提供元数据。

②它将鼓励包含有元数据元素模块的网络出版工具的创造,从而进一步简化元数据记录的创造工作。

③如果有可能的话,DC 生成的记录能作为更详细的编目记录的基础。

④如果 DC 成为标准,那么元数据记录就能被各用户团体所了解。

事实上,DC 研究的开展正在逐步实现它的初衷。经过几年的研究发展,DC 能较好地解决网络资源的发现、控制和管理问题,促进网络信息的开发利用和共享。值得一提的是,DC 研究对于现在的数字图书馆研究也很有意义。同时,DC 研究也影响着其他的 Internet 相关技术,诸如搜索引擎、浏览器等。最有力的证明就是 ZIG(Z39.50 implementers group)会议也同意把 15 个 DC 元素包含到 Bib-1 属性列表中。这意味着,Z39.50 的 2 版和 3 版用户将能用 DC 元素来指定搜索。另外,还提议怎样让 Z39.50 的 3 版用户在查询中使用 DC 限定词和计划方案。1998 年 6 月的 ZIG 会议把 DC 加入到了 Bib-1 属性列表中,并于 1998 年 10 月重新进行了确认。因此现在研究及采纳 DC 的各种项目已遍及美洲、欧洲、大洋洲、亚洲等地,涉及社会学、政府、图书馆、教育、商业、科学研究等多个领域,DC 已被翻译成了 20 多种语言,芬兰、丹麦已选用 DC 作为电子资源的官方描述方式。1998 年 9 月,因特网工程任务组(IETF)也正式接受了 DC 这一网络资源的描述方式,将其作为一个正式标准予以发布(RFC2413)。

7.3　MARC 21（ISO 2709/XML）

MARC 是机器可读目录(Machine Readable Catalogue)的简称。它是美国国会图书馆提出的著名的机读目录发展计划,于 1964—1968 年研制,1969 年正式发行 MARC 磁带。

MARC 发展计划的思想从 20 世纪 50 年代末和 60 年代初形成。正式命名为 MARC 计划是在 1965 年年底。参加这项发展计划的有哈佛大学、国家农业图书馆、华盛顿州立图书馆、耶鲁大学等 16 个成员馆或单位。

MARC 计划第一阶段的主要任务是研制数据转换、文档维护和 MARC 分发,提出 MARC 数据利用、评价报告。经过 3 个月的努力,产生了 MARC I 格式的数据。经过试用与修改,又产生了 MARC II 格式。1968 年出版了 MARC 试验计划报告书,总结了研制 MARC 的经验,介绍和推荐了 MARC II 格式和 MARC 字符集。

MARC 的研制和推广应用,始终都是国际合作的产物。

认识到世界范围共享书目记录的重要性,美国国会图书馆和英国国家书目公司除将 MARC II 格式申请定为各自国家的标准外,还在 1969 年将该格式提交给国际标准化组织(ISO),建议确定为国际标准。

美国和英国的 MARC 计划以及这两个国家的标准协会和国际标准化组织对此标准的研究,为许多国家创造了一种气氛,推动了它们自己国家的 MARC 计划(如澳大利亚、加拿大、丹麦、法国、原联邦德国、意大利、日本、挪威、瑞典和拉丁美洲的一些国家)。同时,除国会图书馆和英国国家书目公司之外,还有许多组织采用或推荐采用 MARC 格式结构。如世界科技情报系统(UNISIST)、国际劳动组织、物理电工计算机和控制情报服务部(INSPEC)、国际原子能委员会等都先后采用了这一格式标准。

作为信息交换的一种工具,MARC 格式结构在美国已被三个国家图书馆(国会图书馆、国家医学图书馆和国家农业图书馆)、美国图书馆协会(ALA)、研究图书馆协会(ARL)、科学技术情报委员会(COSATI)、教育资源情报中心

（ERIC）、科学情报服务中心协会（ASZDIC）和其他机构所采用。MARC 格式结构在 1971 年被确定为美国国家标准,1973 年被 ISO 审定为国际标准,即著名的 ISO2709-1973（E）。

根据美国国会图书馆网站公布的资料 *MARC 21 CONCISE FORMAT FOR BIBLIOGRAPHIC DATA*（1999 English Edition）,MARC 21 用目录地址方法组织数据,每条 MARC 记录分为四个区:头标区、目次区、数据区和记录结束符（如图 7.3 所示）。

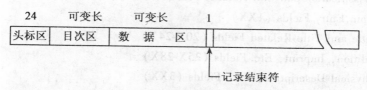

图 7.3　MARC 记录的结构

1. 头标区

头标区为固定长（字符位 00～23）。提供整个数据记录的控制信息。同时,留有适当的字符供用户选用。其内容布局如下:

位置	中文	英文
00—04	逻辑记录长度	（Logical record length）
05	记录状态	（Record status）
06	记录类型	（Type of record）
07	数据种类	（Kind of data）
08—09	未定义的字符位	（Undefined character positions）
10	指示符计数	（Indicator count）
11	子字段代码计数	（Subfield code count）
12—16	数据基地址	（Base address of data）
17—19	未定义字符位	（Undefined character positions）
20	字段长度的长度	（Length of the length-of-field portion）
21	起始字符位的长度	（Length of the starting-character-position portion）
22	实施定义的长度	（Length of the implementation-defined portion）
23	未定义款目变换字符位	（Undefined entry map character position）

2. 目次区

为可变长,它是对记录里数据字段和可变长控制的索引,每个可变长字段有 12 个字符位描述该字段的目次。12 个字节索引内容的布局如下：

00—02　　　　字段标识（tag）

　　　它由三位数字组成，其取值范围是 001—999。

　　　Control Fields 001-006

　　　Control Field 007

　　　Control Field 008

　　　Number and Code Fields（01X-04X）

　　　Classification and Call Number Fields（05X-08X）

　　　Main Entry Fields（1XX）

　　　Title and Title-Related Fields（20X-24X）

　　　Edition，Imprint，Etc. Fields（25X-28X）

　　　Physical Description，Etc. Fields（3XX）

　　　Series Statement Fields（4XX）

　　　Note Fields：Part 1（50X-535）

　　　Note Fields：Part 2（536-58X）

　　　Subject Access Fields（6XX）

　　　Added Entry Fields（70X-75X）

　　　Linking Entry Fields（76X-78X）

　　　Series Added Entry Fields（80X-840）

　　　Holdings，Location，Alternate Graphs，Etc. Fields（841-88X）

　　　Control Subfields

03—06　　　　字段长度（field length）

07—11　　　　起始字符位（starting character position）

　　3. 数据区

　　存放数据，实施可变格式可变长记录的存储方案，根据目次来组织。

　　4. 记录结束符

　　它是单字节，为 ISO 646 的字符 IS$_3$。

　　为了适应因特网发展的需要，MARC 21 格式中的 856 字段对网上电子资源的定位和存取进行了规范。在 856 字段中，资源的存取方法和定位均可重复描述。例如：

　　（1）存取方法：

　　0—E-mail　　通过电子邮件传输协议（MAILTP）存取

　　1—FTP　　通过文件传输协议存取

　　2—Telnet　　通过远程登录存取

178

3—Dail-up　　通过电话线拨号存取

4—HTTP　　通过超文本传输协议存取电子资源

7—专用于子字段 ＄2 里的方法。

（2）联系：

它包含一个值，标识 856 字段里电子信息资源之间的联系。子字段 ＄3 用于提供非一比一关系的有关信息。例如：

0—表示资源

1—表示资源的版本

2—表示相关资源

子字段代码：

＄a—主机名

＄b—存取号（Internet 协议数字地址）

＄c—压缩信息

＄d—路径

＄f—电子资源文件名

＄g—统一资源名（URN）

⋮

＄o—操作系统

＄s—文件尺寸（file size）

＄u—统一资源地址（URL）

856 字段示例如下：

856　0#＄umailto：ejap@ phil. indiana. edu ＄iejap subscription

856　1#＄u ftp：//path. net/pub/docs/urn2urc. ps

856　2#＄utelnet：//pucc. princeton. edu ＄nPrinceton University, Princeton, N. J.

856　3#＄alocis. loc. gov ＄b140. 147. 254. 3 ＄mlconline@ loc. gov ＄t3270 ＄tline mode（e. g., vt100）＄vM-F 06：00-21：30 USA EST, Sat. 08：30-17：00 USA EST, Sun. 13：00-17：00 USA EST

856　40＄u http：//jefferson. village. virginia. edu/pmc/contents. all. html

856　4#＄uhttp：//hdl. handle. net/loc. test/gotthome ＄gurn：hdl. loc. test/gotthome

856　7#＄3b&w film neg. ＄ddag ＄f3d01926 ＄2file

856　42＄3Finding aid ＄u http：//lcweb2. loc. gov/ammem/ead/jackson. sgm

856 41 $ u http://www.jstor.org/journals/0277903x.html

856 40 $ uhttp://www.cdc.gov/ncidod/EID/eid.htm $ qtext/html

856 1# $ uftp://harvarda.harvard.edu $ kguest

856

42 $ 3French version $ u http://www.cgiar.org/ifpri/reports/0297rpt/0297-ft.htm

856

42 $ 3Essays from annual reports $ u http://woodrow.mpls.frb.fed.us/publs/ar/index.html

856

1# $ uftp://wuarchive.wustl.edu/mirrors/info-mac/ut il/color-system-icons.hqx $ s16874 bytes

856

2# $ utelnet://maine.maine.edu $ nUniversity of Maine $ t3270

856

1# $ uftp://wuarchive.wustl.edu/mirrors2/win3/games /atmoids.zip $ cdecompress with PKUNZIP.exe $ xcannot verify because of transfer difficulty

856

4# $ zPart of the Ovid Mental Health Collection (MHC). Follow instructions on MedMenu page for Ovid login. $ u http://info.med.yale.edu/medmenu/info%5Fcbc.html

856

40 $ u http://www.ref.oclc.org:2000 $ zAddress for accessing the journal using authorization number and password through OCLC FirstSearch Electronic Collections Online. Subscription to online journal required for access to abstracts and full text

856 2# $ aanthrax.micro.umn.edu $ b128.101.95.23

856 1# $ amaine.maine.edu $ cMust be decompressed with PKUNZIP $ fresource.zip

856 0# $ akentvm.bitnet $ facadlist file1 $ facadlist file2 $ facadlist file3

856 0# $ auicvm.bitnet $ fAN2 $ hListserv

856 2# $ amadlab.sprl.umich.edu $ nUniversity of Michigan Weather Underground $ p3000

856

10 $ zFTP access to PostScript version includes groups of article files with . pdf extension $ aftp. cdc. gov $ d/pub/EIS/vol*no*/adobe $ f*. pdf $ lanonymous $ qapplication/pdf

7.3.1 MARC 21（ISO 2709）数据记录示例

根据 MARC 21（ISO 2709）格式加工数据记录。最后生成一条 MARC（ISO 2709）记录。MARC 21 数据记录的实例如下：

01142cam 2200301 a 4500
00100130000000030004000130050017000170080041000340100017000750200025
00092040001800117042000900135050000260014408200160017010000320018624
50086002182500012003042600052003163000049003685000040004175200228004
57650003300685650003300718650002400751650002100775650000230079670000
02100819-92005291-DLC-19930521155141. 9-920219s1993 caua j 000 0 eng-a
9 2 005291-a0152038655：c $ 15 . 95-aDLCcDLCdDLC-alcac-00aPS3537.
A618bA88 1993-00a811/. 52220-1 aSandburg, Carl, d1878-1967. -10aArithmetic
/cCarl Sandburg; illustrated as an anamorphic adventure by Ted Rand. -a1st ed.
-aSan Diego：bHarcourt Brace Jovanovich, cc1993. -a1 v. （unpaged）：bill. （some
col. ）；c26 cm. -aOne Mylar sheet included in pocket. -aA poem about numbers
and their characteristics. Features anamorphic, or distorted, drawings which can
be restored to normal by viewing from a particular angle or by viewing the image's
reflection in the provided Mylar cone. -0aArithmeticxJuvenile poetry. -0
aChildren's poetry, American. -1aArithmeticxPoetry. -1aAmerican poetry.
-1aVisual perception. -1 aRand, Ted, eill. -

这是机读记录格式，分头标区、目次区、数据区、记录结束符。显然，这种格式给人工定位、阅读带来不便。为了便于人工阅读，可调出解析程序。根据目次区的界定，将该记录拆分成下面字段列表形式：

000 01142cam 2200301 a 4500
001 92005291
003 DLC
005 19930521155141. 9
008 920219s1993 caua j 000 0 eng
010 │a 92005291
020 │a0152038655 ： │c $ 15. 95
040 │aDLC│cDLC│dDLC

042 ｜ alcac

050 00 ｜ aPS3537. A618｜bA88 1993

082 00 ｜ a811／. 52｜220

100 1 ｜ aSandburg, Carl,｜d1878-1967.

245 10 ｜ aArithmetic ／｜cCarl Sandburg ; illustrated as an anamorphic adventure by Ted Rand.

250 ｜ a1st ed.

260 ｜ aSan Diego : ｜bHarcourt Brace Jovanovich,｜cc1993.

300 ｜ a1 v. (unpaged) : ｜bill. (some col.) ; ｜c26 cm.

500 ｜ aOne Mylar sheet included in pocket.

520 ｜ aA poem about numbers and their characteristics. Features anamorphic, or distorted, drawings which can be restored to normal by viewing from a particular angle or by viewing the image's reflection in the provided Mylar cone.

650 0 ｜ aArithmetic｜xJuvenile poetry.

650 0 ｜ aChildren's poetry, American.

650 1 ｜ aArithmetic｜xPoetry.

650 1 ｜ aAmerican poetry.

650 1 ｜ aVisual perception.

700 1 ｜ aRand, Ted,｜eill.

7.3.2 MARC 21 (XML)示例

当前的发展趋势是在网上存取数据库里的数据。由于数据库环境复杂，描述格式通用性差，因此人们选择了定义方便灵活、传递快捷的 XML 格式。上面所讨论的数据记录的 XML 格式描述如下：

```xml
<? xml version = "1. 0" encoding = "UTF-8" ? >
-<collection xmlns = "http://www. loc. gov/MARC21/slim">
-<record>
<leader>01142cam 2200301 a 4500</leader>
<controlfield tag = "001">92005291</controlfield>
<controlfield tag = "003">DLC</controlfield>
<controlfield tag = "005">19930521155141. 9</controlfield>
<controlfield tag = "008">920219s1993 caua j 000 0 eng</controlfield>
-<datafield tag = "010" ind1 = " " ind2 = " ">
<subfield code = "a">92005291</subfield>
```

```
</datafield>
-<datafield tag="020" ind1=" " ind2=" ">
 <subfield code="a">0152038655 :</subfield>
 <subfield code="c"> $ 15.95</subfield>
</datafield>
-<datafield tag="040" ind1=" " ind2=" ">
 <subfield code="a">DLC</subfield>
 <subfield code="c">DLC</subfield>
 <subfield code="d">DLC</subfield>
</datafield>
-<datafield tag="042" ind1=" " ind2=" ">
 <subfield code="a">lcac</subfield>
</datafield>
-<datafield tag="050" ind1="0" ind2="0">
 <subfield code="a">PS3537. A618</subfield>
 <subfield code="b">A88 1993</subfield>
</datafield>
-<datafield tag="082" ind1="0" ind2="0">
 <subfield code="a">811/. 52</subfield>
 <subfield code="2">20</subfield>
</datafield>
-<datafield tag="100" ind1="1" ind2=" ">
 <subfield code="a">Sandburg, Carl,</subfield>
 <subfield code="d">1878-1967. </subfield>
</datafield>
-<datafield tag="245" ind1="1" ind2="0">
 <subfield code="a">Arithmetic /</subfield>
 <subfield code="c">Carl Sandburg ; illustrated as an anamorphic adventure by
Ted Rand. </subfield>
</datafield>
-<datafield tag="250" ind1=" " ind2=" ">
 <subfield code="a">1st ed. </subfield>
</datafield>
-<datafield tag="260" ind1=" " ind2=" ">
```

```
<subfield code = "a">San Diego : </subfield>
<subfield code = "b">Harcourt Brace Jovanovich, </subfield>
<subfield code = "c">c1993. </subfield>
</datafield>
-<datafield tag = "300" ind1 = "" ind2 = "">
<subfield code = "a">1 v. (unpaged) : </subfield>
<subfield code = "b">ill. (some col. ) ; </subfield>
<subfield code = "c">26 cm. </subfield>
</datafield>
-<datafield tag = "500" ind1 = "" ind2 = "">
<subfield code = "a">One Mylar sheet included in pocket. </subfield>
</datafield>
-<datafield tag = "520" ind1 = "" ind2 = "">
<subfield code = "a">A poem about numbers and their characteristics. Features
anamorphic, or distorted, drawings which can be restored to normal by viewing
from a particular angle or by viewing the image's reflection in the provided Mylar
cone. </subfield>
</datafield>
-<datafield tag = "650" ind1 = "" ind2 = "0">
<subfield code = "a">Arithmetic</subfield>
<subfield code = "x">Juvenile poetry. </subfield>
</datafield>
-<datafield tag = "650" ind1 = "" ind2 = "0">
<subfield code = "a">Children's poetry, American. </subfield>
</datafield>
-<datafield tag = "650" ind1 = "" ind2 = "1">
<subfield code = "a">Arithmetic</subfield>
<subfield code = "x">Poetry. </subfield>
</datafield>
-<datafield tag = "650" ind1 = "" ind2 = "1">
<subfield code = "a">American poetry. </subfield>
</datafield>
-<datafield tag = "650" ind1 = "" ind2 = "1">
<subfield code = "a">Visual perception. </subfield>
```

```
</datafield>
-<datafield tag = "700" ind1 = "1" ind2 = " " >
<subfield code = "a" >Rand, Ted,</subfield>
<subfield code = "e" >ill. </subfield>
</datafield>
</record>
</collection>
```

　　正如一个数据文件有多个数据记录一样,一个 XML 文档可包含多个 MARC 记录。下面的一个 XML 文档就是包含多个 MARC 记录的例子。

```
<? xml version = "1.0" encoding = "UTF-8" ? >
- <! --
edited with XML Spy v4.3 U (http://www.xmlspy.com) by Morgan Cundiff (Library of Congress)
-->
-<marc:collection xmlns:marc = "http://www.loc.gov/MARC21/slim"
xmlns:xsi = "http://www.w3.org/2001/XMLSchema-instance"
xsi:schemaLocation = "http://www.loc.gov/MARC21/slim
http://www.loc.gov/standards/marcxml/schema/MARC21slim.xsd" >
-<marc:record>
 <marc:leader>00925njm 22002777a 4500</marc:leader>
 <marc:controlfield tag = "001" >5637241</marc:controlfield>
 <marc:controlfield tag = "003" >DLC</marc:controlfield>
 <marc:controlfield tag = "005" >19920826084036.0</marc:controlfield>
 <marc:controlfield tag = "007" >sdubumennmplu</marc:controlfield>
 <marc:controlfield tag = "008" >910926s1957 nyuuun eng</marc:controlfield>
-<marc:datafield tag = "010" ind1 = " " ind2 = " " >
 <marc:subfield code = "a" >91758335</marc:subfield>
 </marc:datafield>
-<marc:datafield tag = "028" ind1 = "0" ind2 = "0" >
 <marc:subfield code = "a" >1259</marc:subfield>
 <marc:subfield code = "b" >Atlantic</marc:subfield>
 </marc:datafield>
-<marc:datafield tag = "040" ind1 = " " ind2 = " " >
```

```
    <marc:subfield code = "a" >DLC</marc:subfield>
    <marc:subfield code = "c" >DLC</marc:subfield>
  </marc:datafield>
-<marc:datafield tag = "050" ind1 = "0" ind2 = "0" >
  <marc:subfield code = "a" >Atlantic 1259</marc:subfield>
  </marc:datafield>
-<marc:datafield tag = "245" ind1 = "0" ind2 = "4" >
  <marc:subfield code = "a" >The Great Ray Charles</marc:subfield>
  <marc:subfield code = "h" >[ sound recording ] . </marc:subfield>
  </marc:datafield>
-<marc:datafield tag = "260" ind1 = " " ind2 = " " >
  <marc:subfield code = "a" >New York, N.Y. :</marc:subfield>
  <marc:subfield code = "b" >Atlantic,</marc:subfield>
  <marc:subfield code = "c" >[ 1957? ]</marc:subfield>
  </marc:datafield>
-<marc:datafield tag = "300" ind1 = " " ind2 = " " >
  <marc:subfield code = "a" >1 sound disc :</marc:subfield>
  <marc:subfield code = "b" >analog, 33 1/3 rpm ;</marc:subfield>
  <marc:subfield code = "c" >12 in. </marc:subfield>
  </marc:datafield>
-<marc:datafield tag = "511" ind1 = "0" ind2 = " " >
  <marc:subfield code = "a" >Ray Charles, piano & celeste. </marc:subfield>
  </marc:datafield>
-<marc:datafield tag = "505" ind1 = "0" ind2 = " " >
  <marc:subfield code = "a" >The Ray -- My melancholy baby -- Black coffee --
There's no you -- Doodlin' -- Sweet sixte en bars -- I surrender dear -- Undecid-
ed. </marc:subfield>
  </marc:datafield>
-<marc:datafield tag = "500" ind1 = " " ind2 = " " >
  <marc:subfield code = "a" >Brief record. </marc:subfield>
  </marc:datafield>
-<marc:datafield tag = "650" ind1 = " " ind2 = "0" >
  <marc:subfield code = "a" >Jazz</marc:subfield>
  <marc:subfield code = "y" >1951-1960. </marc:subfield>
```

```
  </marc:datafield>
-<marc:datafield tag="650" ind1=" " ind2="0">
 <marc:subfield code="a">Piano with jazz ensemble.</marc:subfield>
 </marc:datafield>
-<marc:datafield tag="700" ind1="1" ind2=" ">
<marc:subfield code="a">Charles, Ray,</marc:subfield>
<marc:subfield code="d">1930-</marc:subfield>
<marc:subfield code="4">prf</marc:subfield>
 </marc:datafield>
 </marc:record>
-<marc:record>
 <marc:leader>01832cmma 2200349 a 4500</marc:leader>
 <marc:controlfield tag="001">12149120</marc:controlfield>
 <marc:controlfield tag="005">20001005175443.0</marc:controlfield>
 <marc:controlfield tag="007">cr | | |</marc:controlfield>
    <marc:controlfield tag="008">000407m19949999dcu g m eng d</marc:controlfield>
-<marc:datafield tag="906" ind1=" " ind2=" ">
 <marc:subfield code="a">0</marc:subfield>
 <marc:subfield code="b">ibc</marc:subfield>
 <marc:subfield code="c">copycat</marc:subfield>
 <marc:subfield code="d">1</marc:subfield>
 <marc:subfield code="e">ncip</marc:subfield>
 <marc:subfield code="f">20</marc:subfield>
 <marc:subfield code="g">y-gencompf</marc:subfield>
 </marc:datafield>
-<marc:datafield tag="925" ind1="0" ind2=" ">
 <marc:subfield code="a">undetermined</marc:subfield>
 <marc:subfield code="x">web preservation project (wpp)</marc:subfield>
 </marc:datafield>
-<marc:datafield tag="955" ind1=" " ind2=" ">
 <marc:subfield code="a">vb07 (stars done) 08-19-00 to HLCD lk00; AA3s
lk29 received for subject Aug 25, 2000; to DEWEY 08-25-00; aa11 08-28-00</marc:subfield>
```

```
  </marc:datafield>
-<marc:datafield tag="010" ind1="" ind2="">
  <marc:subfield code="a">00530046</marc:subfield>
  </marc:datafield>
-<marc:datafield tag="035" ind1="" ind2="">
  <marc:subfield code="a">(OCoLC)ocm44279786</marc:subfield>
  </marc:datafield>
-<marc:datafield tag="040" ind1="" ind2="">
  <marc:subfield code="a">IEU</marc:subfield>
  <marc:subfield code="c">IEU</marc:subfield>
  <marc:subfield code="d">N@F</marc:subfield>
  <marc:subfield code="d">DLC</marc:subfield>
  </marc:datafield>
-<marc:datafield tag="042" ind1="" ind2="">
  <marc:subfield code="a">lccopycat</marc:subfield>
  </marc:datafield>
-<marc:datafield tag="043" ind1="" ind2="">
  <marc:subfield code="a">n-us-dc</marc:subfield>
  <marc:subfield code="a">n-us---</marc:subfield>
  </marc:datafield>
-<marc:datafield tag="050" ind1="0" ind2="0">
  <marc:subfield code="a">F204.W5</marc:subfield>
  </marc:datafield>
-<marc:datafield tag="082" ind1="1" ind2="0">
  <marc:subfield code="a">975.3</marc:subfield>
  <marc:subfield code="2">13</marc:subfield>
  </marc:datafield>
-<marc:datafield tag="245" ind1="0" ind2="4">
  <marc:subfield code="a">The White House</marc:subfield>
  <marc:subfield code="h">[computer file].</marc:subfield>
  </marc:datafield>
-<marc:datafield tag="256" ind1="" ind2="">
  <marc:subfield code="a">Computer data.</marc:subfield>
  </marc:datafield>
```

```
-<marc:datafield tag = "260" ind1 = " " ind2 = " " >
 <marc:subfield code = "a" >Washington, D. C. :</marc:subfield>
 <marc:subfield code = "b" >White House Web Team,</marc:subfield>
 <marc:subfield code = "c" >1994-</marc:subfield>
 </marc:datafield>
-<marc:datafield tag = "538" ind1 = " " ind2 = " " >
 <marc:subfield code = "a" >Mode of access: Internet.</marc:subfield>
 </marc:datafield>
-<marc:datafield tag = "500" ind1 = " " ind2 = " " >
 <marc:subfield code = "a" >Title from home page as viewed on Aug. 19, 2000.
</marc:subfield>
 </marc:datafield>
-<marc:datafield tag = "520" ind1 = "8" ind2 = " " >
 <marc:subfield code = "a" >Features the White House. Highlights the Executive
Office of the President, which includes senior policy advisors and offices responsi-
ble for the President's correspondence and communications, the Office of the Vice
President, and the Office of the First Lady. Posts contact information via mailing
address, telephone and fax numbers, and e-mail. Contains the Interactive Citizens
' Handbook with information on health, travel and tourism, education and training,
and housing. Provides a tour and the history of the White House. Links to White
House for Kids.</marc:subfield>
 </marc:datafield>
-<marc:datafield tag = "610" ind1 = "2" ind2 = "0" >
 <marc:subfield code = "a" >White House (Washington, D. C.)</marc:subfield
>
 </marc:datafield>
-<marc:datafield tag = "610" ind1 = "1" ind2 = "0" >
 <marc:subfield code = "a" >United States.</marc:subfield>
 <marc:subfield code = "b" >Executive Office of the President.</marc:subfield>
 </marc:datafield>
-<marc:datafield tag = "610" ind1 = "1" ind2 = "0" >
 <marc:subfield code = "a" >United States.</marc:subfield>
 <marc:subfield code = "b" >Office of the Vice President.</marc:subfield>
```

```
    </marc:datafield>
-<marc:datafield tag = "610" ind1 = "1" ind2 = "0">
<marc:subfield code = "a">United States.</marc:subfield>
<marc:subfield code = "b">Office of the First Lady.</marc:subfield>
    </marc:datafield>
-<marc:datafield tag = "710" ind1 = "2" ind2 = "">
<marc:subfield code = "a">White House Web Team.</marc:subfield>
    </marc:datafield>
-<marc:datafield tag = "856" ind1 = "4" ind2 = "0">
<marc:subfield code = "u">http://www.whitehouse.gov</marc:subfield>
    </marc:datafield>
-<marc:datafield tag = "856" ind1 = "4" ind2 = "0">
<marc:subfieldcode = "u">
http://lcweb.loc.gov/staff/wpp/whitehouse.html</marc:subfield>
<marc:subfield code = "z">Web site archive</marc:subfield>
    </marc:datafield>
    </marc:record>
    </marc:collection>
```

其中,856 字段清楚地标明了数据的存取地址与存取方法。

7.3.3 GB 2901

前面已提到 ISO 2709 是国际标准化组织参照 MARC 的成功经验而制定的国际标准,1973 年第一版,1981 年第二版,10 年后又推出了新的版本。

GB 2901 是国家标准总局制定的中华人民共和国国家标准,主要参考 ISO 2709 第二版(1981-10-01)编制。1982 年 2 月 13 日发布,1983 年 1 月 1 日实施。经过 10 年的应用实践,又发布了新的版本。

ISO 2709 与 GB 2901 是格式完全兼容的两个标准,它们都用目录地址方法组织数据记录,每个记录都分四个区:头标区(固定长,24 字节)、目次区(可变长)、数据区(可变长),记录结束符(1 字节)。GB 2901 比 ISO 2709 更适合我国国情,对我国特有的数据字段(如中图法分类号、科图法分类号、统一书号等)进行了具体规范。另外,在数据区的变通格式方面进行了简化,更受用户欢迎。由于 ISO 2709 和 GB 2901 两个标准与 MARC 格式紧密相连,其详细情况就不重复讨论了。

7.4 联机文献数据库结构

联机文献库是在文献数据文件的基础上建立起来的。文献数据文件的装入，生成了文献库的主文件 MF 和主文件索引 MX(master file index)。根据检索途径的确定和检索点上的特定要求建立了若干个倒排文件 IF(inverted file) 和若干个倒排文件索引 IX(inverted file index)。一般地，文献库还有自己的专用词表文件 RT(related terms)，各种文件的相互关系如图 7.4 所示，其中，箭头方向为使用联机文献库的流程。由一个具体的检索码值来检索联机文献库，首先要查找倒排文件索引 IX。根据命令分析，若是查看词表的扩词命令则转查 RT 文件，选出合适的码值(key)来进行检索，若是查库命令，则先在 IX 里找到相关记录，再转向相应的倒排文件 IFi，从 IFi 里取出检索到的文献号集合传回给用户工作区。用这些文献号到 MX 文件中取出这些文献记录的地址，由这些地址直接到 MF 文件中读取命中的文献记录进行编辑输出。用户得到这些检索的文献目录去提取一次文献。

由此可见，一般的联机文献库由 MF、MX、IF、IX 和 RT 五种文件组成。下面简要介绍这五种文件的结构。

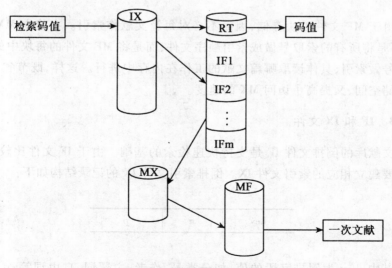

图 7.4　文献数据库结构

7.4.1　MF

MF 为文献库的主文件或顺排文件,它记载了二次文献的全部信息,信息内容的多少,完全由系统设计人员根据用户要求确定。例如,中文电力文献库的主文件收录了下列字段的信息:记录流水号(001)、文献索取号(037)、中图法分类号(083)、科图法分类号(084)、个人作者(100)、团体作者(110)、会议名称(111)、篇名(245)、出版项(260)、原文来源(265)、稽核项(300)、文摘(520)、主题词(650)、自由词(655)、原文收藏地点(850)等。由这些字段的信息内容组成了 MF 记录。MF 文件可以直接采用 ISO 2709 或 GB 2901-82 格式,也可以使用与标准格式兼容的内部格式组织。

7.4.2　MX

由于 MF 文件的记录为可变长,为了节约存储空间,一般组块存储,它支持顺序存取,也可随机存取。在联机查询中,为了实现快速随机存取,必须建立 MF 的索引文件 MX。MX 的结构如下:

索取号	地址指针

由于 MF 文件以块存储,因而不必对每篇文献作索引。在建立 MX 文件时,不是将所有的索取号做成索引顺序文件,而是将 MF 文件的每块中的最高索取号做索引,具体读取哪篇文献的工作在内存中进行。这样,既节省了 MX 的存储空间,又提高了访问 MX 的速度。

7.4.3　IF 和 IX 文件

文献库的倒排文件 IF 是支持快速检索的基础。由于 IF 文件比较大,因而需要建立相应的索引文件 IX。倒排索引文件 IX 的记录结构如下:

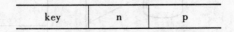

key	n	p

其中:key 为倒排字段的值,如分类号、作者、主题词、自由词等;n 为 key 的词频,即对应的文献篇数;p 为指针,它指向相应的倒排文件记录的相对地址。IX 文件与 IF 文件是用指针加物理邻接的方式组织,其结构如图 7.5 所

示。在 IF 文件里仅存一些文献索取号。

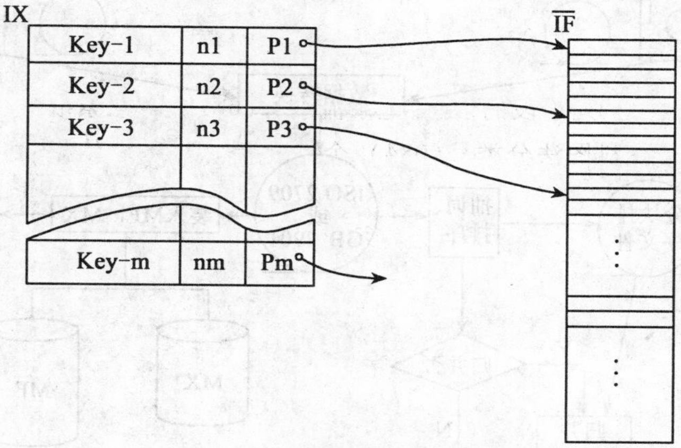

图 7.5 IF 与 IX 文件结构

7.4.4 RT

一般文献库都有自己的词表,将词表存入计算机后便产生词表文件 RT。RT 的构成以 IX 为基础,加入词间关系的指针。词表可以帮助用户选准主题词,扩大检索途径,从而提高查全率与查准率。

通过扩词指令 EXPAND 而显示有关结果。从显示的词表文件中可知,词表文件有四个项目:词号、索引词、词频和相关词。根据词频分布可以选准检索词,相关词(RT)的指针可以帮助用户提高查全率。

7.5 联机文献库的设计与建立

联机文献库的设计从主文件开始,设计文献库的整体结构与各种文件的结构关系。主文件有两个来源,一是自建文献数据文档,二是通过交换或购买的文献磁带。有了主文件,就可设计和建立文献库。

根据系统设计所确定的检索点的个数和实现方法,决定了倒排文件的个数和倒排文件的信息内容,相应地确定了倒排索引文件的信息内容,从而决定了整个文献库的结构。

文献库的建立如图 7.6 所示。

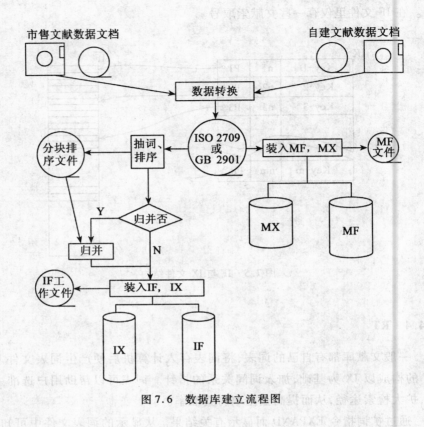

图 7.6　数据库建立流程图

7.5.1　数据转换

　　市售或自建的文献档,在使用前一般要进行数据转换。数据转换包括两个方面的内容:一是代码转换,二是格式转换。若文献磁带的字符编码与系统目前使用的计算机编码不同,则将文献磁带的字符代码转换成当前使用的计算机代码,再检查文献磁带的记录格式是否符合标准记录格式(ISO 2709 格式或 GB 2901-82 格式)。若不符合标准格式,就要转换成标准格式或与标准格式兼容的本系统内部格式。

7.5.2　MF 的装入与 MX 生成

　　将文献(磁带)数据文件经过数据转换后,装入磁盘便产生了文献库的主文件 MF。由于主文件记录为可变长,为了节约空间同时又能随机存取,因而采用组块方式存储。每块的块号和块内最高索取号组成了一条索引记录,因

194

此在装入 MF 的同时,便生成了 MF 的索引文件 MX。MX 与 MF 文件之间的
联系如图 7.7 所示。

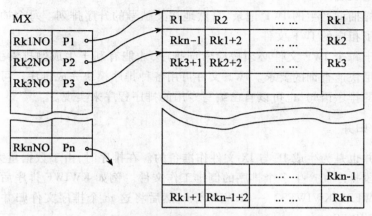

图 7.7 MX 与 MF 的结构关系

7.5.3 抽词和排序

在建立 MF 与 MX 文件后,仍不能对文献库进行联机检索,还必须从 MF
中抽取有关的字段值来组织倒排文件 IF 及其索引文件 IX。抽词与排序正是
为建立 IF 与 IX 文件作准备。

抽词字段是由系统设计时确定的,检索点与检索方法的确定就决定了具
体的抽词字段。例如,要从作者、篇名、分类号、ISBN、ISSN、主题词、自由词、
出版者和原文索取来源途径进行检索,并从语种、出版年、出版国家与地区进
行限定检索,则至少要建立 9 个倒排文件,而限定检索可以通过压缩形式的索
取号里的信息而实现快速检索。

多个倒排文件的建立,可以用一专用程序一次实现,也可以分别建立。为
了叙述方便,我们假定一次只建立一个倒排文件。

文献库的主文件为标准记录格式,用目录地址方式组织。数据字段里允
许有多个子字段,如著者、主题词等。抽取一个子字段的值,生成一个倒排工
作文件 IWF 的一个记录。其记录格式为:

key	文献号

其中:key 为抽词字段(或子字段)的值,它的长度是根据统计后确定的。绝大部分 key 值可以直接装入,对个别超长的 key 值可通过截词处理。文献号为固定长度。

这样抽词产生的 IWF 记录,自然地按文献号的升序排列。每个抽词字段都产生了相应的 IWF 文件。

对于每个 IWF 文件必须按检索词排序,才能有利于生成倒排索引文件,从而满足快速查询的要求。IWF 文件可用各种排序模块完成排序。可以用系统提供的排序语句,也可以自己编写专用的排序程序来实现。

7.5.4 归并

归并也是为生成 IF 与 IX 文件作准备的。在排序时,由于数据量大,可能采取分段排序而产生多个排序的倒排工作文件。例如 KWIWF 排序后可能生成 KWIWFS1,KWIWFS2,…,KWIWFSm,然后将这 m 个排序文件归并成一个文件 KWIWFS。

归并模块在初始建库时为选择使用,而在更新文献库时则必须采用。更新的情况将在下节讨论。

7.5.5 IF 文件的装入与 IX 文件的生成

在现有的排序倒排工作文件基础上调用装配 IF 模块,运行后可同时生成 IF 文档与 IX 文档。

这样,我们不仅建立了 MF 文件和 MX 文件,而且还分别建立了一批 IF 文件和 IX 文件,这些文件生成后就组成了一个文献数据库。加上有关的词表和文件接口,可提供联机检索服务。

7.6 联机文献库的运行与维护

联机文献库投入运行后,不会是一成不变的。随着时间的推移,有大量的新文献数据要加入文献数据库,这就要求定期对联机文献库进行更新和维护。图 7.8 为文献库更新的流程,它以初建文献库流程为基础,增加了几项归并的内容。

联机文献库是一种特殊的数据库,它的数据不是个别进行插入、删除和修改,而是定期地更新,通常是定期追加大量的文献数据。不仅要对 MF 文件和 MX 文件进行更新,而且还必须对多个 IF 文件与 IX 文件进行重组。

这种数据库更新,不是通过修改指针来完成的,主要是对新追加的大量数据进行一系列加工处理后重装文献库。重装要花费一定的维护时间,但这样可以保证快速检索,因此这样做是合算的。下面分别介绍各种文件的更新处理方法。

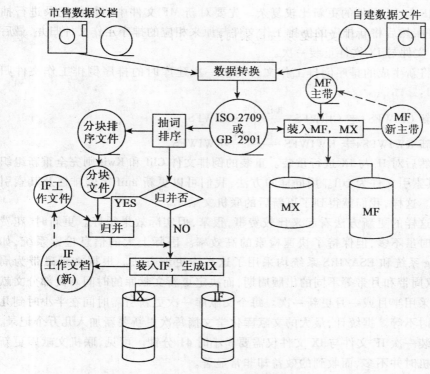

图 7.8 文献库更新流程图

7.6.1 MF 文件的更新

由于 MF 为顺排文件,所以大批新的文献记录加入 MF 时,只是依次尾接在文件尾部就行了。因为 MF 文件是组块存储的,所以上次未装满的最后一块的空间这次不能再用了。新加入的记录存储必须从新块开始,依次存放,直到把这批新的文献记录装完为止。

7.6.2 MX 文件的更新

由于 MX 文件与 MF 文件同时生成,因而 MX 的更新也是在原有文件上尾接而成。MF 文件更新时从新块开始,因而 MX 的原有记录无须作任何更改,只是将新生成的 MX 记录依次尾接在 MX 文件尾部,这样就实现了 MX 文件的一次更新。

7.6.3 IF 文件与 IX 文件的更新

IF 与 IX 文件的更新比较复杂。先要对新 MF 文件中追加的记录进行抽词排序,然后将新排序的倒排工作文件与原来相应的排序工作文件归并,最后对 IF 文件与 IX 文件重装一次。

将新生成的排序倒排工作文件与上一次建库时的排序倒排工作文件归并,即:

$$新\ CLIWFS + 老\ CLIWFS \xrightarrow{\text{排序归并}} CLIWFS$$

$$新\ KWIWFS + 老\ KWIWFS \xrightarrow{\text{排序归并}} KWIWFS$$

然后对 IF 与 IX 进行重装。重装的倒排文件 Clif 和 Kwif 则完全重新组织了,其索引文件为 ixfl。用同样的方法,我们可以更新 auif 等倒排档及其索引文件。这样,我们就得到了更新后的联机文献库。

这样的更新方法看起来比较费事,很笨,但实际效果很好。更新时,花费的机时虽不多,但保持了快速检索的高效率。国际上大的信息检索系统,如 Dialog 系统和 ESA/IRS 系统均采用了这类库更新方法。根据文献磁带为周带、双周带和月带等不同的出版周期,而决定更新文献库的时间。大部分文献库均采用半月或一月更新一次。每个文献库一次更新所需时间在半小时到几个小时不等。据统计,最大的文献库化学文摘每次更新要新加入几万个记录,而重装一次 IF 文件与 IX 文件仅需要 3 小时 41 分钟。可见,联机文献库更新所需机时并不多,而收到的效益却非常显著。

综上所述,联机文献库的更新与维护工作随文档而异。MF 文件和 MX 文件采用尾接扩充的方法,IF 与 IX 文档则采取重装的方法。在维护工作中还有一个问题必须注意:每次更新的联机文献库及其最终工作文件均保留副本。MF 文件保留两份副本,而 MX、IF 与 IX 等文件一般保留三代磁带副本,即不仅保留本次更新的副本,而且保留前两次更新时的副本。如果由于硬件故障等方面的原因,使得 MX、IF 与 IX 文件不能使用时,则用更新时产生的合并带重装一次。如果这个磁带文件也有问题,则往前推一级,再加上做点更新生成工作,合并后再装入,从而保证联机文献库的正常运行。

7.7 多语种文献数据库

文献数据库的建立与利用从开始就遇到了多文种的挑战。世界上众多的

语言文字,记录了大量的文献,将多文种文献信息建立机读数据库需要解决以下几个问题:

①多文种字符集的编码空间。

②多文种信息输入。

③多文种信息处理。

④多文种信息输出。

7.7.1　多文种字符集编码空间

由于多文种字符集庞大,而现行计算机系统仅用 8 bit 编码,因而不可能直接对多文种字符编码。在信息处理中,一般采用多八位编码,常用的有两字节、三字节、四字节编码。例如,我国的 GB2312—80 采用双字节编码,用一个 94×94 编码平面(1—1 平面),不仅容纳了汉字一、二级字库,而且还包括了日文、俄文、希腊文字符、制表字符和一些常用的特殊符号。若再扩展一个 94×94 编码平面(1—0 平面),就可以容纳世界上现行的多文种常用字符集。

为了彻底解决多文种字符编码空间问题,国际标准化组织(ISO)经过多年努力制定了"信息技术——通用编码字符集"(information technology—universal coded character set),编号为 ISO/IEC 10646,它采用多个 256×256 编码平面对世界多文种字符集统一编码。由于其编码空间是"海量的",因而圆满地解决了多文种字符所需的编码空间问题。

随着 ISO/IEC 10646 的制定与实施,计算机界推出新一代计算机系统(16 bit 编码)以提高信息处理的效率,它就是多文种计算机系统。

7.7.2　多文种信息的输入

用普通键盘输入多文种字符主要借助于字符编码(外码)表。将外码与机内码作一个索引,由专用程序段完成内、外码之间的转换。一个字符集编码表与内码的索引和专用程序模块就构成了一种输入方法。不同的输入方法之间的状态转换是通过组合功能键的切换实现的。

7.7.3　多文种信息处理

一般来说,多文种信息处理与单语种的信息处理方法是一样的。但是,多文种信息处理除了共性以外,还有它的个性,这里的个性就是各文种拼写、书写与排版的特殊性。例如,仅就书写与排版的传统规则而言,对大多数语种来说,根据传统习惯只是从左至右横行书写与排版,而维吾尔文、哈萨克文、柯尔克孜文却刚好相反,它们与阿拉伯文一样要求从右至左横行书写与排版,更为特别的是蒙古文和满文,它们要求从上至下竖行书写与排版,从左至右换行。显然,这就要求信息处理中有一些相应的专用输出模块的支持。

7.7.4 多文种信息输出

既然不同文种有不同的书写要求与传统习惯,那么多文种信息的输出可以分为多个并列的程序模块设计。一般有三个并列的输出模块。

第一个输出模块为汉藏文信息输出模块。这种输出方式为从左至右横行输出方式,它不仅可以用于汉字、藏文、傣文、壮文、越南文、日文、朝鲜文等信息的输出,而且可以用于西文语系和斯拉夫文语系各种文字信息的输出。

第二个输出模块为维哈文模块。这个模块支持从右至左横行输出,它可以用于维吾尔文、哈萨克文、柯尔克孜文与阿拉伯文等信息的输出。

第三个输出模块为蒙文模块。它支持从上至下竖行输出、从左至右换行,该模块用于蒙古文、满文信息的输出。

三个并列的输出模块供用户选择,可以用组合功能键切换,也可通过程序中的专用命令进行转换控制。

7.7.5 文献数据库实例

1.《人民日报》数据库

该数据库是我国的一个大型综合性文献数据库,它的收录范围跨越半个多世纪,收录了从1946年该报创刊起至今的所有文献。

数据库服务有联机版和光盘版。若要查询联机版,可通过 http://www. peo-pledaily. com 网址链接使用,而光盘版又分《人民日报》索引光盘和全文光盘。

《人民日报》索引光盘配有专用检索软件,它支持条件检索。数据库包括多个索引字段,该数据库还支持分类浏览检索、显示或打印检索结果,也可将其存盘输出。

21世纪初,人民日报推出了图形版,它不仅用图文并茂的方式逼真地再现版面原样,而且自动按新闻稿实现超链接。当鼠标经过某篇新闻稿件上方时,系统立即选上并用红色方框显现,供用户选择(见图7.9)。一旦用户点击鼠标,系统立即激活该项超链接、弹出新窗口显示该篇新闻稿的文本文件。

2. 人民大学复印报刊资料数据库

该数据库是一个学术性的报刊复印资料数据库,从1978—2004年已收录300多万条记录,它的检索点有分类、篇名、作者、刊名、年代、期号、出版地等字段,是查询较多的一种数据库。

图 7.9　人民日报全文数据库的图形版示例

3. 外文文献数据库

外文文献数据库是发展最早的信息资源库,仅 Dialog 系统的 600 多个数据库中,就有近一半的文献数据库。比较著名的文献数据库很多,例如,英国的科学文摘数据库(INSPEC)截至 1999 年底(2000 年出版的第一张 INSPEC 光盘数据)已有 650 多万条记录,它的记录内容如图 7.10 所示,它的检索点多,提供的信息全,赢得了用户的好评。

国外的全文数据库中,《美联社新闻全文库(AP NEWS)》和英国的《金融时报全文库》最具代表性。《美联社新闻全文库(AP NEWS)》是美联社(Associated Press)提供的美国国内、国际新闻和商业消息的一种全文数据库,它也包括体育和金融方面的信息,现已收录了 1984 年至今的新闻记录,其数据来自美国国内 141 个新闻站和海外各地新闻站发回的新闻。《金融时报全文库》(Financial Times Fulltext)是英国金融时报社提供的一种全文数据库,它包括 1986 年至今在《金融时报》伦敦版和国际版上刊登的所有文章的全文,该全文数据库主要报道全世界的工业信息与发展、公司的财政状况与经营活动

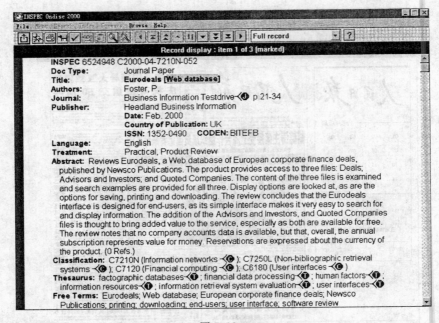

图 7.10

以及技术贸易、劳工、管理市场方面的详细信息。

美国的化学文摘(CA)和医学文摘(MEDLINE)等都是著名的大型文献数据库。这些数据库的用户多,可在任意一个网点上网进行检索与利用。

7.8　事实数据库

事实数据库(factual database)是另一种常规数据库,它描述的不是文献信息,而是某人(如人事档案信息)、某事(如工程项目、科研成果等)的相关信息,而描述这类事实仍以文字、数字、符号、表格为主。人事档案数据库、科技档案数据库、项目管理数据库、科技成果数据库等都属于事实数据库。为了叙述方便,我们以科技成果库为例来讨论事实数据库。

我国的科技成果数据库从 1985 年开始建库,很快进入实用化阶段。现在从网上可以查到两个科技成果库:"全国科技成果交易数据库"和"中国科技成果数据库"。

7.8.1 全国科技成果交易信息数据库（NDSTRTI）

该数据库由北京市科技情报所提供，它是联合建库的产物，数据来源于全国各省、市、自治区及计划单列市的情报所，从 1985 年到 2004 年底共收录 10 多万条记录。其收录范围是自然科学领域内各地各行业的新技术、新工艺、新产品等国内可转让的适用新技术成果，它的专业范围主要有机电仪表、化工医药、轻工食品、农林牧渔等。

1985 年（建库初期），该数据库的数据结构有 18 个字段：库序号、分类号 1、分类号 2、项目名称、单位代码、研制人、鉴定时间、获奖等级、转让方式、转让费用、转让限制、应用范围、技术指标、社会经济效益、关键词等。18 个字段为固定长，共 608 个字节。而发展到今天字段名称有些变化，并增加了单位名称、单位地址、邮编、电话等字段。下面是一条记录的数据示例。

记录样例

```
＊＊分类号：G354.2
＊＊项目名称：医药卫生科技项目新咨询质量评价指标体系的研究
＊＊单位全称：重庆市医学情报研究所
＊＊单位地址：重庆市渝中区青年路 44 号
＊＊联系人：杨传瑞
＊＊电话：3822192
＊＊邮编：630010
＊＊研究人：杨传瑞，邬能灿
＊＊鉴定时间：9410
＊＊获奖等级：市科学技术进步三等奖
＊＊转让方式：面议
＊＊转让费用：面议
＊＊转让限制：0
＊＊应用范围：医学情报，医学科研管理，情报检索，情报查新
＊＊社会经济效益：提高卫生科技查新质量水平和管理水平
＊＊关键词：查新；科研管理；文献检索；指标体系
```

NDSTRTI 系统支持分类、项目名称、研究人、关键词等多途径检索，检索结果可以打印、存盘。

7.8.2　中国科技成果库(CSTAD)

"中国科技成果库"的建立时间晚于"中国科技成果交易信息库",它的提供单位是中国科技信息所万方数据库中心。截至 2003 年 12 月,它已收录记录 20 多万条。

年更新量:2 万~3 万条。

数据来源:历年各省市部委鉴定后上报国家科委的科技成果及星火科技成果。

收录范围:新技术、新产品、新工艺、新材料、新设计等技术成果项目。

专业范围:化工、生物、医药、机械、电子、农林、能源、轻纺、建筑、交通、矿冶等。它是国家科委指定的一个新技术、新成果查询数据库。

中国科技成果库的信息字段有:年度编号、项目名称、分类号、关键词、成果持有者、所在省市、地址、邮编、成果鉴定日期、主持鉴定单位、成果简介等。下面是一条记录的数据示例。

记录样例

项目年度编号:99020740

成果项目名称:国库业务核算系统

所在省市:江苏

成果持有者:

名称:中国人民银行南京分行,地址:江苏省南京市建邺区建邺路 88 号,邮编:210004

成果简介:

《国库业务核算系统》是由人民银行江苏省分行科技处、国库处共同开发的面向全省三级国库的需求,适用于省分库、中心支库和县支库的预算收入、支出、国债兑付、账务处理等各项业务,既能在局域网上运行,又能在单机上运行的计算机应用系统。该系统设计合理,运行环境灵活,用户界面友好,操作简便、数据录入方式多样,可组合查询、易于维护、安全可靠。目前已在省分库、十三个中心支库及六十四个县支库全面推广,深得用户好评,在国内金融业同类系统中处于领先水平。该系统的运用加速了国家预算收入的入库,减少了在途资金,提高了该省人行系统的计算机应用水平,取得了良好的经济效益和社会效益。

成果鉴定:日期:19970314,鉴定部门(单位):江苏省科学技术委员会

中图分类号:F830.43 , F830.49

关键词:金库;计算机应用;经济核算

CSTAD 系统支持分类、关键词、项目名称、成果持有者、成果鉴定日期等多途径检索。

7.9 数值数据库

数值数据库也是常规数据库之一,它存储的数据以数值数据为主。物价数据库、股票证券数据库、期货交易数据库、外汇交易数据库等都是数值数据库。为了叙述方便,我们以物价数据库为例来讨论数值数据库的应用问题。

物价数据库由国家价格信息中心建立并提供服务,主要有中国市场价格和国际市场价格(中国价格信息中心的 E-mail:cpicmarket@ms.cpic.gov.cn)。现已建立了信息网,向社会提供服务(网址:http://www.cpic.gov.cn/)。

中国价格信息网的服务方式有四种:

(1)中国价格信息网(Internet)在线浏览与信息下载。

(2)中国价格信息网专用电子邮件(CGmail)定期发送。

(3)专项服务:根据用户的要求定制信息数据,用电子邮件或传真等形式提供服务。

(4)服务器托管、服务器租用、主页寄存、网站建设、系统集成等。

需要入网提供服务的用户先要办理注册手续才能成为中国价格信息网的正式注册会员,会员又分企业会员和个人会员。服务项目分免费或收费两种。对于收费项目,先要交纳入网费、注册确认,中国价格信息网在收到信息费后向用户反馈用户标识和用户口令即可上网。

7.9.1 中国价格信息网

通过网址进入中国价格信息网。该信息网提供的服务项目有:中国价格政策、中国价格法规、工业品价格、农产品价格、服务收费、医药价格政策和行政事业收费等信息服务。如图 7.11 所示为中国市场价格的服务栏目,它包括全国 200 多个定点监测市(县)的商品的价格信息。

1. 最新农产品价格

最新粮食主产区粮食购销价格;

36 个大中城市鲜猪肉、鲤鱼(如图 7.12 所示)、鸡蛋、鲜牛奶价格(如图 7.13 所示)的最新价格信息;

最新农副产品零售价格:粮食、食用油、蔬菜、水果等;

图 7.11　中国价格信息数据库

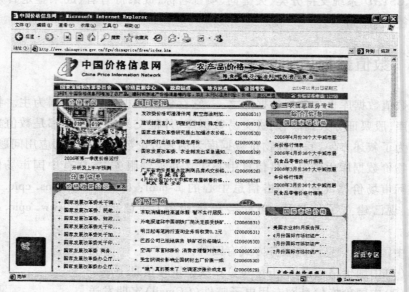

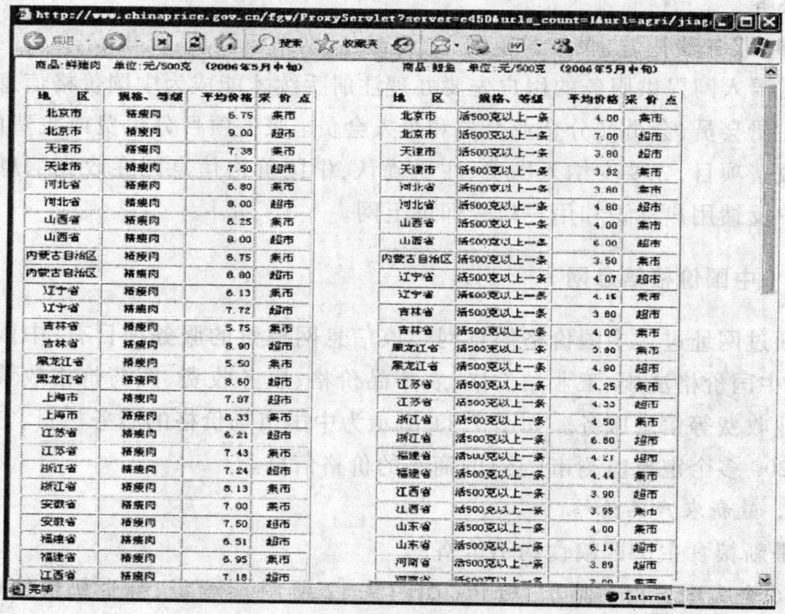

商品:鲜猪肉　单位:元/500克　(2006年5月中旬)

地　区	规格、等级	平均价格	采价点
北京市	精瘦肉	6.75	集市
北京市	精瘦肉	9.00	超市
天津市	精瘦肉	7.38	集市
天津市	精瘦肉	7.50	超市
河北省	精瘦肉	6.80	集市
河北省	精瘦肉	8.00	超市
山西省	精瘦肉	6.25	集市
山西省	精瘦肉	8.00	超市
内蒙古自治区	精瘦肉	6.75	集市
内蒙古自治区	精瘦肉	8.80	超市
辽宁省	精瘦肉	6.13	集市
辽宁省	精瘦肉	7.72	超市
吉林省	精瘦肉	5.75	集市
吉林省	精瘦肉	8.90	超市
黑龙江省	精瘦肉	5.50	集市
黑龙江省	精瘦肉	8.60	超市
上海市	精瘦肉	7.97	超市
上海市	精瘦肉	8.33	集市
江苏省	精瘦肉	6.21	超市
江苏省	精瘦肉	7.43	集市
浙江省	精瘦肉	7.24	超市
浙江省	精瘦肉	8.13	集市
安徽省	精瘦肉	7.00	集市
安徽省	精瘦肉	7.50	超市
福建省	精瘦肉	6.51	超市
福建省	精瘦肉	6.95	集市
江西省	精瘦肉	7.18	超市

商品:鲤鱼　单位:元/500克　(2006年5月中旬)

地　区	规格、等级	平均价格	采价点
北京市	活500克以上一条	4.00	集市
北京市	活500克以上一条	7.00	超市
天津市	活500克以上一条	3.80	超市
天津市	活500克以上一条	3.92	集市
河北省	活500克以上一条	3.80	集市
河北省	活500克以上一条	4.80	超市
山西省	活500克以上一条	4.00	集市
山西省	活500克以上一条	6.00	超市
内蒙古自治区	活500克以上一条	3.50	集市
辽宁省	活500克以上一条	4.07	超市
辽宁省	活500克以上一条	4.15	集市
吉林省	活500克以上一条	3.80	超市
吉林省	活500克以上一条	4.00	集市
黑龙江省	活500克以上一条	3.90	集市
黑龙江省	活500克以上一条	4.90	超市
江苏省	活500克以上一条	4.25	集市
江苏省	活500克以上一条	4.33	超市
浙江省	活500克以上一条	4.50	集市
浙江省	活500克以上一条	6.80	超市
福建省	活500克以上一条	4.27	超市
福建省	活500克以上一条	4.44	集市
江西省	活500克以上一条	3.90	超市
江西省	活500克以上一条	3.95	集市
山东省	活500克以上一条	4.00	集市
山东省	活500克以上一条	6.14	超市
河南省	活500克以上一条	3.89	超市

图 7.12　鲜猪肉与鲤鱼的最新价格

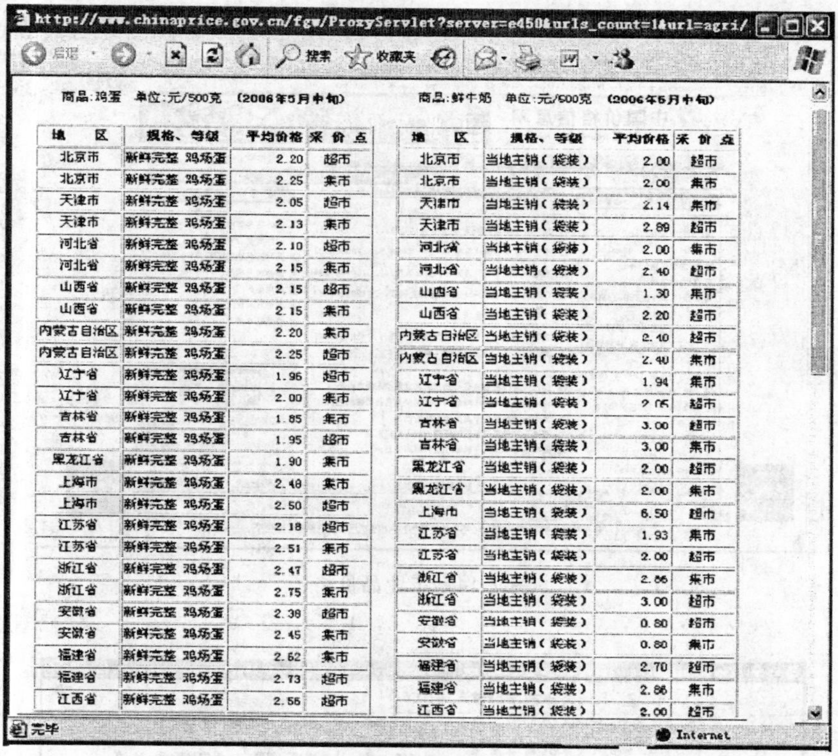

商品:鸡蛋 单位:元/500克 (2006年5月中旬)

地区	规格、等级	平均价格	采价点
北京市	新鲜完整 鸡场蛋	2.20	超市
北京市	新鲜完整 鸡场蛋	2.25	集市
天津市	新鲜完整 鸡场蛋	2.05	超市
天津市	新鲜完整 鸡场蛋	2.13	集市
河北省	新鲜完整 鸡场蛋	2.10	超市
河北省	新鲜完整 鸡场蛋	2.15	集市
山西省	新鲜完整 鸡场蛋	2.15	超市
山西省	新鲜完整 鸡场蛋	2.15	集市
内蒙古自治区	新鲜完整 鸡场蛋	2.20	集市
内蒙古自治区	新鲜完整 鸡场蛋	2.25	超市
辽宁省	新鲜完整 鸡场蛋	1.96	超市
辽宁省	新鲜完整 鸡场蛋	2.00	集市
吉林省	新鲜完整 鸡场蛋	1.85	集市
吉林省	新鲜完整 鸡场蛋	1.95	超市
黑龙江省	新鲜完整 鸡场蛋	1.90	集市
上海市	新鲜完整 鸡场蛋	2.48	集市
上海市	新鲜完整 鸡场蛋	2.50	超市
江苏省	新鲜完整 鸡场蛋	2.18	超市
江苏省	新鲜完整 鸡场蛋	2.51	集市
浙江省	新鲜完整 鸡场蛋	2.47	超市
浙江省	新鲜完整 鸡场蛋	2.75	集市
安徽省	新鲜完整 鸡场蛋	2.38	超市
安徽省	新鲜完整 鸡场蛋	2.45	集市
福建省	新鲜完整 鸡场蛋	2.62	集市
福建省	新鲜完整 鸡场蛋	2.73	超市
江西省	新鲜完整 鸡场蛋	2.56	超市

商品:鲜牛奶 单位:元/500克 (2006年5月中旬)

地区	规格、等级	平均价格	采价点
北京市	当地主销(袋装)	2.00	超市
北京市	当地主销(袋装)	2.00	集市
天津市	当地主销(袋装)	2.14	集市
天津市	当地主销(袋装)	2.89	超市
河北省	当地主销(袋装)	2.00	集市
河北省	当地主销(袋装)	2.40	超市
山西省	当地主销(袋装)	1.30	集市
山西省	当地主销(袋装)	2.20	超市
内蒙古自治区	当地主销(袋装)	2.40	超市
内蒙古自治区	当地主销(袋装)	2.40	集市
辽宁省	当地主销(袋装)	1.94	集市
辽宁省	当地主销(袋装)	2.05	超市
吉林省	当地主销(袋装)	3.00	超市
吉林省	当地主销(袋装)	3.00	集市
黑龙江省	当地主销(袋装)	2.00	超市
黑龙江省	当地主销(袋装)	2.00	集市
上海市	当地主销(袋装)	6.50	超市
江苏省	当地主销(袋装)	1.93	集市
江苏省	当地主销(袋装)	2.00	超市
浙江省	当地主销(袋装)	2.86	集市
浙江省	当地主销(袋装)	3.00	超市
安徽省	当地主销(袋装)	0.80	超市
安徽省	当地主销(袋装)	0.80	集市
福建省	当地主销(袋装)	2.70	超市
福建省	当地主销(袋装)	2.86	集市
江西省	当地主销(袋装)	2.00	超市

图 7.13 鲜蛋、鲜奶价格

最新农副产品批发市场价格。

除了粮食、棉花、油料、鲜肉、鲜鱼、鸡蛋、鲜奶、鲜蔬菜等农产品之外,农资市场价格备受关注,如农业机械、化肥、农药的价格与直补政策在价格数据库里都有相应的服务信息。

最新农业生产资料零售价格:化肥、农膜、农药、柴油、农用机械、饲料等。

2. 最新工业品价格

最新工业生产资料市场(见图 7.14)成交价:黑色金属、有色金属、化工产品、木材及其制品、能源、建材、汽车及机电产品、纺织材料。

最新工业消费品零售价格:加工食品、服装、一般日用品、家庭耐用消费品;如彩电、冰箱的价格(见图 7.15)、手机、数码照相机的价格(见图 7.16)。

3. 最新主要服务项目价格及政策法规

交通运输(如为了应对高油价而出台的航空燃油附加费)、房租、水电、邮

图 7.14　工业品价格

图 7.15　彩电、冰箱价格

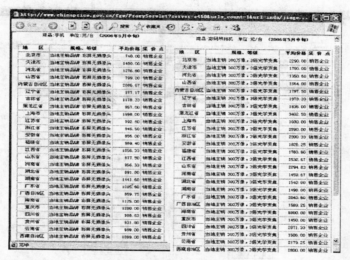

图 7.16　手机、数码照相机

电、教育收费(国家加大支持普及教育的力度而免收中小学的学杂费等政策措施)、医疗收费、旅游、房地产价格、行政收费等。

7.9.2　物价数据库的更新

物价数据库里的数据每日实时更新,按照统一格式由分布在全国各地的几百个采集点完成。网上采集与发布还扩大到企业用户和个人用户。利用价格信息网平台进行信息发布与服务。如图 7.17 所示是提供的公共平台,增加了企业进行贸易的机会。

企业用户贸易信息发布需要录入三类信息:

(1)用户基本信息:企业用户编号、名称、地址、邮政编码、联系人、电子信箱、电话、传真、企业网址、主要产品、企业简介等。

(2)交易信息:供求类别、关键字、标题、发布日期、有效期。

(3)产品信息:名称、规格型号、数量、计价单位、单价、包装说明。

物价数据库对于期货贸易、发展电子商务、指导生产与生活有重要的现实意义。在数值数据库中,除了物价数据库外还有股票证券数据库、外汇交易管理数据库等,它们的时间性要求更强。瞬息万变的数据对于投资决策举足轻重,特别是在推动全球化的今天更是人们密切关注的数据库应用项目。

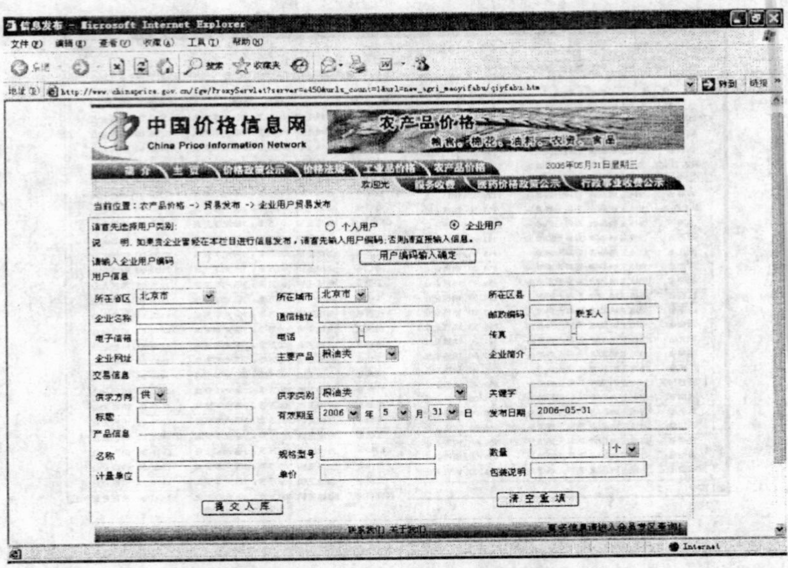

图 7.17　公共平台

7.10　科学数据库

科学数据库(science database)是中国科技网 CSTNET(http://www.csdb.cn)的服务项目之一,上至天文、下至地理环境都是它收录的范围。图 7.18 中列出了它的 7 大类 48 个二级类目的数据库的目录。

中国科学院科学数据库是从 1983 年开始建设的一个大型综合性数据库群,是目前国内信息量最大、学科专业最广、服务层次最高、综合性最强的科技信息服务系统。"十五"期间,在中国科学院信息化建设专项的支持下,科学数据库的发展进入一个新的阶段。目前已有 45 个建库单位(中科院的研究所),专业数据库 503 个,总数据量 16.6TB。

科学数据库的每一类又可分为多个数据库。例如,在下列类目中,每个类别又包括若干个数据库。

1. 中国微生物资源数据库

中国微生物资源数据库又细分为 5 个子库(如图 7.19 所示),该库的加工质量高、覆盖面广,在经济建设与社会发展中发挥了重要作用。

图 7.18 中国科学数据库

首页 > 中国微生物资源数据库

简 介

中国微生物资源数据库

—— 数据库

中国微生物资源数据库作为中国科学数据库的一个专业子库,从七五开始中国科学院微生物研究所信息网络中心一直致力于微生物信息资源的收集、整理和网络共享,建立一系列微生物资源数据库,为国家宏观决策提供基础数据依据;利用计算机网络进行微生物信息的传递与共享,作为一个窗口向国际介绍我国微生物学研究现状;引进国外重要的基础性数据库,丰富我国网络信息资源,为我国微生物学家提供一个良好的信息化的工作环境。中国微生物资源数据库的特点在于:数据库中的数据全部都是来源于微生物学家的积累与整理;数据库中的数据须完整,覆盖面比较广;中国微生物资源数据库中的所有软件都是自己开发、编制的,有很高的灵活性、快捷性和应用性。总而言之,中国微生物资源数据库的建立对于中国微生物界来说具有十分重要的意义。

子库列表

1. 中国微生物物种编目数据库   2. 放线菌数据库

3. 国际视像库   4. 生物字典数据库

5. 生物真菌库

图 7.19 中国微生物资源数据库

2. 基因电脑克隆和基因组多态性数据库

基因电脑克隆和基因组多态性数据库的子库如图 7.20 所示。

图 7.20

3. 纳米科技基础数据库

纳米科技基础数据库是中科院计算机网络信息中心承担建设的综合科技信息数据库重要组成部分,由中科院纳米科技中心合作建设。纳米科技是 21 世纪高技术的标志性领域,纳米科技基础数据库自 2000 年 5 月开始策划实施,以实现纳米数据的网络化管理和数字化信息共享,为我国纳米科技工作者提供权威及时的纳米科技数据服务,支撑国家纳米科技创新。纳米科技基础数据库规划有 7 个方面的数据内容,包括纳米材料性能数据库、纳米测试技术数据库、纳米器件数据库和纳米公众信息数据库,全部数据实现数据共享网络服务功能。目前,完成数据开发超过 10GB 的物理容量,数据记录 70 000 多条。纳米科技基础数据库又包括 10 个子库(见图 7.21)。

纳米科技基础数据库面向全国统一协调数据采集,充分保证各项数据来源和质量,其数据资源数据共享,获得了积极的科研社会效益。

1. 纳米测试技术数据库	2. 中国纳米专利授权库
3. 国外纳米专利数据库	4. 纳米课题数据库
5. 纳米专家数据库	6. 纳米文摘数据库
7. 纳米材料性能数据库	8. 纳米器件数据库
9. 纳米材料成果数据库	10. 中国纳米专利公开库

图 7.21

4. 工程化学数据库(ECDB)

ECDB 系统是由中国科学院过程工程研究所(原化工冶金研究所)自 20世纪 70 年代末开始研制,经过 30 多年不懈的努力,它已经发展成集无机/有机纯化合物、聚合物、混合物体系以及网络计算和过程系统集成为一体的综合科研、应用和开发系统平台。工程化学数据库系统主要包括:物性及热化学数据库、纯化合物相变数据库、晶体结构数据库、化学危险品安全与处置数据库、非电解质溶液汽液相平衡数据库、共混聚合物数据库、聚合物溶液气—液平衡数据库、甲烷水合物数据库以及过程工程网络计算应用平台和材料设计平台等。整个系统包含大约 2.5GB 的物理容量,并实现了网上查询和网上作业的功能。工程化学数据库系统主要应用于过程工业、化学工业、石油工业、材料工业、冶金工业等领域的产品设计、检测分析、工艺设计、安全评价、流程优化、过程放大和系统集成等。ECDB 包括 7 个子库,如图 7.22 所示。

1. 聚合物溶液相平衡数据库	2. 共混聚合物相容性数据库
3. 物性及热化学数据库	4. 纯化合物相变数据库
5. 非电解质溶液汽液相平衡数据库	6. 天然气水合物数据库
7. 化学品安全和处置数据库	

图 7.22

在上述的科学数据库中,事实数据库和数值数据库是主体。在数据库的发展历程中,开发和应用最早的是文献数据库,而非文献型数据库后来居上。在实际应用中,事实数据库和数值数据库早已超过了文献数据库,科学数据库就是一个很好的例证。

习 题 7

7.1　信息资源数据库分哪几类？常有哪些分类方法？

7.2　简述文献资源数字化方法。

7.3　什么是全文数据库？在网络环境中，全文数据库资源共享有哪些方法？

7.4　为什么说 DC 是元数据的成功范例？

7.5　简述 MARC 21 格式中的 856 字段的作用。

7.6　画出联机文献库的结构图。

7.7　文献数据的加工为什么要标准化？ISO 2709 与 GB2901 标准格式的记录有何异同点？

7.8　画出建立文献数据库的流程图。

7.9　简述建立文献数据库的倒排文档及其索引文件的过程。

7.10　在联机文献库的维护中，主文档 MF 与主文档索引 MX 如何更新？

7.11　文献库的 IF 与 IX 文档如何更新？其更新的步骤与初建文献库的 IF 与 IX 文件有何异同？

7.12　简述词档在文献数据库中的地位与作用。

7.13　收集一组文献数据，进行数据的加工、录入和自建一个模拟文献库。

7.14　多文种数据库有何特点？建立多文种数据库需要哪些条件？

7.15　简述多文种信息输出接口的设计方法。

7.16　《人民日报》数据库提供哪些服务方式？如何共享它的信息资源？

7.17　简述外文文献数据库的利用现状。

7.18　为什么事实数据库和数值数据库会后来居上超过文献数据库？

7.19　科技成果数据库的建立和利用有何现实意义？

7.20　物价数据库有哪些服务项目？如何利用物价数据库？

7.21　中国市场价格数据库有何特色？

7.22　科学数据库分哪几类？如何在网上利用它？

8 多媒体数据库

8.1 多媒体与多媒体技术

媒体(medium)是指荷载信息的载体。按照国际电信联盟电信委员会 ITU-T(原 CCITT)的定义,媒体有以下 5 种类型:感觉媒体、表示媒体、显示媒体、存储媒体和传输媒体。

感觉媒体指的是用户接触信息的感觉形式,如视觉、听觉、触觉等。

表示媒体则指的是信息的表示形式,如图像、声音、视频、运动模式等。

显示媒体又称表现媒体,是表现和获取信息的物理设备,如显示器、打印机、扬声器、键盘、摄像机、运动平台等。

存储媒体是存储数据的物理设备,如磁带、磁盘、光盘等。

传输媒体是传输数据的物理设备,如光缆、电缆、电磁波、交换设备等。

通常情况下,如不特别强调,我们所说的媒体是指表示媒体。即我们通常所见到的文字、符号、图形、图像、动画、音频、视频等信息的表现形式。

8.1.1 多媒体

多媒体(multimedia)就是多种荷载信息的载体。"多媒体"一词(multi-media) 由 multiple+media 复合而成。我们现在所说的"多媒体",通常不仅指多媒体信息的本身,而且还包括处理和应用多媒体信息的一整套技术。多媒体技术是信息技术,是为大众服务的技术。因此,"多媒体"常常又被当做"多媒体技术"的同义词。

多媒体是计算机综合处理多种载体信息,同时抓取、处理、编辑、存储和展示两个以上不同类型信息媒体的技术。一般地,人们把多媒体看成是"传统

215

的计算机媒体——文字、图形、图像以及分析等与视频、音频以及为了知识创建和表达的交互应用的结合体"。

8.1.2 多媒体的特征

多媒体的特性主要包括信息载体的多样性、交互性、实时性、集成性和数据量大等。

1. 信息载体多样性

信息载体的多样性是相对于计算机而言的,指的就是信息媒体的多样化。它不局限于数字、文本和符号,而是扩展到图(图形、图像、动画、视频)、文(大文本对象)、声(声音、语音、音乐)等方面。

2. 交互性

多媒体的第二个关键特性是交互性。交互可以增加对信息的注意力和理解力,延长信息保留的时间。多媒体信息在人机交互中的巨大潜力,主要来自它能提高人对信息表现形式的选择和控制能力,同时也能提高信息表现形式与人的逻辑能力和创造能力结合的程度。

3. 复杂性和分布性

图、文、声一体化数据进行组织与存储,结构复杂、形式多样。一般将图、文、声信息分类组织、分开存放,合理分布。

4. 实时性

多种媒体信息的显现需要同步配合与制约。图、文、声信息具有空间域和时间域的约束,适时的显现。

5. 集成性

多媒体系统充分体现了集成性的巨大作用。多媒体的集成性主要表现在两个方面,即多媒体信息媒体的集成和处理这些媒体的设备与设施的集成。

多媒体中的集成性是系统级的一次飞跃。无论信息、数据还是系统,网络、软硬件设施通过多媒体的集成性构造出支持广泛信息应用的信息系统,体现了 1+1>2 的系统特性。

6. 数据量大

在多媒体数据中,音频信息、视频信息的数据量尤为突出。按照平常的采样率,1 分钟的音频信息数字化之后有 10MB 的数据量,而 1 秒钟的视频数据就有 12MB。若使用较高的采样率,数据量会更大。

8.1.3 多媒体技术

多媒体技术可以定义为:以数字化为基础,能够对多种媒体信息进行采集、编码、存储、传输、处理和表现,综合处理多种媒体信息并使之建立起有机的逻辑联系,集成为一个系统并能具有良好交互性的技术。

对每一种媒体的采集、存储、传输和处理就是多媒体系统要做的首要工作。软件及硬件平台是实现多媒体系统的物质基础。

在硬件方面,各种多媒体的外部设备现在已经成为标准配置,例如光盘驱动器、声音适配器、图形显示卡等,而现在的计算机 CPU 也都加入了多媒体与通信的指令体系,许多过去不敢想象的性能在现有的计算机上都成为了可能。扫描仪、彩色打印机、带振动感的鼠标、机顶盒、交互式键盘遥控器、数码照相机等,都越来越普及到家庭。

目前在基于网络的、集成一体化的多媒体设备上还在做更多的努力。在软件方面,随着硬件的进步,也在快速发展。从操作系统、编辑创作软件,到更加复杂的专用软件,形成了相应的工业标准,产生了一大批多媒体软件系统。特别是在 Internet 发展的大潮之中,多媒体的软件更是得到很大的发展,还促进了网络的应用。

多媒体信息管理技术、多媒体通信与分布应用技术是多媒体技术的重要组成部分。

媒体和媒体技术是多媒体系统的基础。视觉媒体是使用最多的媒体形式,也是比较成熟的技术。图像、图形、文字、动画、视频等是多媒体系统中最常见的数据。声音媒体可以和视觉空间并行地构造出听觉空间,波形声音、音乐、语音是主要的媒体形式。对媒体的处理包括数字化、再现、压缩、变换等许多方面,处理的基础是人类对这种媒体的心理学感受。了解了媒体心理学,对媒体的处理将会有很大的帮助。

8.2　多媒体数据库的关键技术

1983 年,D. Tsichritzis 和 S. Christodoulakis 提出了多媒体数据库(Multimedia Data Base,MDB)的概念。它是当前数据库技术的热点领域之一,也是数据库技术开发和应用的重要发展方向。传统的数据库仅能提供文字、数值数据的信息服务,而多媒体数据库则提供图像、文本、声音全方位、“立体化”的服务方式。它不仅在我们面前逼真地再现了一个绚丽多姿、五彩缤纷的世界,而且促进了数据库技术的更快发展。同时,多媒体数据库技术的发展也促进了支持它的计算机系统的更新换代。

当前,“多媒体数据库”已成为热门话题之一。各国都非常重视信息产业中的这些重点课题,积极采取对策迎接这一革命性变化的到来。数据库不仅要提供文字、图表信息,而且要提供图形(image)、声音(audio)、图像(video)信息。多媒体技术实现了图像、文本(text)、声音一体化管理和服务,开辟了数据库技术的新阶段。

多媒体数据库的建立与利用有许多关键技术,而计算机硬件与软件平台、数据压缩、数据模型方法、宽带网环境和通信技术是其主要技术条件。

计算机硬件及网络环境是多媒体数据库应用的基础条件。

多媒体数据具有复杂性(图、文、声一体化数据)、实时性(各类数据同步处理)、分布性、交互性和数据量大的特点,因而多媒体数据库需要特定的硬件系统和网络环境。

多媒体数据库的硬件系统,典型的是多媒体个人计算机(MPC)。它是在普通微机上加上声卡、视卡,声音和图像的输入输出设备,压缩/解压缩卡。

其网络环境主要是宽带高速通信网,即信息高速公路。

数据压缩是多媒体数据库应用的关键技术之一。由于音频信息和视频信息数据量巨大(1 分钟的声频信息可达 10MB,1 秒钟的视频信息可达 12MB),不对其进行有效压缩是无法达到实用要求的。数据压缩可采用专用软件实时压缩,也可将软件刻写在专用芯片上进行压缩,其速度更快。一般地,现在多采用标准算法制成压缩卡,对多媒体数据进行压缩,然后进行存储和传送,而使用解压方法复原数据。

多媒体数据模型是研究多媒体数据库的关键技术之一。

面向对象(Object Oriented,OO)的数据模型是多媒体数据库的理想模型,它是一个有向无环图,目前已从研究原型走向了产品,显示了它的强大生命力和广阔的应用前景。由于它在理论研究和应用开发中有诸多的问题需要妥善解决,因而目前仍处于发展阶段。

超媒体模型,从本质上讲,超媒体模型等价于一种语义网络加上浏览机制。在超媒体模型中,节点是信息的基本单位,可以存放文字、图形、声音、视频信息,在信息组织方面,则是通过链把节点联结成一个网状结构。

非第一范式模型(non first normal rorm,NF^2)是一种扩充的关系模型。它不仅可以扩展数据类型,而且允许某属性是一种嵌套关系,定义该属性的类型为 NESTED,可以以该属性为表名,定义嵌套的子关系。

在应用研究中,我们采用扩充关系数据库的模型方法。将常规数据用关系数据库的传统字段实现,而对多媒体数据用通用字段(general)和二进制大对象(BLOB)表示,它可以存放可变长的视频、声频、文本信息。General 等字段实际上是用指针引向相应文件地址的实现方法。

8.3　多媒体信息的数字化

多媒体数据库的信息源是现实世界中多姿多彩、有声有色的各种信息。在建立多媒体数据库时,首先要对信息源数字化,即将图、文、声等信息分类加工,将其变成二进制串的数字化形式。由于图像、文本、声音等信息形态差异大,因而它们需要相应的专用设备。

8.3.1　图像信息的数字化

图像分黑白图和彩色图。例如彩照就是典型的图像信息。如何将这种光学图像信息变成数字化的信息呢? 人们经过长期研究,研制出许多专用设备。例如,数码照相机、彩色摄相机、扫描仪等都是将彩色图像数字化的专用设备,加上相应的专用软件就可将彩色图像输入计算机,变成数字化的图像信息。

我们以台式扫描仪为例来介绍图像数字化的情况。

在图像处理软件中,Photoshop 是较为流行的一种。下面简要介绍彩色图像扫描的过程。

硬件:　　　Pentium 系列机　　　多媒体相关设备

软件:　　　Windows XP　　　　Photoshop 7.0

操作步骤:

(1)开机启动 Windows XP。

(2)在 Windows 环境下启动 Photoshop7.0。

(3)在 Photoshop 主菜单下选择 File。

(4)在 File 的下拉菜单中选择 Import,随即弹出菜单。

(5)选取景框,进行预扫描(prescan)。

(6)利用鼠标,调整取景框,选取最佳取景位置。

(7)扫描输入(scan),如图 8.1 所示。

(8)将已扫描装入内存的数字化图像数据存盘(save as...)。

数字化图像文件格式有多种,常用的为 bmp 格式、gif 格式或 Jpg 格式。这样,我们就将一张彩色图像信息数字化成为 bmp/gif/jpg 格式的计算机文件。bmp/gif/jpg 文件可以查看,也可进行修改。

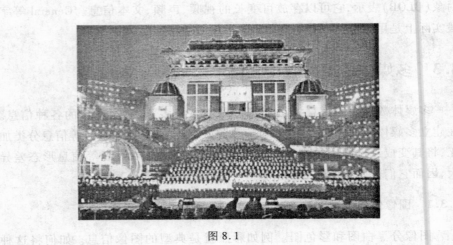

图 8.1

现行的许多扫描仪有自带的配套软件,操作更加简便。

8.3.2 文本信息的数字化

1. 键盘输入

文本信息的数字化发展较早。例如,中文、英文信息用键盘输入,用机内码存储。目前多文种信息处理已有国际标准 ISO/IEC 10646,为世界上多文种信息数字化奠定了基础。文本信息用键盘录入是一种常用方法,但其速度慢,自动化程度低。用声音输入和扫描仪输入是高速录入文本信息数字化的方法。

2. 声音输入

声音输入有专用软件,需要建立语音库,输入员用麦克风读文本信息。计算机专用软件对输入的语音进行音素分割,通过语音识别转换成文本信息。一方面在屏幕上显示文本信息,一方面用字符机内码进行存储,完成文本信息的数字化。

3. 图形识别输入

文本信息的输入,也可在写字板上书写文字,计算机专用软件进行图形识别,将手写文字用标准印刷体在屏幕上显示,同时用机内码存储。对于过去的书刊、报纸等纸质上的文本信息数字化,可用扫描仪在专用软件的支持下快速实现。它首先整页字符扫描,然后用专用软件进行字符分割,图形识别后,将字符图形转换成机内码存储,实现文本信息的数字化。

8.3.3 声音信息的数字化

声音信息是声波信号。如何将其数字化呢？根据采样原理对声波信号分割建立采样点，每个采样点的信息用 8～16 bit 表示，这样就将声波的模拟信号变成了数字信号。实现了声音信息的数字化。

声音信息的数字化的工具很多，最常用的是采用 Windows 中附件里的"录音机"，当然，所用的计算机系统需要配置声卡、麦克风和音响设备。

数字化的操作过程是：

（1）开机，启动 Windows XP。

（2）在"程序"窗口中选择"附件"。

（3）在"附件"窗口中选择"娱乐"，再选择"录音机"。

（4）用鼠标点击"录音机"。

（5）在录音机窗口中，选择"文件"菜单。在文件下拉菜单中选择"新建"。

（6）在"录音机"窗口下方选择麦克风图标，点击它，即将麦克风接收的声波信息加工成数字化的声音文件（如图 8.2 中的声音文件为 B.wav）。

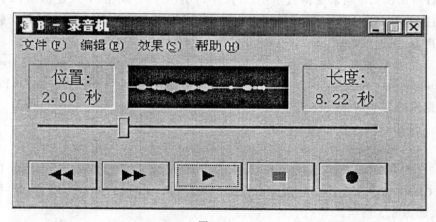

图 8.2

Windows 附件中的"录音机"采样频率可选择为 22.05 kHz，采样位 16 bit。这种采样率较低，若使用其他数字化软件（如 CoolEdit 2000 等）可选较高的采样率，获得较好的数字化效果。

声音信息数字化和图像信息数字化后的数据量很大，一般要采用数据压缩后进行存储和传送。使用时先进行解压缩复原数据，然后再使用。

8.3.4　视频信息的数字化

视频信息可以通过摄像机或录像机将其记录在录像磁带上,然后输入到计算机。计算机系统需要配备专用的视频采集编辑卡,将模拟信号转换成数字信号记入数据文件。同时,可以对其压缩,存储为所需的文件格式。常用的文件格式有mpg 和 avi 等。现在一般采用数字化摄像机直接生成数字化的视频文件。

动画文件可以用专用软件制作。3Dmax、Flash、CoreDraw、3Dplus 等都是流行的制作软件。

8.4　多媒体数据库的设计与建立

多媒体数据库的设计条件除了已有加工好并数字化的多媒体信息源之外,还需要多媒体计算机和多媒体数据库管理系统(MDBMS)支持。许多DBMS 的高版本都扩充了多媒体管理功能,如 ORACLE,SYBASE,FoxPro 等。为了讨论方便,我们仅以 FoxPro 为例,具体讨论多媒体数据库的设计与建立。FoxPro 6.0/7.0 除了支持数字型(N)、字符型(C)、日期型(D)、逻辑型(L)、备注型(M)等字段外,还增添了多媒体字段(General、BLOB)等类型。用于管理声音、图像信息。

FoxPro 常用文件类型有 table、index、form、label、program、report、View、nemu、project、query、File、Visual class library 等多种文件。table 文件是 FoxPro数据库的基本信息文件,它的设计过程如下:

(1)开机启动 Windows XP。

(2)用鼠标点击 FoxPro 图标,启动 FoxPro 系统。

(3)在"New"窗口选择文件类型 table(见图 8.3)激活 New File 按钮,出现 Create 窗口。在弹出的新建窗口选择表(table/dbf)文件,点击新建(N)按钮,如图 8.3 所示。

(4)在 table designer 窗口完成 table 文件的结构定义对字段名(name)、字段类型(type)、宽度(width)、小数 (dec)和空值(nulls)等项目分别定义,然后选择 create 按钮,随机在当前盘上建立 table 文件(. dbf)的相应结构,下面就是建立的歌星数据库结构:

Structure for table:　　　　　　 F:\VFP\t1. DBF

Number of data records:　　　　 8

Date of last update:　　　　　　 05/06/12

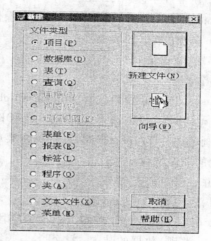

图 8.3

Memo file block size:		64					
Code Page:		936					

Field	Field Name	Type	Width	Dec	Index	Collate	Nulls
1	SNO	Numeric	10				Yes
2	SNAME	Character	12				Yes
3	SEX	Character	1				No
4	BIRTHDAY	Date	8				No
5	PHOTO	General	4				No
6	MARRY	Logical	1				No
7	SONG	General	4				No
8	TEL	Numeric	8				No
9	RESUME	Memo	4				No
10	POSTBOX	Numeric	10				No
11	ADDR	Character	20				No
12	LOCATION	Character	10				No
＊＊ Total ＊＊							94

在完成 table 文件的设计后,就可以装入数据。将设计好的结构存盘后,系统询问"Input data records now ?"若选择"Yes"按钮,则接着录入数据,也可在以后任何时候装入数据。在装数据前必须先打开相应的 table 文件(.dbf),

会立即显示"t1"窗口。在常规字段（C，N，D，L 等）中，可以直接键入数据，完成数据装入，而对于 memo 和 general 类型的字段需在操作中另行处理。

（1）图像字段（gen 类型）数据的装入：

① 在 T1. photo 字段，双击 gen。

② 弹出 T1. photo 窗口。

③ 在 Microsoft Visual FoxPro 窗口选择 Edit+insert object。

④ 在弹出的 Insert object 窗口，选择"画笔图片"+OK。

⑤ 弹出"画笔—画笔图片 T1. photo"窗口，选择主菜单中 Edit+Insert File。

⑥ 打开已数字化的图像文件。

⑦ 选择文件名，并点击"确定"按钮。

⑧ 关闭画笔窗口，返回到 T1. photo 窗口。

⑨ 关闭 T1. photo 窗口，返回到 T1 窗口。这时原字段类型 gen 变成 Gen。

（2）声音字段（gen 类型）数据的装入：

① 在 T1. song 字段的 type 所示的 gen 上双击，则弹出 T1. song 窗口。

② 在 Microsoft Visual FoxPro 窗口的主菜单上选择 Edit+Insert Object。

③ 系统弹出 Insert Object 窗口，在 Object Type 上选择 Audio Recorder+OK，弹出"Audio Recorder—T1. song"窗口再选择 File+Open。

④ 在 Insert File 窗口选择 Sounds［∗. wav］。

⑤ 选择已数字化的声音文件名，并点击"确定"按钮。

⑥ 选择 File+Save 菜单。

⑦ 退出 Auudio Record—T1. song，返回 T1. song 窗口。这时 T1. song 窗口已增加声音图标（点击它可以演播音频信息）。

⑧ 从 T1. song 退出，系统返回到 T1 窗口，这时该记录的 song 字段类型由 gen 变成 Gen。

（3）备注（memo）字段数据的录入：

① 双击 memo 字段，弹出 T1. resume 窗口。

② 在 T1. resume 窗口编辑录入 resume 信息［edit+Replace］。

③ File+save。

④ minine 返回，T1 窗口字段 memo 变成 Memo。

在输入一批记录之后，点击工具 save，即设计和建立了一个. dbf 文件。对于已建立的. dbf 文件，可以逐个进行数据校验与修改，在数据确切无误之后，即可进行建库。在此基础上建立相应的索引文件和其他的配套应用文件（如，label，report，form，menu，program 等文件），初步建立一个多媒体数据库。

对已建立的多媒体数据库，可立即投入应用。多媒体数据库的应用主要用来进行检索、统计、套录、编辑与输出。

数据检索可利用索引文件实施快速检索,也可从任意角度进行顺序检索与浏览。

浏览数据库可顺序、倒序或按任意条件点播浏览数据库的内容。

多媒体数据库中的基本信息分图、文、声三大类。对于图、文信息可用于显示或/和打印,而声音信息则通过音响设备播放。文本信息的输出在传统数据库中已很熟悉了,下面仅介绍图像、声音信息输出的 FoxPro 有关命令语句和函数。

(1)声音信息输出函数。FoxPro 5.0 提供一个 API 接口库,Foxtools.fll 共有几十个函数。其中 DLL 注册和调用函数用于在 VFP 中注册 Windows DLL 函数,并在 VFP 中调用已注册的函数。这里,Regfn( )注册一个函数及其所需要传递的参数,call( )调用一个已注册的函数,其函数格式如下:

Regfn(FunctionName,ArgTypes,ReturnType,DLL,Name)

CallFn(FuName,Arg1,Arg2,…)

在使用上述函数前,须先用专用语句 set library to sys[2004]+"foxtools.fll" 将 Windows 的库文件打开。然后,用下面专用语句播放声频信息。

Sound=regfn("Sndplay Sound","CI"," I ","Mmsystem.dll")

   Callfn(Sound,".wav(文件)",1)

(2)图像信息的输出。图像信息的输出可以通过@语句实现,也可以通过改变 Image 控件的属性来实现。

@ 语句显示图像的语句格式如下:

@ <行,列> SAY <表文件名>.<图片字段名> SIZE <N,M>

若用 Image 控件的属性来实现图像显示,首先将图像框的 Autosize 属性定义为 True,然后将.bmp 文件名及其路径赋予 Image Picture 属性即可实现。

多媒体信息的输出,可设计一个表单,操作方便、输出灵活。

8.5 Oracle 中多媒体数据库的建立方法

在 Oracle 中,采用 Lob 类型存储多媒体数据对象,Lob 类型(large object)用来存储大数据量的数据,因此格外适合存储图像文件、声音文件、视频文件以及大文本文件,在 Oracle 9i 版本中,Lob 类型支持存储最大为 4G 的数据。

Lob 类型包括四种:BFILE、BLOB、CLOB、NCLOB。各自的作用如表 8.1 所示。

表 8.1　　　　　　　　　　　　　　　四种 Lob 类型及特点

BFILE	外部二进制文件。代表存储在数据库外的操作系统文件。把此文件当二进制处理,只可读取,不可写入。
BLOB	大二进制数据。存储在数据库里的大对象,一般是图像、声音、视频等文件。
CLOB	大字符型数据。一般存储大数量文本信息,存储单字节,固定宽度的数据。
NCLOB	多字节字符集(Multibyte Characters Set)。存储单字节大块,多字节固定宽度,多字节变宽度数据。

　　Oracle 将 Lob 类型分为两类:

　　(1)存储在数据库内部,参与数据库的事务,对应 BLOB、CLOB、NCLOB。

　　(2)存储在数据库外部,不参与数据库的事务,不能 rollback 或 commit,依赖于文件系统的完整性,对应 BFILE。

　　下面将以图像数据表的建立、插入和查询为例,介绍 Oracle 中对多媒体数据的支持。该示例中,分别采用 BFILE 和 BLOB 类型作为图像表的列。当采用 BLOB 类型存储图像时,图像将以大二进制数据的形式存储在数据库中,当以 BFILE 形式存储图像时,图像数据本身存储在操作系统的文件系统中,BFILE 只存储链向该图像文件的引用(文件路径)。

　　1. 创建图像数据表

　　首先创建包含 lob 字段的表 qLob,该表包括四列:no(图像编号)、name(图像名称)、photo(以 BLOB 方式存储的图像)、recore(以 BFILE 方式存储的图像)。建立 qLob 表的 SQL 代码如下:

```
SQL> 1      Create Table qLob (
     2         no Number(4),
     3         name VarChar2(10),
     4         photo BLob,
     5         record BFile,
     6       )
     7      Lob (photo) Store As (
     8   Tablespace system--指定存储的表空间
     9   Chunk 6k--指定数据块大小
    10   Disable Storage In Row
    11       )
```

2. 建立逻辑目录

为了向 BFILE 数据列存储图像引用,首先要建立一个逻辑目录,并指向文件系统的目录。下面的 SQL 语句建立了一个名称为"PHOTODIR"的逻辑目录,指向图像文件的物理存储路径"e:\nhjx"。

SQL> create or replace directory PHOTODIR as 'e:\nhjx';

3. 定义插入图像数据的存储过程

下面向 qLob 表中插入图像,包括图像号码,图像名称,以及图像的 blob 存储和 bfile 存储。为此,需要建立一个存储过程"insertphoto",它用于向数据库中插入图像,不采用 insert 语句直接插入的原因是:blob 字段不能直接赋值,必须通过 Oracle 提供的存储过程才能将图像数据存储到 blob 字段中。该存储过程定义如下:

```
SQL> 1    create or replace procedure insertphoto( --创建存储过程
    2    photo_no   in number, --图像编号,输入参数
    3    photo_name   in varchar2, --图像名称,输入参数
    4    photo_dir in varchar2, --图像路径,输入参数
    5    photo_path in varchar2 --图像文件名,输入参数
    6    ) is
    7    myfile bfile; --声明临时变量,图像的 bfile 存储
    8    content blob; --图像的 blob 存储
    9    length INTEGER; --图像的大小
   10    Begin
   11    myfile := bfilename( photo_dir, photo_path ); --新建 bfile 文件,并插入
到数据库中,blob 字段置空
   12    insert into qLob values( photo_no, photo_name, empty_blob( ), myfile )
returning photo into content;
   13    DBMS_LOB. fileopen( myfile ); --打开 bifile 文件
   14    length := DBMS_LOB. getlength( myfile ); --获取 bifile 文件长度
   15    DBMS_LOB. loadfromfile( content, myfile, length ); --从 bfile 文件获取
blob 值并插入到记录中
   16    DBMS_LOB. fileclose( myfile ); --关闭 bfile 文件
   17    commit;
   18*    End insertphoto;
```

4. 利用 insertphoto 存储过程插入图像

插入三条图像数据,SQL 代码如下:

SQL> exec insertphoto(1,'国庆阅兵','PHOTODIR','p1. bmp');

SQL> exec insertphoto(2,'导弹方阵','PHOTODIR','p2. bmp');

SQL> exec insertphoto(3,'女民兵','PHOTODIR','p3. bmp');

5. 通过网页输出 qLob 表里的图像数据

首先在 TOMCAT 的 orajsp 目录下,新建网页 showimage. html 和 showimage. jsp。

showimage. html 代码如下:

```
<a href = "showimage. jsp? no = 1">显示第一幅图像:国庆阅兵</a><br>
<a href = "showimage. jsp? no = 2">显示第二幅图像:导弹方阵</a><br>
<a href = "showimage. jsp? no = 3">显示第三幅图像:女民兵</a><br>
```

其中链接指向的 showimage. jsp 是显示指定图像的 jsp 页面,no 代表图像的号码,与 SQL 语句中的 no 列一致。

showimage. jsp 代码如下:

```
<% @  page contentType = "text/html;charset = gb2312" language = "java" %>
<% @  page import = "java. sql. * , oracle. jdbc. driver. OracleDriver" %>
<% @  page import = "java. io. * " %>
<% @  page import = "java. util. * " %>
<% @  page import = "oracle. sql. * " %>
<% @  page import = "oracle. jdbc. * " %>
<% @  page import = "java. text. * " %>
<%
    String no  = request. getParameter("no");
try {
        Class. forName("oracle. jdbc. driver. OracleDriver");
        /*("jdbc:oracle:thin:@ oracle 服务器 IP 地址:1521:服务 ID",
"用户名","密码");*/
        Connection conn = DriverManager. getConnection("
            jdbc:oracle:thin:@ localhost:1521:sim","system","manager");
conn. setAutoCommit(false);// 将自动提交设为 false
Statement stmt = conn. createStatement();//创建查询 stmt 并返回结果集 rset
ResultSet rset = stmt. executeQuery("select  *  from qlob where no = "+no);
/*
while(rset. next()){
        //获取 bfile,输出 bfile 指向的图像
```

228

```
        BFILE bfile = ( ( OracleResultSet) rset) . getBFILE( " record" ) ;
        System. out. println( bfile. getDirAlias( ) +bfile. getName( ) ) ;
        //打开 bfile,获取 bfile 的文件长度,并读取数据到 buffer 中
        bfile. openFile( ) ;
        int length = ( int) bfile. length( ) ;
        InputStream instream = bfile. getBinaryStream( ) ;
        byte[ ] buffer1 = new byte[ length] ;
        //从 instream 中读到 buffer1 中
        instream. read( buffer1) ;
        //把 buffer1 中的图像数据输出到网页
        response. getOutputStream( ) . write( buffer1) ;
        //关闭流和 bfile
        instream. close( ) ;
        bfile. close( ) ;
         * /
        //获取 BLOB,输出 BLOB 图像
        System. out. println( " show in blob" ) ;
        BLOB blobfile = ( ( OracleResultSet) rset) . getBLOB( " photo" ) ;
        byte[ ] buffer2 = blobfile. getBytes( 1 , ( int) blobfile. length( ) ) ;
        //把 buffer2 中的图像数据输出到网页
        response. getOutputStream( ) . write( buffer2) ;
      }
    //关闭数据库的连接
    rset. close( ) ;
    stmt. close( ) ;
    conn. close( ) ;
} catch( Exception e)
   {   e. printStackTrace( ) ;   }
% >
```

在实际运行中,输出图像时只需选择 BFILE 和 BLOB 两种方式中的一种即可。因此上述代码将 BFILE 方式注释去掉,只通过 BLOB 方式输出图像,如果需要从 BFILE 中输出图像,去掉注释即可。

在启动 TOMCAT 后,选择 orajsp 的 showimage. html 页面(见图 8.4)。

点击任意一个链接(以女民兵为例),发出 showimage. jsp? no = 3 的 url,

图 8.4　showimage.html 页面

得到如图 8.5 所示的页面。

图 8.5　showimage.jsp 页面

在该范例中,Tomcat 设置、ORACLE 连接部分的具体内容请参见第 9 章
"Jsp 连接 ORACLE 的操作示例"部分的内容。

8.6　网上多媒体数据库的广泛应用

当今已进入网络时代,多媒体数据库上网更能发挥它的作用。目前,网络
环境下多媒体数据库的应用日益广泛。下列成果就是网上多媒体数据库应用
的典型代表:

①虚拟大学与远程教育。

②数字博物馆与艺术画廊。

③数字图书馆。

④电子商务。

1. 虚拟大学与远程教育

"虚拟大学"(virtual university)是利用以光纤通信为主,辅之以微波通信和卫星通信的计算机网络与电脑设备,提供新形式的远程教学,它是"高等教育之星"。

"虚拟大学"与"广播大学"和"电视大学"不一样。第一,它是一种"电脑大学";第二,它可以是一个"全球学习网"(global learning network, GLN);第三,它的学习方式是交互的;第四,它利用了多媒体技术,其核心是拥有一批多媒体数据库的支撑。

"虚拟大学"不仅突破了传统的课堂教学的局限性,而且在教学计划、教学进度、考试和取得学位等方面具有更大的灵活性。学生只要有一台个人电脑、一个调制解调器(modem),利用电话线拨号即可与虚拟大学连接在一起参加学习。从办理注册登记、选修课程、做实验、复习考试到毕业都可以在个人电脑上完成。学习课程是交互式的。一是课程均为多媒体课件(courseware),能启发思维、问答提示;二是可以通过电子邮件(E-mail)与教授约时间,讨论问题,教师也可以主持专题讨论会,同学之间也可以开展讨论,这一切全在计算机网上进行。总之,一切学习活动都无须学生离开家庭半步,但师生之间交流却十分方便,学生并没有孤军作战的感觉。虚拟大学的各门课程都是多媒体课件,学生学习可以自由选择,不受时间限制,也无须统一进度,可以让学生最大限度地发挥其学习潜能,学完一门课程,即可接通标准题库由计算机自动抽题考试,学生在家庭个人电脑上考试,一考完便知道自己的得分,若规定的学分已修满,即可毕业,授予学位。

英国南安普敦大学电子及电脑科学系的巴伦教授说,英国利用 Internet 联网提供学位课程是未来院校发展的方向。

美国蒙大拿州的"校长"网络,可向远在数百英里之外的学生提供教学服务,而缅因大学图书馆学学士学位的所有课程已经由南卡罗来纳大学通过卫星提供,使当代的大学不仅具有地区性和全国性,而且具有世界性。

据德国《经济周刊》报道,人们建议将"世界大学"更名为"全球学习网"(GLN)。GLN 已聘请世界一流的教授(主要是自然科学、工程学、医学、环境和能源领域的专家)通过全球学习网讲授他们的知识,而这个网络将供全世界各类居民使用。所以,你即使足不出户,也可以接受世界一流的高等教育。

美国加州虚拟大学已成为一所网上联合大学。据 1999 年网上资源介绍,参加的大学已有 100 所,开设课程 1000 多门,注册学生 10 多万人。

如果你想成为美国南方地区电子校园(SREC)的学生,网络用户可以访问它的主页 http://www.srec.sreb.org,这个网页上有该校和 38 种专业的介绍,学生应在该网页上填写一份电子入学申请表。经过审定后,合格者将接到一份电子录取通知书和相应的教材目录。当你用信用卡在网上支付相应学费后,则可从网上收到电子邮件发来的缴款收据和相应的教材,并自主地在网上学习和考试。这样,从入学申请、专业选择、教材索取、与同学交流、学费支付、教师答疑直至考试和学位证书的授予,全部教学活动都是在 Internet 上进行的,它是真正的开放型网上大学。

虚拟大学的建立,可以向世界人民提供高等教育服务,学生再不会因为考不上名牌大学而遗憾终身,它对广大在职人员也提供了平等接受高等教育的机会。

在未来社会里,随着虚拟大学的推广,人们利用信息高速公路,不受时间、空间限制,都能接受世界一流水平的高等教育。实际上,信息高速公路环境下的"虚拟大学"是一种"网"上大学,它是"无处不在"的世界大学。在这个大学里,多媒体课件将文本、图像、声音、动画和视频信息充分展现,它让你心情激动,学习效率倍增,并能终身享受世界一流水平的高等教育。虚拟大学将有力地促进人类社会的发展和文明,并将产生深远的影响。

2. 数字博物馆和艺术画廊

人类悠久的历史产生了光辉灿烂的文化,各国在不同的历史时期均有代表性的科技成果、文学艺术,并留下了丰富的文物资料和古建筑。例如,我国的故宫博物院现陈列的不仅有、明清两个朝代的历史文物,还收藏有大量的各朝各代的艺术精品,紫禁城宏伟的古建筑群也是历史上几百年间科技、建筑、文化艺术的代表作。被誉为世界八大奇迹之一的西安秦兵马俑博物馆更真实地再现了两千多年前的辉煌。世界上有上千座博物馆,所收藏的历史文物、艺术精品不计其数,它们构成了规模庞大的文物资源。如何开发和共享这些资源?最好的办法就是建立数字博物馆和艺术画廊。所谓数字博物馆和艺术画廊就是将博物馆和艺术画廊的珍品数字化,放在高速通信网上的虚拟博物馆和艺术画廊系统。

数字博物馆和艺术画廊计划是信息社会的 11 项示范工程之一,它利用虚拟实景(Virtual Reality,VR)技术再现昔日的辉煌。数字博物馆实际上是一个虚拟博物馆系统,它通过虚拟实景技术实现。

虚拟实景是一种用户界面的工具。看上去它似乎是一种稀奇古怪的技术,实际上,它是利用现代的可视化技术建立起来的一种可交替更迭的环境。这种环境既不是真的,也不是现实,而是一种有效的虚拟环境。它主要集中在两个方面:一是用虚拟环境精确表示物体的状态模型;二是用环境的可视化信息表示及渲染。计算机的仿真技术使人们感到逼真,有亲临实景的感觉。犹如人们坐在电子游戏机前玩游戏节目,很快被游戏吸引住,进入角色并非常投入,完全沉浸于游戏的虚拟环境之中。

VR 纯粹是一种界面工具。它有两大特点:第一,它可以从数据空间向外观察;第二,它与一般的交互式三维计算机图形学不同——用户可以沉浸到数据空间中,用户可以利用操作设备更自然、更直接地与数据库交互。用户沉浸在虚拟环境中时,可以通过头盔式显示器(HMD)或其他类型显示器所实现的界面看到计算机图形系统所渲染的虚拟环境。例如,我们通过计算机网络可以进入航空博物馆,并向我们系统地展示飞机的诞生和演进,以及现代化飞机各种有代表性的机种及性能。除了文字、图表和彩色照片外,还有各种飞机的飞行表演,它呼啸着从我们头顶上一闪而过,震耳欲聋犹如我们在现场看表演一样,而忘记了我们仅仅是在计算机设备上浏览航空博物馆。

VR 技术使人们坐在家里就能欣赏到"数字博物馆和艺术画廊"的艺术精品。

在众多的博物馆中,名画的收藏是一项重要任务。VR 技术是一项成功的多媒体技术,人们坐在家里,不仅可以欣赏到齐白石的虾和徐悲鸿的马,还可以欣赏达·芬奇、拉斐尔和米开朗琪罗等意大利文艺复兴时代的珍品,完全可以在网络上看画展。全球第一个网上博物馆于 1993 年在美国建立。最开始,它将 200 幅名画资源共享;1995 年又增加了 600 幅绘画作品。法国网络专家尼古拉斯也于 1995 年建起了网上博物馆,他收集了毕加索、马提斯等绘画大师的传世之作。你还可以利用计算机和通信设备漫游世界各地著名博物馆也可以按动按钮浏览北京故宫博物院,再按动按钮,瞬间就到了西安秦兵马俑博物馆,再按动按钮马上就到了罗马梵蒂冈博物馆,随之又到了法国卢浮宫、英国白金汉宫博物馆和美国航天博物馆⋯⋯周游列国,一睹举世闻名的艺术珍品,轻松自如,既无办理护照换签证之烦,又无乘舟换机之苦。计算机和高速通信网把偌大的地球变成了一个小小的地球村,可足不出门而遨游天下。

数字博物馆和艺术画廊的基本技术就是网上多媒体数据库的应用。

3. 数字图书馆

"数字图书馆"受益于"电子(无纸化)报刊"和"电子(无纸化)书籍"。

现在,计算机已进入了越来越多的办公室和家庭,这为"电子报刊"的发展提供了良好的条件。"电子报刊"发展的成功范例很多,例如时效性很强的图文电视广播系统和光盘(CD-ROM 版)的大量发行。

据报道,电子报刊服务诞生于 1982 年的美国得克萨斯州,当时该州北部城市沃斯堡最先将《沃斯堡明星电讯报》开展电子版服务。现在美国已有三大电子计算机网络提供电子报纸和电子杂志服务项目,它们是"美国在线"、"天才联机服务公司"和"计算机服务公司"。在计算机网络上,开展电子报刊服务的报刊已有《今日美国报》、《华盛顿邮报》、《芝加哥论坛报》、《新闻周刊》、《洛杉矶时报》和《美国新闻与世界报道》周刊等许多大型报刊。

促进电子报刊发展的原因很多,主要是:

(1)时效好。从计算机网上阅读电子书刊,不仅可以阅读刚编辑好未付印的信息,而且还能阅读正在编辑还未排版的稿件。

(2)信息量大,检索方便。电子计算机庞大的存储容量可以存许多电子报刊的信息,一张《光明日报》四开版,一个版面有 1 万字左右,一天若 8 版,近 8 万多字,一年就有 3 000 万字。一本 16 开期刊,如《现代图书情报技术》一期(64p.)约 10 万字,一年 12 期则为 120 万字。如果我们的数字图书馆收藏有 500 种报纸,5 000 种期刊,则需要存储空间 21 000MB。由于配有先进的检索软件,查找资料可随手即得,十分方便,并能将查找到的信息重新编排输出。

(3)费用低。由于高昂的印刷成本和纸张费,使印刷型传统报刊的价格不断攀升,而电子报刊省下了这笔费用,价格相对低廉。例如,一种期刊一年 12 期 120 万字,用印刷本发行,每份杂志约需 96 元,而改用软盘发行仅占印刷本的 1/4 ~ 1/5 的费用,因而受到广大用户欢迎。有些刊物为了降低费用,根本就不出传统纸张印刷版,只有电子版,这是报刊发展的方向。

电子书籍的发展也很迅速,许多工具书、名著和重要书籍都用光盘等记录手段发行,并把电子版书籍放在计算机网上供数字图书馆使用,数字图书馆的读者可以方便地阅读、摘录、复制电子图书。

电子图书的来源有两个:一是新书出版时的电子版;二是原有馆藏图书的数字化处理。美国国会图书馆曾于 1994 年 10 月宣布了一项计划:它将该馆和美国全国的公共图书馆中的藏书和各种资料全部转化成数字形式存储起来。这样,该计划的完成可使美国全国实现图书馆的数字化,它是一个庞大的

"虚拟图书馆",也是一个"网上图书馆"。

数字图书馆实质上就是一个综合性电子信息服务中心,数字图书馆的用户(读者)足不出户,只要在家通过个人电脑、电话线或移动通信设备与数字图书馆连通,就能浏览数字图书馆中的任何电子图书和报刊,查阅珍本、善本书籍中从古至今、世界范围内的任何信息,可以最大限度地满足读者需求,以最佳方式——多媒体形式(图、文、声一体化)服务。

为了实现资源共享,各地的数字图书馆都连接在因特网上。实际上,一个地区性的数字图书馆提供的信息,大部分都不是自己管理和维护的数据库,本地图书馆只是建立和维护具有本地特色的数据库,它是一个电子化的信息服务分中心。

数字图书馆不仅是馆藏文献的数字化,而且是图书馆业务的扩大和延伸。它不仅有电子书刊服务,而且还有人们工作和生活必需的各种信息服务(如天气预报、交通信息、新闻报道、网上购物、股市行情、电子商务等)。所以,数字图书馆是人们生活中必不可少的信息服务中心。

4. 电子商务

电子商务系统由信息流、资金流、物流综合管理的有序流动,构成了商务信息子系统、货币支付子系统(电子银行)、物流子系统(物流配送中心)等多个子系统。从本质上说,这些业务都由数据库技术作支撑。商务信息数据库支持着商务信息子系统的运行。从接收订单、发出付款通知、接到电子银行的款到通知、向物流子系统发出送货通知并付给货款与运费等一系列业务操作无不用到数据库。电子银行要金融数据库的支持,物流配送中心建立了仓储管理数据库。整个电子商务系统在各种专用数据库的支持下工作。特别是商务信息子系统中有广告信息,它必须要多媒体数据库的支持(如图 8.6 所示)。大量的图片、音频、视频信息的交互完全靠多媒体数据库技术。

以上讲述的虚拟大学、数字博物馆和艺术画廊、数字图书馆、电子商务仅是多媒体数据库应用的典型实例。多媒体数据库的应用十分广泛,培训、教育系统对于专业训练(如飞机驾驶员、宇航员和各种专业技能培训)应用多媒体数据库更为普遍。

家庭娱乐、电视会议、远程医疗、协同工作环境等都是多媒体数据库的重要应用领域。网上多媒体数据库的应用使人类把信息的生产与消费提高到一个崭新阶段。

图 8.6　阿里巴巴网站上的多媒体广告信息

习 题 8

8.1　什么是多媒体和多媒体技术？

8.2　多媒体数据库与常规数据库有何异同点？

8.3　如何将声音和图像信息数字化？

8.4　如何建立多媒体数据库？

8.5　简述多媒体数据库的应用。

8.6　多媒体数据库需要哪些关键技术？

9 Web 数据库

在 1.5 节中,我们讨论了数据库系统的体系结构:单用户数据库系统、主从式数据库系统、分布式数据库系统、C/S 式数据库系统和 B/S 式的数据库系统。在因特网环境下,B/S 式的数据库系统独领风骚。Web 数据库是当前数据库应用中发展最快的一种数据库。

9.1 Web 数据库的诞生

Internet 的迅速发展和日益普及,促进了人们在网上生产与消费信息。除传统的文本信息外,涌现了大量的超文本信息,如图形、图像、声音、大文本、时间序列和地理信息等复杂类型的数据。关系数据库由于其局限性,在这些非结构化的数据面前显得力不从心,于是基于 Internet/Web 的应用向数据库领域提出了严峻的挑战。为了顺应 Internet 的发展潮流,人们开发了基于 Internet 应用的非法构化的数据库产品,创建了 Web 数据库。

Web 是目前 Internet 上发展最快的领域,也是 Internet 上最重要的信息检索手段。早期的 Web 页面(HomePage)主要用来传递静态 HTML 文档,后来由于 CGI 接口,特别是 Java 和 JavaScript 语言的引入,使得 Web 页面可以方便地传播动态信息。借助 Java 和 JavaScript 语言,可以设计出具有动画、声音、图形/图像和各种特殊效果的 Web 页面。

Web 是一种信息资源网络,它通过超文本链接技术已成为最有前途、最有魅力的新一代信息传播技术。Web 技术与数据库技术的结合组成了 Web 数据库技术,Web 数据库就应运而生了。

所谓 Web 数据库,其实质是在传统的关系数据库技术上,融合最新的网络技术、数据库技术、存储技术和检索技术,完全基于 Internet 应用的数据库结构和数据模型的新型数据库,它开辟了一个 Web 数据库的新时代。电子商务、数字图书馆、电子政务、网络信息检索系统、信息管理系统、网络信息出版系统、网上医疗、虚拟大学等都离不开 Web 数据库技术。

9.2 Web 数据库的基本结构及基础技术

典型的 Web 数据库系统有一个 Web 浏览器作为用户界面,一个数据库服务器用做信息存储和一个连接两者的 Web 服务器(如图 9.1 所示)。用户使用 Web 浏览器访问 Web 页,通过 Web 页上显示的表格与数据库进行交互操作。典型的交互操作包括读取页、单击链接、列表框选择以及查询和输入数据域。从数据库获取的信息能以文本、图象、表或多媒体对象的形式在 Web页上展现。

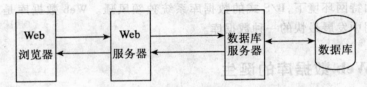

图 9.1 Web 数据库系统的基本结构

Web 的实现主要依赖于下列三种技术:

(1)一种统一的 Web 资源命名方案(如 URIs)。

存取 Web 上已命名资源的超文本协议(如 HTTP),在 Web 资源间便利地导航(如 HTML),URIs(统一资源标识)是定位和访问 Internet 上对象的标准,它可以指定服务器、Web 页、电子邮件地址、文件、新闻组、文章或其他对象。

(2)HTTP(超文本传输协议)是 Web 服务器用来和 Web 浏览器交谈的语言。

它的主要函数是 GET 和 PUT。HTTP 具有无状态和异步的特点,所以处理大量用户请求信息时比面向会话协议快得多。

(3)HTML(超文本标记语言)是人们用来生成 Web 页的标准的说明性语言。

HTML 以 SGML(标准通用标记语言)为模型,用标签来表明文档的不同部分。目前 HTML 已经发展到 4.0 版,从早期单纯的、静态的页面向复杂的、动态的方向发展,增强了交互性和嵌入功能性。数据库技术将数据组织起来进行结构化的存储,提供检索手段、完整性约束以及安全性机制。大多数的数据库产品都支持 SQL(该结构化查询语言已在第 4 章进行了详细讨论)和 OD-BC(Open Data Base Connection,微软开发的一类 API)。

9.3 Web 数据库的特点

Web 数据库与传统数据库相比,采用了很多新技术,在功能方面有很多突破。它的主要特点如下:

(1)Web 数据库可以容纳一切信息资源,既可以包含结构化的信息资源,又可以包含非结构化的资源。它能存储和管理各种非结构化数据,对传统数据库的功能有重大突破。

(2)数据库结构灵活,采用字表多维处理、变长存储。在数据著录格式上支持现有的国际标准(ISO 2709、MARC、CCF)和国家标准(GB 2901、CCFC),并且支持多种元数据方案(如著名的 Dublin Core metadata)。

(3)Web 数据库支持 Active X、XML 等新的编程工具,支持快速开发复杂事务处理系统的应用程序,从而简化了系统开发和管理的难度,缩短了开发周期。

(4)扩展了数据类型,可以方便地处理图形、声音、视频、大文本、动画等多媒体信息。

(5)改进了索引机制,提高了查询速度、查准率与查全率。数据库查询机制实现了从数据属性管理到内容管理的转化。

9.4 Web 服务器与数据库服务器的连接技术

9.4.1 CGI 技术

CGI 是最早的 Web 数据库连接技术,几乎所有的 Web 服务器都支持 CGI。程序员可以选择任何一种语言,如 C、C++、Delphi、Visual Basic 或 Perl 来编写 CGI 程序。

CGI 是一个位于服务器和外部应用程序之间的通信程序,CGI 程序可以与 Web 浏览器进行交互(如图 9.2 所示),并可以通过数据库的调用接口与数据库服务器进行通信。例如,CGI 程序可以从数据库服务器中获取数据,并转化为 HTML 页面,然后由 Web 服务器发送给浏览器;也可以从浏览器获得数据,并存入指定的数据库中。按照应用环境的不同,CGI 可以分为标准 CGI

和 WinCGI 两种。

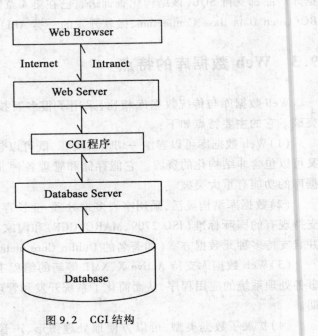

图 9.2　CGI 结构

1. 标准 CGI

标准 CGI 通过环境变量或者命令行参数来传递 Web 服务器获得的用户请求信息，Web 服务器与浏览器之间的通信采用标准输入/输出方式。当 Web 服务器接收到浏览器发来的 CGI 请求时，首先对该请求进行分析，并设置所需的环境变量或命令行参数，然后创建一个子进程启动 CGI 程序。CGI 程序执行完毕后，利用标准输出将执行结果返回 Web 服务器。CGI 的输出类型可以是 HTML 文档、图形/图像、文本或声音等。

2. WinCGI

标准 CGI 采用标准输入/输出进行数据通信，但许多 Windows 环境的编程工具(如 Visual Basic 和 Borland Delphi 等)不支持标准输入/输出方式，因此就无法用这些工具来开发基于标准 CGI 的应用程序。WinCGI 也称为间接 CGI 或缓冲 CGI，这种方法在(不支持标准输入/输出的)CGI 程序和 CGI 接口之间插入一个缓冲程序，该缓冲程序与 CGI 接口之间用标准输入/输出进行通信；CGI 程序则采用临时文件(缓冲区)，而不是标准输入/输出进行数据通信。

WinCGI 最主要的特点是：Web 服务器与 CGI 程序之间的数据交换是通过缓冲区，而不是通过标准输入/输出进行的。显然，CGI 程序是作为独立的外部应用程序来执行的，它与 Web 服务器上的其他进程竞争处理器资源，因此导致运行速度缓慢。此外，用 CGI 开发 Web 应用是相当困难的，程序员不仅要掌握 HTML 语言，还要精通低级编程语言。每个 CGI 程序必须用某个特定数据库服务器专用的 SQL 语言来手工编写数据库接口程序，故可移植性较差。

9.4.2　WebAPI 技术

WebAPI 通常以动态链接库（DLL）的形式提供，是驻留在 Web 服务器上的程序，它的作用与 CGI 相似，也是为了扩展 Web 服务器的功能。目前最著名的 WebAPI 有 Netscape 的 NSAPI、Microsoft 的 ISAPI 等。各种 API 均与其相应的 Web 服务器紧密联系在一起。

用 NSAPI 或 ISAPI 开发的程序，性能大大优于 CGI 程序，这些 API 应用程序是与 Web 服务器软件处于同一地址空间的 DLL，因此所有的 HTTP 服务器进程能够直接利用各种资源，这显然比调用不在同一地址空间的 CGI 程序所占用的系统时间要短。程序员可以利用 API 分别开发 Web 服务器与数据库服务器的接口程序。

WebAPI 的出现解决了 CGI 的低效问题，但用 API 编程比开发 CGI 程序更加困难。开发 API 程序需要多线程、进程同步、直接协议编程等知识。

为了解决复杂与高效之间的矛盾，Netscape 与 Microsoft 均为各自的 Web 服务器提供了基于 API 的高级编程接口。Netscape 提供的是 LiveWire，Microsoft 提供的是 IDC（internet database connector）。

1. Netscape 的 LiveWire

LiveWire 是一个通用的 Web 开发环境，而不仅仅是数据库访问接口。LiveWire 的编程语言是 JavaScript，它提供了一个 database 对象，该对象的方法可用来操作关系数据库。当一个应用程序要连接数据库服务器时，LiveWire 就建立一个 database 对象。每个应用程序只能有一个数据库对象。

用 database 对象的 connect 方法可连接数据库服务器，例如，使用 database. connect("ORACLE","OraSvr","system","manager","MyDB")语句可连接到 ORACLE 数据库服务器 OraSvr 上 system/manager 用户的 MyDB 数据库实例上。

LiveWire 提供了几种显示数据库查询结果的方法。其中，最简单而且最快的是用 database 对象的 SQLTable 方法。SQLTable 方法以 HTML 表的形式返回 SQL 语句的查询结果。

　　事务是一组数据库操作的集合,这些操作要么一起成功,要么一起失败。操作的提交或回滚是一同生效的。事务处理的概念对维护数据的完整性和一致性是十分重要的。尽管各种数据库服务器事务处理的实现方法有所不同,但 LiveWare 提供了统一的事务处理接口。

　　其主要特点是数据库更新语句(Insert,Update 和 Delete)要在事务控制之下完成。database 对象的 beginTransaction、commitTransaction 和 rollbackTransaction 方法分别用来启动、提交和回滚事务。

　　多媒体数据(图像、声音、文本、动画等)可以二进制大对象(BLOB)的形式存入数据库。LiveWire 有两种处理二进制数据的方法,第一种是把文件名存入数据库,而文件实体放在数据库外;第二种是直接用 BLOB 类型的字段存储多媒体数据,再通过 LiveWire 提供的 BLOB 方法来访问这些数据。

　　LiveWire 仅仅支持 NetscapeEnterprise/FastTrackServer,而不支持其他的 Web 服务器。

　　2. Microsoft 的 IDC

　　IDC 是 MicrosoftWeb 服务器 IIS(Internet Information Server)的一个动态链接库,它通过 ODBC 接口访问各种数据库,如图 9.3 所示。IDC 包含两种类型的文件:IDC 脚本文件(* . IDC)和 HTML 模板文件(* . HTX)。

　　IDC 脚本文件(* . IDC)用来控制数据库访问,其中包括数据库名、用户名、口令和 SQL 语句等数据库连接参数,以及与此 IDC 文件对应的 HTML 模板文件(* . HTX)的存储路径。

　　HTML 模板文件(* . HTX)是实际 HTML 文档的模板,它以直观的方法说明怎样将查询到的数据插入 Web 页面。模板中可以有静态文字、图形/图像或其他 HTML 页面元素。

　　对数据库服务器的每一次查询都需要一个 IDC 脚本文件(* . IDC)和一个 HTML 模板文件(* . HTX)。脚本文件必须存储在 Web 服务器上,而模板文件则可以存储在 Web 服务器能够访问到的任何地方。

　　IDC 的处理流程大致如下:Web 服务器 IIS 对浏览器传来的 URL 字符串进行分析,如果当前 URL 以“. IDC”结束,就说明这是一个 IDC 请求,于是将其传给 IDC 接口模块,IDC 将依次读取脚本文件并与数据库服务器进行通信;IDC 模块从数据库服务器得到查询结果后,通过指定的模板文件而得到一个实际的 HTML 文档;然后将该文档交给 Web 服务器 IIS,由 IIS 将 HTML 文档返回 Web 浏览器。

　　IDC 不仅可以从数据库中查询数据,也可以向数据库中存储数据。与 LiveWire 类似,IDC 仅仅支持 Microsoft 的 IIS,而不支持其他的 Web 服务器。

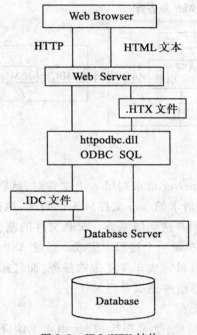

图 9.3　IDC/HTX 结构

9.4.3　ASP 技术

从 IIS 3.0 开始,微软推出了 ASP(ActiveX Server Page),它是微软公司的新一代开发动态网页的技术,具有开发简单、功能强大等优点,可以非常直观简易地实现复杂的 Web 应用。

ASP 是一个 Web 服务器端的开发环境,利用它可以产生和运行动态的、交互的、高性能的 Web 服务应用程序。

ASP 属于 ActiveX 技术中的 Server 端技术。与常见的在 Client 端实现动态页的技术如 Java applet、ActiveX Control、VBScript、JavaScript 等不同,ASP 中的命令和 Script 语句都是由服务器来解释执行的,执行结果产生动态生成的 Web 页面并送到浏览器;而 Client 端技术的 Script 命令则由浏览器来解释执行。

ASP 通过后缀名为.asp 的 ASP 文件来实现(如图 9.4 所示),一个 ASP 文件相当于一个可执行文件,因此必须放在 Web 服务器上有可执行权限的目录下。

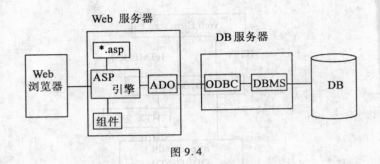

图 9.4

当浏览器向 Web Server 请求调用 ASP 文件时,就启动了 ASP。Web Server 开始调用 ASP,将被请求的. asp 文件从头读到尾,执行每一个命令,然后动态生成一个 HTML 页面并送到浏览器。ASP 文件的制作和 HTML 类似,且和 HTML 开发集成,可以在同一个过程中完成。通过 ASP 内置的对象、服务器组件(ServerComponent)可以完成非常复杂的任务,而且用户还可以自己开发或利用别人开发的服务器组件完成专门的任务。

ASP 具有以下特征:

①完全和 HTML 集成;②易于生成,无须手工编译和连接;③面向对象,可扩展 ActiveX Server 组件。

过去,ASP 只适用于下列 WebServer:

①IIS 3.0 on Windows NT;

②Microsoft Peer Web Serverv 3.0 on NT Workstation;

③Microsoft Personal Web Server on Win 95。

而现在 ASP 适用的 Web 服务器很多,如:IIS 4.0、IIS 5.0 on Windows 2000/XP 等。

1. ASP 语法

ASP 并不是一种语言,它只是提供一种环境来运行 ASP 文件中的 Script。为了顺利使用 ASP,必须遵守 ASP 的语法规则。ASP 的语法由下面几个元素组成:

(1)定界符:定界符是用来界定一个标志单元的符号,如 HTML 里的"<"和">"。

同样,ASP Script 的命令和输出表达也有定界符,同 text 和 HTML 都不同,它的命令定界符是""。例如下面是一条赋值语句:<% name = " Timeout" % >,ASP 使用"<% "="和"% >"来向浏览器输出表达式。

（2）Script 标志：ASP 可以使用任何 Script 语言，只要提供相应的脚本驱动（engin）即可，ASP 自身提供了 VBScript 和 JScript 的驱动。它缺省的 Script 语言是 VBScript，当然开发者也可以改变这一缺省设置，例如要改为 JScript，只需在文件开头注明<% @ Language = JScript% >即可。<SCRIPT>和</SCRIPT>中的部分就是描述语言程序，和 HTML 类似。不同的是，在 HTML 中这一部分由浏览器解释执行，在 ASP 里却是由 WebServer 解释执行。

可以在一个. asp 文件里使用几个不同的 Script 语言，只需把每段用<SCRIPT LANGUAGE=LanguageName>和</SCRIPT>括起来即可。也可以包含在浏览器端执行的 Script 内，将描述语句注释起来，该段程序就由浏览器来解释执行。

（3）HTML 标记：在 ASP 文件中可以包含 HTML 语言的各种表达。

2. 服务器组件

为了解决这一问题，就要用到 COM 技术，即 ComponentObjectModel。几乎所有的 ActiveX 技术都是以此为基础的，通过 COM，可以轻易地使用其他 COM 组件，这种对于 Web 可共享的 COM 组件就是服务器组件。一个服务器组件就相当一个对象提供属性和方法来使用服务器资源。服务器组件可以由支持 ActiveX 的任何第三方开发，ASP 本身也自带了 5 个服务器组件，可以直接使用，并能完成大部分服务器端的工作。

要调用服务器组件，必须先利用 Server 对象中的方法 CreateObject 产生服务器组件对象实例，如下所示：

Server. CreateObject(ProgID)

这里，ProgID 指定了构件标识，构件可以是各种形式的可执行程序（DLL、EXE 等），也不必考虑它的位置，只要在 Windows NT（或 Windows 95）中登记注册这些程序，COM 就会在系统资料库（Registry）里维护这些资料，同时以 ProgID 方式让程序员调用。登记用 regsvr32 程序，可以用 RegEdit 程序来看 ProgID。构件产生后，就可以使用它的方法和属性进行工作。

一般使用 Server 构件的程序片段如下：

'产生构件

Setobj = Server. CreateObject("ProgID")

'使用它的方法　　　　obj. Method

ASP 提供了 5 个服务器组件，其中最重要的两个是数据库访问构件 ADODB 和文件访问构件 FileSystemObject，

3. 利用 DataAccessComponent(ADODB. Connection) 访问服务器数据库

让用户通过浏览器查询服务器的后端数据库是许多 Web 服务提供者必须有的服务，ASP 通过内置的 ADODB 组件来实现这一功能。ADO 即 Active

Data Object,同 DAO 和 RDO 一样,属于数据库应用的 COM 构件,不同的是,ADO 是专门针对 Internet 和 Web 开发的,并对此进行了优化。利用 ADO 查询数据库的步骤是:

(1)设置 DSN ADODB 通过 ODBC 工作,因此要在 ODBC 中设置 DSN(数据源名)。

生成 ADODB 组件实例:SetConnect = Server. CreateObject(" ADODB. Connection")

(2)连接数据库。利用 ADODB 的成员函数 Open 和先前设定的 DSN 与数据库连接:

Connect. Open(" DSN = dsnname;UID = userID;PWD = password")

(3)执行查询。指定 SQL 查询语句:SQL = select * from table-name

执行查询:SetRS = Connect. Execute(SQL)

(4)显示结果。

总之,ASP 的开发简单而直观,开发过程可以方便地和 HTML 集成;利用 COM 技术,还可以实现更强大、更复杂的功能。

9.4.4　Java/JDBC 技术

JDBC 技术是 Java Database Connectivity 的缩写,它是 JavaSoft 公司设计的 Java 语言的数据库访问 API。

最初的 Java 语言并没有数据库访问能力。JDBC 是第一个支持 Java 语言的标准的数据库 API,其目的在于使 Java 程序与数据库服务器的连接更加方便。在功能方面 JDBC 与 ODBC 相同,它给程序员提供了统一的数据库访问接口。

JDBC 访问数据库的过程是这样的:用户通过浏览器从 Web 服务器上下载含有 JavaApplet 的 HTML 页面,如果其中的 JavaApplet 调用了 JDBC,则浏览器运行的 JavaApplet 直接与指定的数据库建立连接。

JDBC 是一个与数据库系统独立的 API,它包含两部分:JDBCAPI 和 JDBCDriverAPI。JDBCAPI 提供了应用程序到 JDBCDriverManager 的通信功能。

JDBCDriverAPI 支持 JDBCDriverManager 与数据库驱动程序的通信。

此外,JavaSoft 公司还提供了一个特殊的驱动程序:JDBC—ODBC 桥。该软件支持 JDBC 通过现有的 ODBC 驱动程序访问数据库服务器(见图 9.5)。JavaSoft 公司认为,通过 JDBC—ODBC 桥访问数据库不会造成明显的性能下降。

JDBCAPI 提供了一系列 Java 类接口,其中:

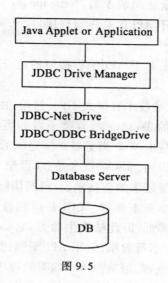

图 9.5

Java. sql. DriverManager 负责处理 JDBC 数据库驱动程序的加载和卸载。DriverManager 类作为 JDBC 的管理层,负责寻找并装载与 URL 指定的数据库相符的 JDBC 驱动程序,该驱动程序与远程数据库相连,返回一个 Java. sql. Connection 对象。

Java. sql. Connection 负责建立与数据库服务器的连接。Java. sql. Statement 可以通过 Connection 对象执行一条 SQL 语句。Java. sql. ResultSet 表示从数据库服务器返回的结果集。通过操作该结果集可实现对数据库的访问。

要访问数据库,必须首先建立一个 Java. sql. Connection 对象,可以通过调用 DriverManager. get. Connection 得到此对象。该方法的参数是一个 URL,它唯一地指定了要访问的数据库。

目前 JDBC 已经得到许多软件商的支持,包括 Oracle、Sybase、Borland 和 IBM 等。大多数流行的数据库系统都已推出了自己的 JDBC 驱动程序。

以上讲述的四种技术都能实现 WWW 与数据库的连接,但它们的工作原理不尽相同。

CGI 和 WebAPI 技术是将 Web 服务器与某一进程或 API 相连,该进程或 API 再将得到的结果转化为 HTML 文档,并返回 Web 服务器,然后由 Web 服务器把得到的 HTML 文档传给浏览器。就是说,与数据库服务器的通信是由 Web 服务器完成的。虽然 API 技术比 CGI 技术提高了效率,但仍然没有克服编程复杂的困难。

　　为了解决高效与复杂之间的矛盾，Netscape 和 Microsoft 等公司分别推出了 LiveWire 和 IDC 等基于 API 的高级编程接口，从而大大降低了程序实现的难度。

　　ASP 技术可以看成是基于 API 编程接口的进一步提高，它是新一代的开发动态网页技术。

　　JDBC 技术与上述几种技术有很大不同，这里，由（Java 兼容的）Web 浏览器将嵌入 HTML 文档中的 JavaApplet 直接下载到客户机上运行。也就是说，与数据库服务器的通信是由 Web 浏览器直接完成的。

　　我们必须清醒地认识到，WWW 技术是 20 世纪 90 年代初才问世的，Web 数据库更是近十年才发展起来的新技术，目前的国际标准化程度很低，各软件商推出的产品和技术大多互不兼容。CGI 是得到普遍遵守的规范，但 CGI 程序实现难度大且运行效率低，因此缺乏生命力，它必然要被新的标准所取代。WebAPI 技术提高了程序运行效率，但用 API 编程比用 CGI 更困难。另外，由于各种不同的 API 互不兼容，用某种 API 编写的程序只能在特定的 Web 服务器上运行，使用范围受到极大限制。ASP 技术虽然解决了直接用 API 编程带来的困难，提高了软件开发效率，但仍有待优化。值得关注的是 JDBC 技术，它借鉴了 ODBC 成功的经验，并且可以直接利用现有的 ODBC 驱动程序访问数据库。JavaSoft 公司推出 JDBC 之后，得到绝大多数数据库商家的支持，随着 Java 语言在 WWW 中发挥的作用日益显著，相信 JDBC 会取代 CGI 而成为新的标准。

9.4.5　ASP. NET 技术

　　ASP. NET 是由微软在 . NET Framework 中所提供的 Web 应用程序的平台，封装在 System. Web. dll 文件中，位于 System. Web 命名空间，是提供网页处理、HTTP 应用程序通信处理并支持 Web Service 的基础架构。ASP. NET 是 ASP 技术的后继者，但它的性能要比 ASP 技术强大许多。

　　1. ASP. NET 的特点及运行过程

　　ASP. NET 是一个由 . NET Framework 提供的一种开发平台（development platform），并非编程语言。ASP. NET 可以运行在安装了 . NET Framework 的 IIS 服务器上，ASP. NET 在 2.0 版本已经定型，在 . NET Framework 3.5 上则增加了许多功能，例如 ASP. NET AJAX、ASP. NET MVC Framework、ASP. NET Dynamic Data 与 Microsoft Silverlight 的服务器控件等。

　　由于 ASP 语言存在众多缺陷，促使微软开发了 ASP. NET。ASP 的缺陷在于：

（1）程序代码杂乱无章，难以维护，尤其是对于大型 ASP 应用程序。

（2）ASP 采用解释型语言 VBScript 和 JScript，运行效率低。

（3）由于缺乏基础组件的支持，扩展性差，很难实现较复杂的功能，往往需要第三方组件的支持。

相比之下，ASP. NET 具有如下优点：

（1）ASP. NET 建立在. NET Framework 之上，支持多种语言，如 C#、Visual Basic、Jscript，提供多种功能组件和类库的支持。

（2）ASP. NET 的脚本不再是解释型的，而是编译型的，首次执行时即进行编译，可以提高执行速度。

（3）ASP. NET 包含大量 HTML 控件。几乎所有页面中的 HTML 元素都能被定义为 ASP. NET 控件，而这些控件都能由脚本控制，ASP. NET 同时包含一系列新的面向对象的输入控件，比如可编程的列表框和验证控件，新的 DataGrid控件支持分类、数据分页等功能大大方便了开发者。

（4）ASP. NET 支持基于表单的用户身份验证，包括 Cookie 管理和自动的非授权登录重定向。

（5）ASP. NET 允许使用用户账户和角色，赋予每个用户（带有一个给定的角色）不同的服务器代码访问权限。

（6）ASP. NET 可以提供更好的可伸缩性。服务器之间的通信已得到极大的增强，这使得在若干个服务器上按比例分配一个应用程序成为可能。例如可以在不同的服务器上运行 XML 解析器、XSL 转换，甚至耗费资源的 session 对象。

（7）所有 Web 页面上的 ASP. NET 对象都能够发生可被 ASP. NET 代码处理的事件。可由代码处理的加载、点击和更改事件使得编程更轻松，更有条理。

ASP. NET 应用程序的运行过程如图 9.6 所示。

ASP. NET 应用程序的生命周期以浏览器向 Web 服务器（IIS）发送请求为起点。ASP. NET 是 Web 服务器下的 ISAPI 扩展（aspnet_isapi. dll）。Web 服务器接收到请求后，会对所请求的文件的文件扩展名进行检查，确定应由哪个 ISAPI 扩展处理该请求，然后将该请求传递给合适的 ISAPI 扩展。ASP. NET 处理已映射到其上的文件扩展名，如 . aspx、. ascx、. ashx 和. asmx。

当 ASP. NET 接收到对资源的首次请求后，ApplicationManager 类会创建一个应用程序域。在应用程序域中，将创建 HostingEnvironment 类的实例，该实例提供对有关应用程序的信息的访问。

创建了应用程序域并对 HostingEnvironment 实例化后，ASP. NET 将创建

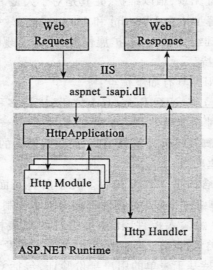

图 9.6　ASP. NET 应用程序运行过程

并初始化核心对象,如 HttpContext、HttpRequest 和 HttpResponse。HttpContext 类包含特定于当前应用程序请求的对象,如 HttpRequest 和 HttpResponse 对象。HttpRequest 对象包含有关当前请求的信息,包括 Cookie 和浏览器信息。HttpResponse 对象包含发送到客户端的响应,包括所有呈现的输出和 Cookie。

　　初始化所有核心应用程序对象之后,将通过创建 HttpApplication 类的实例启动应用程序。创建 HttpApplication 的实例时,会同时创建所有已配置的模块(HttpModule),然后调用 HttpApplication 类的 Init 方法初始化应用程序。HttpModule 实现了过滤器(ISAPI filter)的功能,它是实现了 System. Web. IHttpModule 接口的. NET 组件,这些组件通过在某些事件中注册的方式插入到 ASP. NET 请求处理管道中。当相应的事件发生时,ASP. NET 调用相应的 HttpModule,进行事件处理。

　　经过各个模块处理后的用户请求最后要交由 HttpHandler 进行处理,通过 ProcessRequest 方法得到最后的输出结果,返回给用户。

　　2. ASP. NET 中的数据库操作——ADO. NET

　　在 ASP. NET 中,采用 ADO. NET 进行与数据库的交互,可以使用 ADO. NET 的两个组件来访问和处理数据:. NET Framework 数据提供程序和 DataSet,如图 9.7 所示。

　　(1). NET Framework 数据提供程序。. NET Framework 数据提供程序是专

门为数据处理以及快速地以只进、只读方式访问数据而设计的组件。Connection 对象提供与数据源的连接;Command 对象提供用于返回数据、修改数据、运行存储过程以及发送或检索参数信息的数据库命令;DataReader 从数据源中提供高性能的数据流。最后,DataAdapter 提供连接 DataSet 对象和数据源的桥梁。DataAdapter 使用 Command 对象在数据源中执行 SQL 命令,以便将数据加载到 DataSet 中,并使对 DataSet 中数据的更改与数据源保持一致。

(2)DataSet。ADO. NET 中的 DataSet 专门为独立于任何数据源的数据访问而设计,因此,它可以用于多种不同的数据源,用于 XML 数据或用于管理应用程序本地的数据。DataSet 包含一个或多个 DataTable 对象的集合,这些对象由数据行和数据列以及有关 DataTable 对象中数据的主键、外键、约束和关系信息组成。

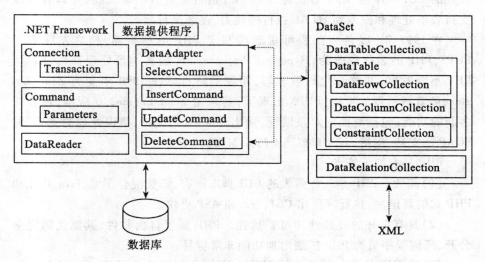

图 9.7　ADO. NET 的组成结构

DataReader 和 DataSet 作为两个数据控件,经常被应用程序使用,实际中要根据应用程序的功能类型来选择具体的数据控件。DataSet 用于执行以下功能:

(1)在应用程序中将数据缓存在本地,以便对数据进行处理。如果只需要读取查询结果,最好使用 DataReader。

(2)在层间或从 XML Web 服务对数据进行远程处理。

(3)与数据进行动态交互,例如绑定到 Windows 窗体控件或组合并关联来自多个源的数据。

（4）对数据执行大量的处理，而不需要与数据源保持打开的连接，从而将该连接释放给其他客户端使用。

如果不需要 DataSet 所提供的功能，则可以使用 DataReader 以只进、只读方式返回数据，从而提高应用程序的性能。在具体运行时，DataAdapter 使用 DataReader 来填充 DataSet 的内容，这样可以利用 DataReader 来提高性能，节省 DataSet 所使用的内存，并省去创建 DataSet 并填充其内容所需的处理。

9.4.6 PHP 技术

1. PHP 的历史及特点

PHP 是一种运行于 Web 服务器端的动态脚本语言。PHP 原来的全称为 "personal home page"，是 Rasmus Lerdorf 为了维护个人网页的需要，用 C 语言开发的 CGI 程序包，用于替代原来的 Perl 语言。其后不断发展，并具有可以支持表单处理和嵌入到 HTML 执行的能力，逐渐流行起来。

在 1997 年，以色列工程师重新编写了 PHP 的解析器，使之发展到了 PHP3，PHP 的名称也改为，Hypertext Preprocessor（超文本预处理器）。随后，PHP 不断发展，其核心代码被改写，相应的解析器在 1999 年变为 Zend Engine，随着解析器的发展，PHP5 出现了，其采用 Zend Engine2.0 版本，包含许多新的功能，包括对面向对象编程、强化对 XML 的支持、错误处理的支持、对 SOAP 的支持、支持 MySQL 扩展支持库 MySQLi 等。

PHP 具有如下特点：

（1）高效。PHP 是一种强大的 CGI 脚本语言，语法混合了 C、Java、Perl 和 PHP 式的新语法，执行网页比 CGI、Perl 和 ASP 更快。

（2）具有很好的开放性和可扩展性。PHP 属于自由软件，其源代码完全公开，任何程序员为 PHP 扩展附加功能非常容易。

（3）数据库支持。PHP 支持多种主流与非主流的数据库，如 Adabas D、DBA、dBase、dbm、filePro、Informix、InterBase、mSQL、MySQL、Microsoft SQL Server、Solid、Sybase、ODBC、oracle、PostgreSQL 等。其中，PHP 与 MySQL 是现在绝佳的组合，它们的组合可以跨平台运行。

（4）面向对象编程。PHP 提供了类和对象。为了实现面向对象编程，PHP4 及更高版本提供了新的功能和特性，包括对象重载、引用技术等。

（5）具有丰富的功能。从对象式的设计、结构化的特性、数据库的处理、网络接口应用、安全编码机制等，PHP 包含了众多构建网站所需的功能。

（6）跨平台特性。PHP 可在不同的平台上运行（Windows、Linux、Unix），并且 PHP 与目前几乎所有的正在被使用的服务器相兼容（Apache、IIS 等），因此具有非常好的兼容性。

许多网站将 PHP、MySQL、Apache、Linux 组合,原因在于四者都为开源软件,且四者结合使用的效率非常高。

2. PHP 的数据库支持

PHP 被广泛使用,与它对数据库的广泛支持是分不开的,PHP 在支持数据库操作方面,提供了两类机制:抽象层和特定数据库扩展。

(1)抽象层(Abstraction Layers)。该机制包括三种抽象的数据库访问方式:DBA(database abstract layer)、ODBC、PDO(PHP data objects)。其中 DBA 提供对 Berkeley DB 风格的数据库的访问接口,ODBC 提供通过微软 ODBC 访问数据库的接口,PDO 是访问 PHP 数据对象的抽象接口。

(2)特定数据库扩展。PHP 为大量数据库通过了扩展函数库,采用相应的函数库,可以对某个数据库进行访问。PHP 支持的特定数据库有:dBase,DB++,FrontBase,filePro,Firebird/InterBase,Informix,IBM DB2,Ingres,MaxDB,Mongo,mSQL,SQL Server,MySQL,Mysqli,MySQL Native Driver,Oracle OCI8,Ovrimos SQL,Paradox,PostgreSQL,SQLite,SQLite3,Sybase,tokyo_tyrant。

在所有数据库中,PHP 对 MySQL 的支持最全面,通过 PHP 访问 MySQL 的效率也更高,二者结合可以达到更好的性能,PHP 为 MySQL 提高的数据库扩展中包含大量的函数,这些函数可以连接数据库并对数据表进行查询、更新、修改等操作。下面通过实例介绍 PHP 连接 MySQL 并返回查询结果集输出的过程。

```php
<? php
$con = mysql _ connect( "localhost" , "peter" , "abc123" );
  if ( ! $ con)
  {
    die('Could not connect: ' . mysql_error( ) );
  }
mysql _ select _ db( "my_db" , $con);
$result = mysql _ query( "SELECT * FROM person" );
  while( $row = mysql _ fetch _ array( $result))
  {
    echo $row['FirstName'] . " " . $row['LastName'];
    echo "<br />";
  }
```

```
mysql _ close( $con);
? >
```

在上述脚本中,<?、? >为 PHP 脚本的开始和结束标识,$con、$result、$row为变量,代表连接变量、结果集变量、元组变量,echo 用于输出变量的值。

mysql_connect( )为连接 MySQL 数据库的函数,要输入数据库服务器名、用户名和密码;

mysql_select_db( )函数用于选择要进行操作的数据库"my_db";

mysql_query( )函数用于执行 SQL 查询并返回结果集;

mysql_fetch_array( )函数用于从结果集中返回当前的元组并转换为数组;

mysql_close( )函数用于关闭数据库连接。

上面的代码展示了从数据库中查询 person 表的所有元组并输出的代码,从中可以发现 PHP 访问 MySQL 的过程非常简单。更详细的 PHP 访问数据库的功能请参见 PHP 官方网站的在线手册:http://www. php. net/manual/en/refs. database. php。

9.5 ASP 连接 SQL Server 进行数据库操作的示例

Web 数据库的实现方法很多,本节使用 ASP 作为脚本语言,IIS 作为 Web 服务器,采用 SQL Server 2000 作为数据库服务器,并配置 ODBC 数据源,通过 ASP 与 ODBC 数据源进行交互,进行数据的查询、添加、删除、更新。其步骤如下:

①配置 ODBC 数据源。

②安装 IIS 服务器并配置虚拟 Web 站点。

③编写 ASP 脚本,实现数据库的查询、添加、删除、更新。

9.5.1 配置 ODBC 数据源

(1)选择管理工具->数据源(如图 9.8 所示)。

图 9.8　数据源选择

其操作过程是:开始——控制面板——性能和维护——管理工具——数据源(ODBC)。

(2)选择"系统数据源"并点击"添加"(如图9.9所示)。

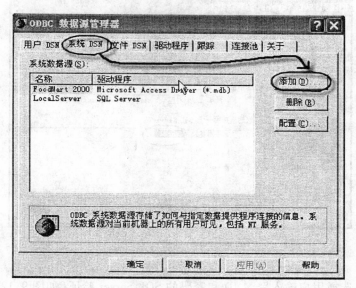

图 9.9　系统数据源

(3)选择 SQL Server 作为驱动程序(如图 9.10 所示)。

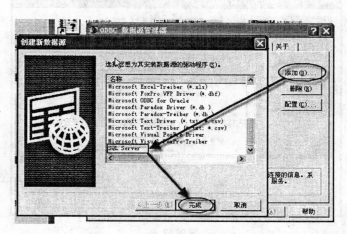

图 9.10　创建新数据源 SQL Server

(4) 将数据源起名为:business(如图 9.11 所示),并连接到本地默认服务器(local)。

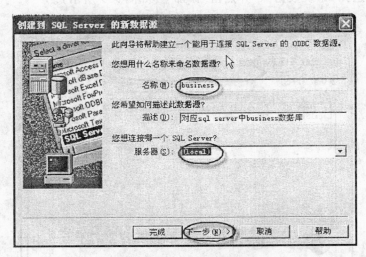

图 9.11　数据源名的指定

(5) 选择用户输入登录 ID 和密码的 SQL Server 验证(如图 9.12 所示)。这里使用系统管理员登录名:sa 密码采用 sa 对应的密码。

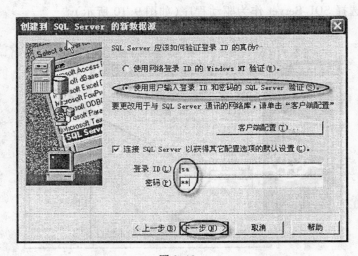

图 9.12

（6）选择默认的数据库为 business（如图 9.13 所示）。

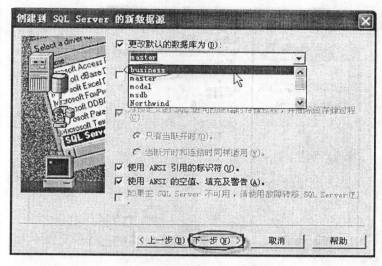

图 9.13　选择数据库

（7）完成并测试数据源（如图 9.14 所示）。

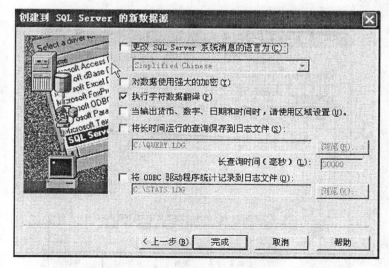

图 9.14

（8）点击"完成"，系统开始测试并反馈"测试成功！"信息（如图 9.15 所示）。

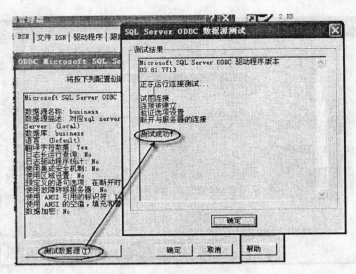

图 9.15　测试成功

（9）这时 ODBC 数据源管理器显示已配置的数据源信息的相关细节（如图 9.16 所示）。

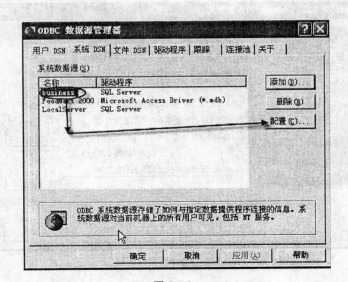

图 9.16

9.5.2 安装 IIS 服务器并配置虚拟 Web 站点

（1）选择管理工具->Internet 信息服务（如图 9.17 所示）。

图 9.17　选择 IIS

（2）启动 Internet 信息服务并新建虚拟目录（如图 9.18 所示）。

图 9.18　定义虚拟目录

（3）设置虚拟目录名称为 myweb（如图 9.19 所示）。

（4）选择网页所在的目录路径（如图 9.20 所示）。

首先，点击"浏览..."按钮，选定盘符和路径，再选"下一步（N）>"按钮。

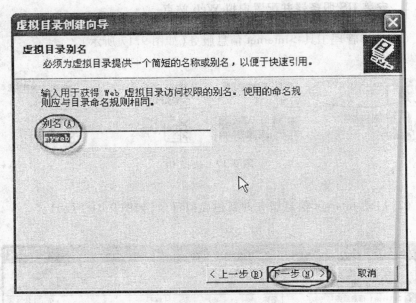

图 9.19　设置目录名

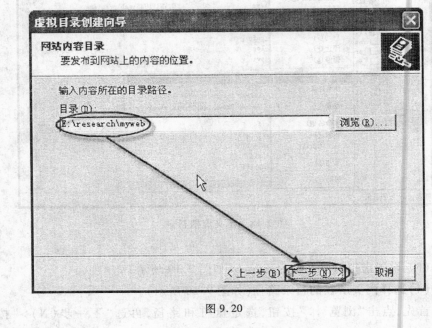

图 9.20

然后,设置虚拟目录的操作权限,再选"下一步(N)>"按钮(如图 9.21 所示)。

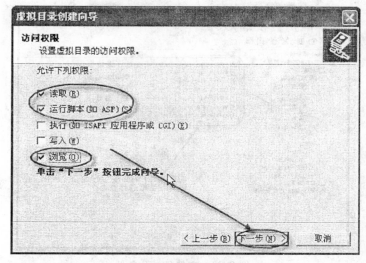

图 9.21　创建虚拟目录的过程

最后,选择"完成"按钮,系统显示目录内文件清单(如图 9.22 所示)。

图 9.22　虚拟目录创建完成

目录内各页面文件清单的功能介绍如图9.23所示。

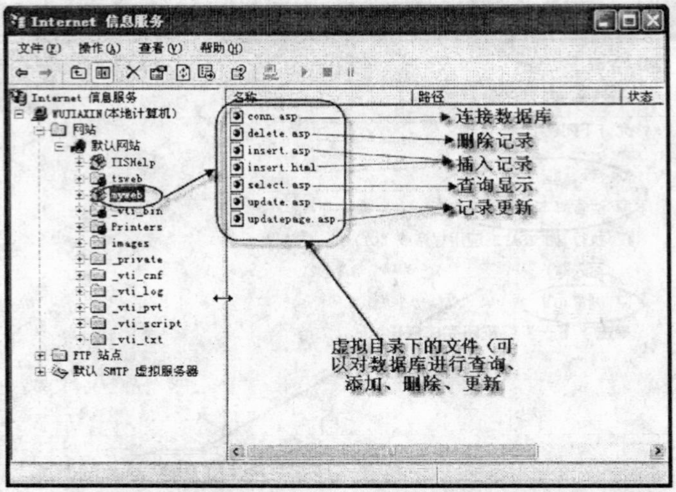

图 9.23　文件目录及含义

9.5.3　用 ASP 脚本实现数据库的查询、添加、删除、更新操作

（1）conn. asp 页面包含了数据源连接信息，它将被其他用到数据源连接的页面使用，使得代码可以重复使用，当数据源发生变化时，只需更改此页面，无须对所有用到数据源连接的页面进行更改，其代码和解释如图 9.24 所示。

图 9.24　数据源连接语句及含义

（2）select. asp 用来对 Sp 表进行查询，将返回 Sp 表中的所有记录，并在每个记录后放置"插入"、"删除"和"更新"链接，作为记录插入、本行记录删除和更新的入口，代码解释与运行结果如图 9.25 所示。

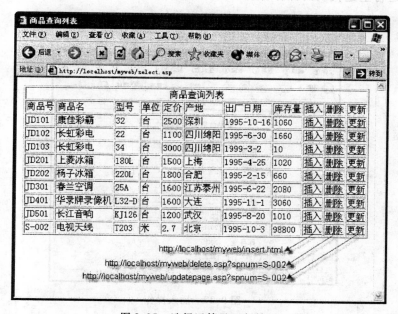

```
1    <!-- #include file="conn.asp" -->         包含文件含有连接变量conn和连接字符串，
2    <html>                                     这有利于连接变量的共享，不用每次都输入
3    <head>
4      <title>商品查询列表</title>
5    </head>
6    <body>
7    <%
8    sql_string = "select * from sp"            sql串，用于从sp表中查询所有记录
9    set rs=server.createobject("adodb.recordset")
10   rs.open sql_string,conn                    用sql串进行查询，返回结果集rs
11   %>
12     <table border = 1 align = center >
13     <tr><td colspan=11 align = center >商品查询列表</td></tr>
14     <tr>
15     <td>商品号</td><td>商品名</td><td>型号</td><td>单位</td><td>定价</td><td>产地</td>
16     <td>出厂日期</td><td>库存量</td><td>插入</td><td>删除</td><td>更新</td>
17     </tr>
18   <%
19   do while not rs.eof
20   %>
21     <tr>
22     <td><%=rs("商品号")%></td>
23     <td><%=rs("商品名")%></td>
24     <td><%=rs("型号")%></td>               循环显示结果集中的每条记录，
25     <td><%=rs("单位")%></td>               采用对应属性名作为索引项，
26     <td><%=rs("定价")%></td>               获得具体数据
27     <td><%=rs("产地")%></td>
28     <td><%=rs("出厂日期")%></td>
29     <td><%=rs("库存量")%></td>
30     <td><a href="insert.html" target="_Blank" >插入</a></td>
31     <td><a href="delete.asp?spnum=<%=rs("商品号")%>" target="_Blank" >删除</a></td>
32     <td><a href="updatepage.asp?spnum=<%=rs("商品号")%>" target="_Blank" >更新</a></td>
33     </tr>
34   <%
35   rs.movenext
36   loop
37   %>
38     </table>
39   </body>
40   </html>
```

图 9.25 选择运算及运行结果

（3）insert. html 页面作为输入记录信息的面板，输入完毕后，提交请求并插入数据，插入操作由 insert. asp 页面来完成，其具体代码和解释如图 9.26 所示。

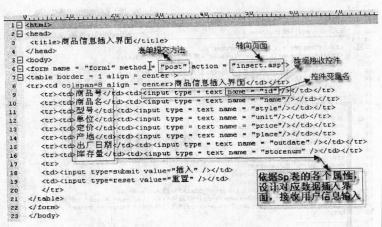

图 9.26　插入操作的代码及含义

运行上述代码的操作界面如图 9.27 所示，插入后的结果如图 9.28 所示。

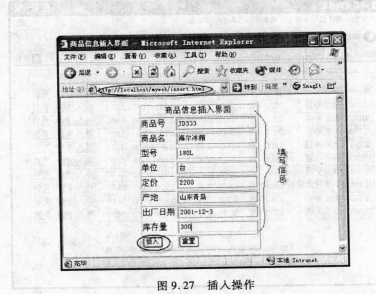

图 9.27　插入操作

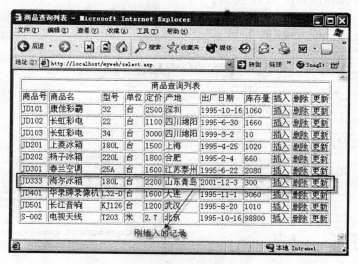

图 9.28　插入后的状态

（4）insert. asp 页面负责记录的插入操作，插入完毕将自动转到 select. asp
页面，显示插入后的所有记录列表，插入操作对应 Insert 操作，其代码和解释
如图 9.29 所示。

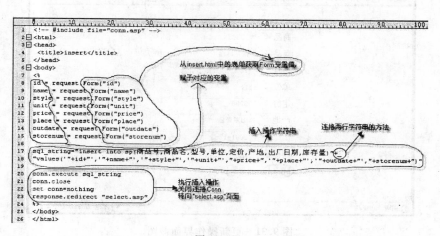

图 9.29

（5）updatepage. asp 页面用于返回指定的记录信息给用户，供其更改数
据，然后提交更新请求到 update. asp 页面进行数据更新。其代码解释见图

9.30,其操作界面如图 9.31 所示。

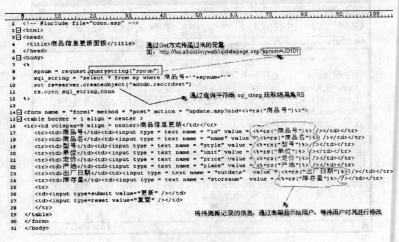

图 9.30　更新界面代码

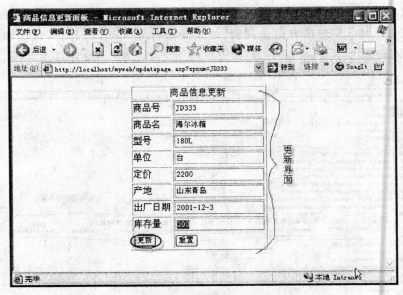

图 9.31　更新操作界面截图

（6）update. asp 页面用于使用更改过的数据对数据库进行更新,更新操作
对应 update 操作。其代码与解释如图 9.32 所示。

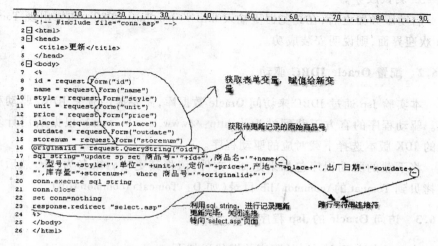

```
1    <!-- #include file="conn.asp" -->
2    <html>
3    <head>
4      <title>更新</title>
5    </head>
6    <body>
7    <%
8    id = request.Form("id")
9    name = request.Form("name")
10   style = request.Form("style")
11   unit = request.Form("unit")
12   price = request.Form("price")
13   place = request.Form("place")
14   outdate = request.Form("outdate")
15   storenum = request.Form("storenum")
16   originalid = request.QueryString("oid")
17   sql_string="update sp set 商品号='"+id+"',商品名='"+name
18   +"',型号='"+style+"',单位='"+unit+"',定价='"+price+"',产地='"+place+"',出厂日期='"+outdate
19   +"',库存量='"+storenum+"'  where 商品号='"+originalid+"'"
20   conn.execute sql_string
21   conn.close
22   set conn=nothing
23   response.redirect "select.asp"
24   %>
25   </body>
26   </html>
```

获取表单变量，赋值给新变量

获取待更新记录的原始商品号

跨行字符串连接符

利用 sql_string，进行记录更新
更新完毕，关闭连接
转向"select.asp"页面

图 9.32   数据库更新操作代码

同理,我们可以执行 delete.asp,对应 Delete 操作,用于完成删除指定记录。

综上所述,利用 ASP 技术不仅容易实现和数据库连接,而且进行查询、插入、更新、删除操作也十分方便。

9.6 Jsp 连接 Oracle 的操作示例

9.6.1 Web 服务器 Tomcat 简介

Tomcat 是一个开放源代码、运行 servlet 和 JSP Web 应用软件的基于 Java 的 Web 应用软件。Tomcat 由 Apache-Jakarta 子项目支持并由来自开放性源代码 Java 社区的志愿者进行维护。

1. 下载及安装

本示例所使用的是 Tomcat 5,官方下载网站为 http://jakarta.apache.org ,下载后进行安装,这里的安装目录是"D:\tomcat5"。

2. 启动及关闭服务器

进入"D:\tomcat5\bin",双击 startup.bat 启动 Tomcat 服务器,出现一个 DOS 窗口。双击 shutdown.bat,则将关闭 Tomcat 服务器。

3. 测试服务器

启动服务器之后,在浏览器里输入 http://localhost:8080 ,如果出现 Tom-cat 欢迎界面,则说明安装成功。

9.6.2 配置 Oracle JDBC 驱动

本实验 Jsp 通过 JDBC 来访问 Oracle 数据库,需要提供有关 JDBC 驱动程序。驱动程序的官方下载网站为为 http://www.oracle.com。根据所用计算机的 JDK 版本选择下载对应的驱动程序。

将下载的驱动程序包如果是 zip 文件,请将其更改后缀名为.jar,然后将其拷贝到 Tomcat 的 \common\lib 目录(如 D:\Tomcat5\common\lib)。

9.6.3 访问 Oracle 的 Jsp 程序示例

在 Jsp 中访问 Oracle 的程序关键代码如下:

```
String sql = " select * from sp";
Class. forName(" oracle. jdbc. driver. OracleDriver");
conn = DriverManager. getConnection (" jdbc: oracle: thin: @ 127. 0. 0. 1:
1521: SIM" ," scott" ," tiger");
stmt = conn. createStatement();
rs = stmt. executeQuery(sql);
```

中间画线部分用":"分隔开为三部分,分别代表数据库的 IP 地址、端口号、实例名。

1. 商品交易库中商品查询示例

下面是通过 Jsp 实现对商品交易库中商品表查询的一个例子。首先是一个查询页面 query.jsp,代码如下:

```
<% @ page contentType=" text/html; charset=gb2312" language=" java" %
>
<html>
<bodY>
<form action=" result. jsp" method=" post">
请输入商品编号:
<input name=" querYstr" tYpe=" text" class=" text" id=" querYstr" value
=" ">
<input tYpe=" submit" name=" Submit" class=button value=" 提交">
```

268

</form>

</bodY>

</html>

显示页面效果如图 9.33 所示。

图 9.33   Jsp 连接

实现查询结果的 result. jsp 代码如下：

```
<% @ page contentType = " text/html; charset = gb2312" language = " java" %
>
<% @ page import = " java. util. * , java. sql. * , oracle. jdbc. driver. Ora-
cleDriver" % >
<html>
<%
    String str = " " ;
    Connection conn = null;
    Statement stmt = null;
    ResultSet rs = null;
    str = request. getParameter( " queryStr" ) ;
    String sql = " select * from 商品 where 商品编号 ='"+ str +"'";
    System. out. println( sql) ;
% >
<%
try {
    Class. forName( " oracle. jdbc. driver. OracleDriver" ) ;
    conn = DriverManager. getConnection
```

```
        ("jdbc:oracle:thin:@192.168.18.212:1521:orcl","system","man-
ager");
        stmt = conn.createStatement();
        rs = stmt.executeQuery(sql);
    }catch(Exception e){
        System.out.println(e.toString());
%>
        <div><font color="red"><%=e.toString()%></div>
<%
    }finally{
        try{
            rs.close();
            stmt.close();
            conn.close();
        }catch(Exception e2){
            System.out.println(e2.toString());
        }
    }
%>
<body>
<table border="1">
<tr><td>商品编号</td><td>商品名称</td><td>型号</td><td>单位</td><td>单价</td><td>产地</td><td>出厂日期</td><td>库存量</td></tr>
<%
    int i = 0;
    while(rs.next()){
        i++;
%>
        <tr><td><%=rs.getString(1)%></td>
            <td><%=rs.getString(2)%></td>
            <td><%=rs.getString(3)%></td>
            <td><%=rs.getString(4)%></td>
            <td><%=rs.getDouble(5)%></td>
```

```
            <td><% = rs. getString(6)% ></td>
            <td><% = rs. getString(7)% ></td>
            <td><% = rs. getInt(8)% ></td>
        </tr>
<%
    }
% >
<%
    if( i = = 0 ) {
% >
        <font color = " red" >没有找到相应的记录！</font><br><br>
<%
    }
% >
</body>
</html>
```

查询结果输出如图 9.34 所示。

图 9.34   检索结果示例

2. 向商品交易库中新增商品信息示例
首先调入并运行程序 new. jsp：

```
<% @  page contentType = " text/html;charset = gb2312" language = " java" % >
<html>
<body>
<form action = " donew. jsp" method = " post" >
  <table>
    <tr>
```

```
  <td><div align="right">商品编号:</div></td>
  <td><input name="GOODSNO" type="text" class="text" id="GOOD-
SNO" value=""></td>
</tr>
<tr>
  <td><div align="right">商品名称:</div></td>
  <td><input name="GOODSNAME" type="text" class="text" id=
"GOODSNAME" value=""></td>
</tr>
<tr>
  <td><div align="right">型号:</div></td>
  <td><input name="TYPE" type="text" class="text" id="TYPE" val-
ue=""></td>
</tr>
<tr>
  <td><div align="right">单位:</div></td>
  <td><input name="UNIT" type="text" class="text" id="UNIT" value
=""></td>
</tr>
<tr>
  <td><div align="right">单价:</div></td>
  <td><input name="PRICE" type="text" class="text" id="PRICE"
value=""></td>
</tr>
<tr>
  <td><div align="right">产地:</div></td>
  <td><input name="PLACE" type="text" class="text" id="PLACE"
value=""></td>
</tr>
<tr>
  <td><div align="right">出厂日期:</div></td>
  <td><input name="DATE" type="text" class="text" id="DATE" val-
ue=""></td>
```

272

```
    </tr>
    <tr>
      <td><div align="right">库存量:</div></td>
      <td><input name="NUM" type="text" class="text" id="NUM" value=""></td>
    </tr>
        <tr><td> </td></tr>
        <tr>
          <td colspan="2" align="center">
            <input type="submit" name="Submit" class=button value="提交">
            <input type="reset" name="Reset" class=button value="清除">
          </td>
        </tr>
      </table>
    </form>
  </body>
</html>
```

然后,系统响应并显示一个提供用户插入商品信息的页面(见图 9.35)。

实现插入的 donew. jsp 代码如下:

```
<%@ page contentType="text/html;charset=gb2312" language="java" %>
<%@ page import="java.sql.*,oracle.jdbc.driver.OracleDriver" %>
<html>
<%
  int rs = 0;
  Connection conn = null;
  Statement stmt = null;
  String strGoodsno = request.getParameter("GOODSNO");
  String strGoodsname = request.getParameter("GOODSNAME");
  String strType = request.getParameter("TYPE");
  String strUnit = request.getParameter("UNIT");
  String strPrice = request.getParameter("PRICE");
  String strPlace = request.getParameter("PLACE");
```

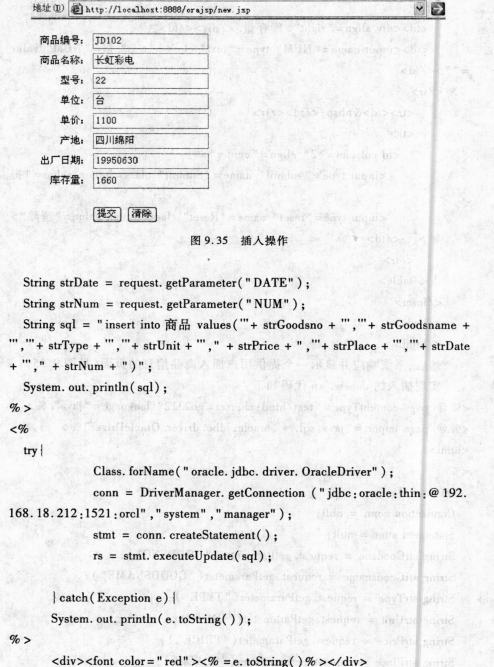

图 9.35 插入操作

```
    String strDate = request. getParameter( "DATE" ) ;
    String strNum = request. getParameter( "NUM" ) ;
    String sql = " insert into 商品 values( '"+ strGoodsno + "','"+ strGoodsname +
"','"+ strType + "','"+ strUnit + "'," + strPrice + ",'"+ strPlace + "','"+ strDate
+ "'," + strNum + " )" ;
    System. out. println( sql ) ;
% >
<%
    try {

            Class. forName( "oracle. jdbc. driver. OracleDriver" ) ;
            conn = DriverManager. getConnection ( "jdbc : oracle : thin : @ 192.
168. 18. 212 :1521 : orcl" , " system" , " manager" ) ;
            stmt = conn. createStatement( ) ;
            rs = stmt. executeUpdate( sql ) ;

        } catch( Exception e ) {
        System. out. println( e. toString( ) ) ;
% >
        <div><font color = " red" ><% = e. toString( )% ></div>
```

274

```
<%
    } finally {
        try {
            stmt. close ( ) ;
            conn. close ( ) ;
        } catch ( Exception e2 ) {
            System. out. println ( e2. toString ( ) ) ;
        }
    }
% >
<body>
<%
    if ( rs = = 0 ) {
% >
        <div><font color = " red " >插入失败！</div>
<%
    } else {
% >
        <div><font color = " red " >插入成功！</div>
<%
    }
% >
</body>
</html>
```

像检索和插入操作那样，我们分别调入并运行 modify. jsp 和 delete. jsp 程序，就可以实现对数据库记录的修改或删除操作。

9.7 虚拟数据库

Internet 应用日益发展，Web 资源又十分庞大，不可能将所需资源容纳在一个数据库中，于是人们把外部资源定义为数据库系统的外延，开发了虚拟数据库技术。所谓的虚拟数据库(Virtual Data Base, VDB) 就是要实现对网上分布的各类数据源的透明访问，将整个 Internet 数据转化成一个单一规范的数据库。

VDB 的简化结构视图如图 9.36 所示。应用程序可以通过虚拟数据库共享整个 Internet 上的数据资源。

VDB 已从研究走向了实际应用。在信息资源管理自动化程序较高的一些国家里,已将 VDB 技术应用于零售业、房地产、职业介绍等行业。例如,我们要了解计算机硬件产品的零售价格,可以到世界级著名公司(Intel 、IBM 公司等)的网站查询报价,也可以查询国内的主要市场(北京、上海、深圳等)的报价,这样就可以选择产品性能指标、价格等各方面都比较满意的产品。

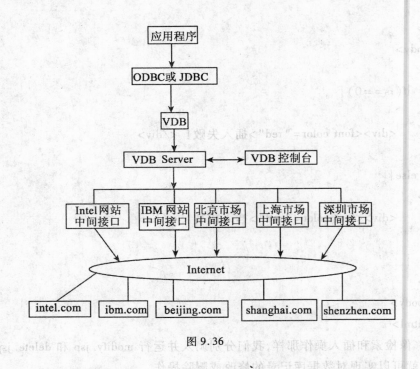

图 9.36

数字图书馆、电子商务、电子政务都是 Internet 应用的最具发展前景的一些领域,也是竞争激烈的重要领域。构建一个能够透明地访问异构和分布式数据源的数据虚拟化层,就可以实现上述要求。在虚拟数据存储中添加的数据源类型的高级视图,其中包括 DBMS(关系型、非关系型)、平面文件(如 XML)和内容管理系统。处理这种数据多样性的方法之一是提供一个抽象层,屏蔽数据位置和类型的差异。图 9.37 展示了一种可以提供这些功能的体系结构的概念视图,其中的基础是一个软件层,它可以将异构数据源系统的数据集成为一个单一的数据库,并提供通用的接口,以便用户以统一的方式搜索和查询这些数据。

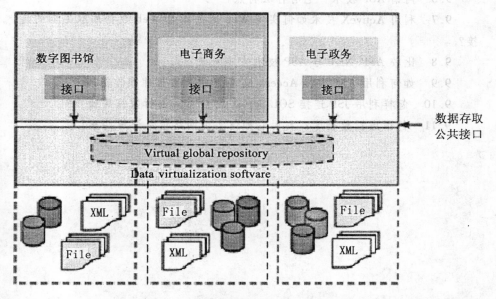

图 9.37　集成的虚拟数据存储——虚拟数据库

虚拟数据库的概念是基于联邦型数据提出的,这意味着向用户和应用程序提供的只有一个逻辑上集成为一体的数据源视图。因为集成只在逻辑层次上进行,因此,不必将这些数据源都转移或者集成到一个单一的数据存储体中。

将数据源集成到一个虚拟数据库中的技术可以实现一个抽象层,通过该抽象层,异构和分布式数据源看起来好像就是一个本地数据库。抽象层可以利用结构化查询语言(SQL)的能力,在异构分布式数据源上实现查询—获取操作。

习 题 9

9.1　什么是 Web 数据库? 它有何特点?

9.2　Web 数据库的基本结构有哪些? 开发 Web 数据库依赖于哪些基础技术?

9.3　公用网关技术(CGI)的实现方法有何特色?

9.4 WebAPI 的技术原理是什么？它有哪些代表产品？

9.5 Java/JDBC 的技术特点是什么？如何实现？

9.6 何谓 ASP 技术？它有什么特点？

9.7 利用 ActiveX 技术如何实现 Web 服务器与 Web 数据库服务器的连接？

9.8 比较 ASP. NET 与 ASP 技术的异同点。

9.9 如何利用 ASP 连接 Access 或 VFP 进行数据库操作？

9.10 怎样利用 JSP 连接 SQL Server 或 Oracle 进行数据库操作？

9.11 何谓虚拟数据库？利用它如何实现网络信息资源共享？

10　数据压缩

数据压缩是与数据库技术紧密相关的研究课题,特别是多媒体数据库,若没有数据压缩技术的支撑,就目前的条件还很难达到实用水平。我们现在之所以能共享多媒体数据库的成果,主要得益于数据压缩技术。如今的信息生产与消费以指数的增长速度发展。信息资源数据库的数量猛增,数据库的规模越来越庞大。面对信息量迅速增长的形势,有的学者惊呼"信息爆炸"和"信息危机"。从某种意义上说,它反映了信息生产量的增长与现有存储空间的矛盾。解决这种矛盾的方法有两个:一是研制新型的大容量、高密度的海量存储设备,如 DVD(digital video disc);二是采用压缩技术,对数据进行压缩存储以加大信息存储密度,在单位空间内存储更多的信息。本章将专门讨论这一课题。

10.1　数据压缩的意义

数据压缩(Data Compression)就是在给定的空间内增加数据的存储量或对给定的数据量减少存储空间的方法。现代计算机技术与网络通信技术的广泛应用,使信息服务工作从传统的手工操作走向了国际互联网络化的新时代。我们在办公室和家庭通过微机上网可以直接检索全世界的信息资源数据库,获取所需信息。同时,也可以与世界各地交流信息、在网上发布信息。数据压缩的意义如下。

1. 数据压缩可以节约大量的存储空间

在建立信息资源数据库时,采用压缩技术可以取得明显的经济效益和社会效益。国内某单位在建库实践中进行了对比。装入 INSPEC 磁带,建立文献库,用 UNIDAS 1100 软件建库需要 3 000 多兆磁盘空间,而采用压缩技术建库只需要 1 000 多兆空间。压缩后的存储空间仅为压缩前的 1/3 左右。

人们在描述压缩情况时,有如下定义:

$$压缩率(T) = \frac{原有数据的存储空间}{压缩后数据所占的空间}$$

把压缩率的倒数定义为压缩指数:

$$压缩指数\left(\frac{1}{T}\right) = \frac{压缩后数据所占的空间}{原有数据的存储空间}$$

而压缩部分 = 1 - 压缩指数。

显然,上例中的压缩率(compression ratio)为 3,压缩指数为 0.33,数据的压缩部分为 0.67。

2. 数据压缩可以减少数据传输时间

在现代数据通信中,各国都广泛采用通信卫星,使用非常方便。在给定传输率的条件下,信息的传送率与价格成反比。若不进行数据压缩,由于通信量大,通信时间长,其价格就必然高。为了降低国际联机的成本,必须进行数据压缩,尽量缩短通信时间。图 10.1 说明了压缩率 T = 3 的对比情况。从图中可知,在通信设备不变的情况下,可以成倍地提高信息传送率,降低数据传送成本。

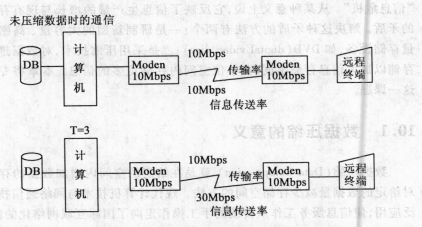

图 10.1 数据压缩对信息传送率的影响

3. 数据压缩可以节省频带宽度

频带宽度(band width)是指单位时间间隔内可执行的任务数量。在数据通信技术中,频带宽度是衡量通信能力的一个重要因素。在相同的通信时间内,传输率相等时,需传送相同的信息量,压缩数据和未经压缩的数据所需的频带宽度大不一样。压缩后的数据所占的频带宽度要小得多。

4. 数据压缩后可以使数据保密

由于采用了压缩措施,使原来可直接阅读的原始数据,变得不能直接阅读了。只有知道压缩编码规则和解码方法的人,才能将压缩数据恢复成直接可阅读的形式。在数据通信中,即使有窃听者复制了数据也无法使用。因此数据压缩实际上还起到了数据保密的作用。

此外,数据压缩还可以使现有条件还不可行的应用项目变为可行。

10.2 逻辑压缩与物理压缩

数据压缩主要是为了减少数据的存储空间和传输数据的时间,从而降低成本。一般的压缩技术包括删去重复和不必要的部分,或者使用专门的编码技术。在众多的压缩方法中,逻辑压缩(logical compression)和物理压缩(physical compression)是其中的典型代表。

10.2.1 逻辑压缩

逻辑压缩是对数据库有关字段的分析统计结果进行编码压缩的一种方法。设计数据库的第一步就要分析数据,弄清压缩的可能性。在数据库文件中,有些字段的取值是有限定范围的。我们将取值的所有可能性进行逻辑排队,然后编码压缩。在实际存储中,可用字符形式存储,也可用二进制数(bit)形式存储。在数据压缩中,一般采用二进制数形式存储。因为一个字符用8个 bit 表示,有 256 种状态。两个字符的空间用 bit 存储可表示 65536 种状态。这样就很快提高了信息的密度。

在数据库的设计中,经常有日期字段出现,对日期字段进行逻辑压缩会有显著的压缩效果。例如,一个日期的字段值为:

1999 年 12 月 26 日

习惯记法为:1999.12.26

需要 10 个字节的空间。而在数据库的日期字段中一般设计为 8 个字节:

12/26/99

这里已进行了一定的压缩,但仍不理想。可以记为 122699,进一步进行了压缩,只需 6 个字节的空间。

以上是字符形式存储,压缩率不高。而改为二进制数位实际存储时,将会收到明显效益。通过数据分析,我们知道年代后两位 00~99 的取值范围,月份 1~12 的取值范围,日期 1~31 的取值范围,这样我们仅用两个字节的存储空间(16 个 bit) 就可以表示出具体确切的日期。年月日的存储空间分配如下：

7	4	5
年	月	日

这样,仅用 2 个字节的空间就存储了原设计需要 8 字节的信息,T＝4,压缩后所占的空间仅为原始数据所需空间的 25%。

又如,建立人才管理数据库。数据库的记录有姓名、性别、年龄、籍贯、文化程度、政治面貌、工种、技术职称等字段。设有一范例数据记录及其所需的存储空间为：

字段号	字段名	字段值	所需空间
1	姓名	欧阳佳兴	8（字节）
2	性别	男	2
3	年龄	50	2
4	籍贯	黑龙江 哈尔滨	12
5	文化程度	大学本科	8
6	政治面貌	九三学社成员	12
7	工种	机械制造	8
8	职称	高级工程师	10

现仅就第 2～8 字段存储而言,需要 54 字节存储空间。在我们分析这七个字段的取值范围后,进行逻辑编码,然后用二进制数存储。这样,性别(1bit)、年龄(7bit)、籍贯(12bit)、文化程度(3bit)、政治面貌(4bit)、工种(5bit)、职称(3bit) 七个字段的信息,仅用 35bit 的存储空间就足够了。压缩后的数据仅是原始数据空间的 8.1% ,T＝12.34。可见,逻辑压缩后可取得了明显的效果。

这些字段的信息压缩后其存储如何实现呢? 只需编写一个专用的数据输入程序。输入时,对一些取值范围少的字段(如性别、文化程度、政治面貌、工种、职称等),可用一个屏幕显示其取值范围的值供输入人员选择状态输入。一般只输一个数码即可,避免了繁琐的汉字输入,成倍地提高了工作效率。对年龄字段可直接输入,由输入程序进行十进制数至二进制数的转换。而对于籍贯字段,由于选择状态太多,只有分级选择。第一级可显示一个屏幕有全国

31个省、市、自治区及其代码,输入选择代码后立即调入该省、市、自治区的屏幕,显示其所辖的县、市和代码供选择。两级选择后就完成了该字段的输入。

数据库建成后,在检索和输出打印时,完全由程序完成代码到实际信息的转换,使用非常方便。这种编码技术已在国内的一些管理项目中得到广泛应用。

从上述两个例子可知,逻辑压缩不仅是实用的压缩方法,而且压缩效果也非常显著。

10.2.2 物理压缩

物理压缩方法不同于逻辑压缩,它是将信息物理存储时较稀疏的信息密度换成密集的信息密度时的编码方法。它与字段的取值范围无关,仅对整个文件进行紧缩处理。图10.2是数据压缩块的示意图。压缩块包括两个方面的处理内容,一是将原始数据通过压缩处理变换成压缩数据,二是将压缩数据进行解码处理,恢复成原始数据。

图10.2 数据压缩块示意图

物理压缩的方法很多。Gilbert Held 总结出了9种物理压缩方法。各种物理压缩方法简述如下。

1. 零抑制(null suppression)

消去零或空信息以减少存储容量。这种压缩方法对被压缩的数据流进行扫描,对于重复的空白或零位用特殊格式的字符对进行替换。其压缩情况如图10.3所示。

下面看一个数据串压缩的实例。

原数据流:ABCφφφφφφφφφxy

压缩后的数据流:ABCSc9xy

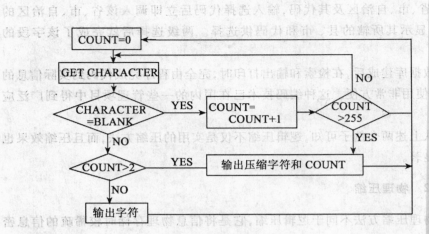

图 10.3　零抑制

这里 Sc 为压缩的专用标识符,9 为空白符计数。

2. 位映像(bit mapping)

位映像法对数据串进行扫描,判别各字符是空字符(null character)还是数据字符。若是数据字符则置二进制数"1",否则置"0",这样就建立了一个位映像字符(bit map character)作为一个索引。压缩后的数据串,仅存有效的数据字符。图 10.4 为位映像的压缩示意图,而图 10.5 为位映像抑制流程图,其中列出了详细处理过程。

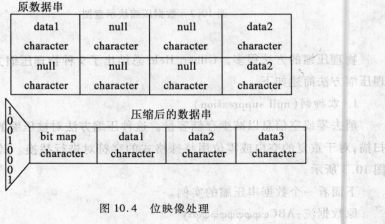

图 10.4　位映像处理

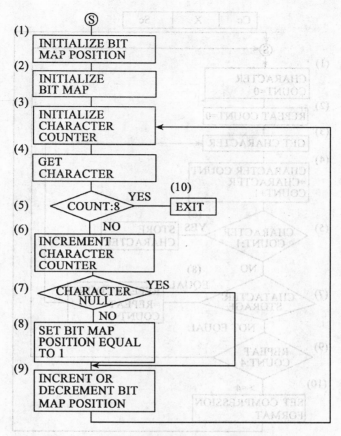

(1) INITIALIZE BIT MAP POSITION

(2) INITIALIZE BIT MAP

(3) INITIALIZE CHARACTER COUNTER

(4) GET CHARACTER

(5) COUNT:8 — YES → (10) EXIT

NO

(6) INCREMENT CHARACTER COUNTER

(7) CHARACTER NULL — YES

NO

(8) SET BIT MAP POSITION EQUAL TO 1

(9) INCRENT OR DECREMENT BIT MAP POSITION

图 10.5　Bit map suppression function flow chart

3. 行程编码

行程编码(run length encoding)是物理地紧缩任何类型的重复字符序列的数据压缩方法。前面介绍的零抑制是行程编码的特例,而行程编码是零抑制的一般情况。

图 10.6 为基本的行程编码处理流程图。如果经过行程扫描发现大于或等于 4 个的重复字符,则置压缩格式。

其中:Cc 为字符计数,这个计数是压缩的重复字符的个数。

X 为任意的重复数据字符。

Sc 为标识压缩的专用字符。

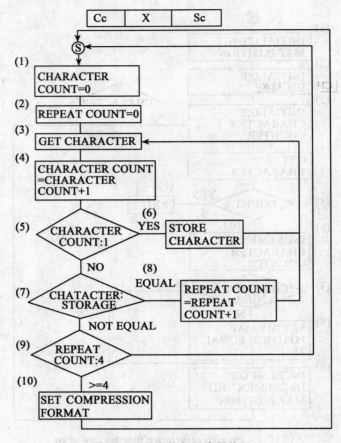

图 10.6　基本的行程编码处理

　　行程编码处理后,存储的信息是压缩格式的数据。而在使用时,将这种压缩格式的数据经过解码后复原。其处理思想如图 10.7 所示。

　　图 10.7 中标出了译码的逻辑步骤。

4. 半字压缩

　　半字压缩(half byte packing)是由位映像派生出来的一种压缩方法,它对数字字符串的压缩非常有效。表 10.1 为 EBCDIC 码的数字字符编码。表 10.2 为 ASCII 码的数字字符编码,从表 10.1 中可知,数字编码的前 4 位均为重复存储,因此可以采取压缩措施。

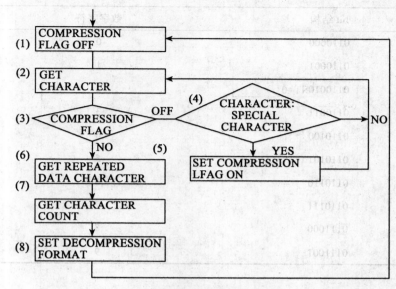

图 10.7 行程解码处理

表 10.1 　　　　　　　　　　　EBCDIC 码的数字编码

bit 结构	数字字符
11110000	0
11110001	1
11110010	2
11110011	3
11110100	4
11110101	5
11110110	6
11110111	7
11111000	8
11111001	9

表 10.2　　　　　　　　　　　　ASCII 码的数字编码

bit 结构	数字字符
0110000	0
0110001	1
0110010	2
0110011	3
0110100	4
0110101	5
0110110	6
0110111	7
0111000	8
0111001	9

图 10.8 为数字字符半字压缩处理的流程,图中列出了进行具体压缩的逻辑步骤。

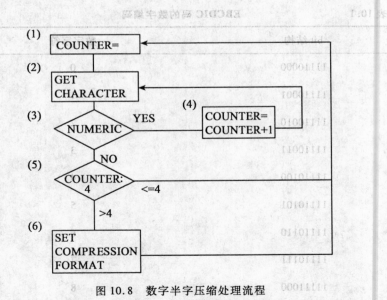

图 10.8　数字半字压缩处理流程

下面是半字压缩的具体例子。原数据串为 EBCDIC 码,每位数字占 8 个

bit,压缩后各占 4 个 bit 的空间。为了与其他字符相区别,压缩字符串前必须设置专用的标识符,并由计数加以控制。原数字字符串和压缩后的字符串如下:

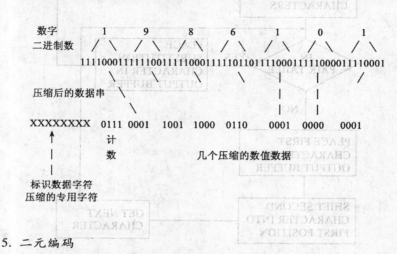

5. 二元编码

二元编码(diatomic encoding)是用一个专用字符(special character)置换一个字符对(pair of character)的数据压缩处理技术。专用字符的位结构(bit structure)描述了字符对的编码,可获得 2:1 的压缩率。

二元编码的处理思想是:

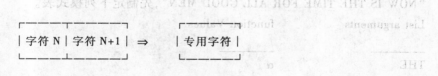

将一个字符对转化为一个专用字符来存储。二元编码的压缩处理流程如图 10.9 所示。其中数据对表(pair table)是根据具体文件的字符对频率统计而设计的。表 10.3 为 Jewell 字符频率统计表。表中按字符对出现频率的高低排列,它是制定二元编码方案的依据。不同的文件,统计的字符对出现的频率各异。因而,不同的数据文件,字符对的压缩方案也各不相同。图中的“_”为空白字符。这张统计表中的数据是对 12 198 个字符的英语文本的统计结果。

6. 模式置换

模式置换(pattern substitution)是二元编码的高级形式的一种压缩技术。一个专用的字符代码替换预先规定的字符模式。当模式置换对数据文件中包含大量已知的模式时,其压缩效果特别显著。

在文本式的数据库中,有大量的“the”、“that”、“this”、“then ”、“all”和

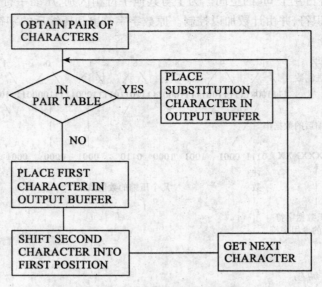

图 10.9　二元编码压缩处理流程

"for"等词,这样可以用模式置换的方法对这些词进行压缩。

例如,现有一个字符串:

"NOW IS THE TIME FOR ALL GOOD MEN",先制定下列模式表。

List arguments	function Values
THE	α
FOR	β
ALL	γ

压缩后的字符串为:

"NOW IS α TIME β γ GOOD MEN"

表 10.3　　　　　　　　　　　　Jewell 字符对统计表

列号	组合字符对	出现频率	千分比(‰)
1	E ___	328	26.89
2	___ T	292	23.94
3	TH	249	20.41

列号	组合字符对	出现频率	千分比(‰)
4	___A	244	20.00
5	S___	217	17.79
6	RE	200	16.40
7	IN	197	16.15
8	HE	183	15.00
9	ER	171	14.02
10	___I	156	12.79
11	___O	153	12.54
12	N___	152	12.64
13	ES	148	12.13
14	___B	141	11.56
15	ON	140	11.48
16	T___	137	11.23
17	TI	137	11.23
18	AN	133	10.90
19	D___	133	10.90
20	AT	119	9.76
21	TE	114	9.35
22	___C	113	9.26
23	___S	113	9.26
24	OR	112	9.18

显然,模式置换的压缩技术必须通过一定的字符串统计后,才能制定出切合实际的模式表,按照既定的模式表进行模式置换方可达到预期目的。

7. 相关编码

所谓的相关编码(relative encoding)是这样的一种压缩技术,它非正规地应用于规范数据文件的传输。这种压缩编码对于彼此很单一的顺序能分解为相互相关的原数据流将进行有效的压缩。

例如,对遥测信息的压缩存储就是其中一例。在遥测信息的原始数据中,预先都规定了间隔,记录下来的数据采用相关编码非常有效。图10.10 中所列的原始数据与相关编码后的数据对比,说明了相关编码的效果。

原遥测信息:

  1 1 4 6 1 1 4 6 1 1 4 6.1 1 1 4 6.1 1 1 4 6.1 1 1 4 6 1 1 4 6

1 1 4 6.2

相关编码后:

        1 1 4 6 0 .1   0 0 -.1 0 .2

图 10.10   相关编码处理

相关编码在传真技术中也得到了广泛应用。在建立图形数据库或传输图形数据时,都要用到相关编码。

8. 表格方式操作

表格方式操作(forms mode operation)编码用于数据通信和终端显示。

在数据库建立后,有些文件有很多的书写格式,如段头、回行和表格的中间有很多空白字符,这些信息在传输中并不需要一一传送,也不必一一存储,只是用表格方式操作编码就可以准确地进行描述。这样,存储空间得到了有效的压缩,传输数据的时间也明显地减少,从而降低了系统成本。图10.11 所示为表格方式操作编码的例子。在传输时不必将终端上的 1 920(80×24)个字符都传送,更不必存储一些无效信息。表格方式传输的数据为:

          H   H

HELD   GILBERT   66671

          T   T

这里,H 为行头位置字符,上列均为有效字符,传输非常方便。而在终端上显示时,由终端显示 T 程序复原。这样,通信就比较空闲,可以用多台终端(轮询)共用一个通信设备和一条线路(如图10.12 所示),从而降低成本,提高经济效益和社会效益。

9. 统计编码

统计编码(statistical encoding)不同于前几种编码方法。上述编码方法中一般采用 8 个 bit 的固定长字符编码。这种编码方法简单易行,但浪费太大。而统计编码是根据数据库的字符频率统计结果来决定编码方案的。频率最高的字符用最短的编码表示,频率次高的字符用次短的编码表示,依此类推。

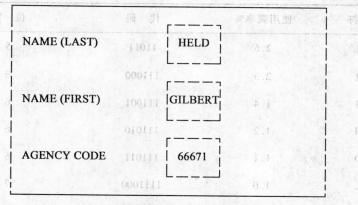

图 10.11　表格方式操作的数据项目

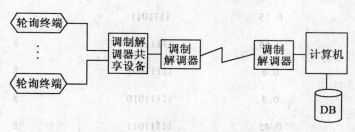

图 10.12　表格方式编码增线服务

表 10.4 为一种 Huffman 编码方案。根据对空白字符和 26 个大写字母在数据文件中出现频率,确定具体的编码表。

表 10.4　　　　　　　　　　一种 Huffman 编码

字符	使用频率%	代　码	位　数
空白	35	0	1
E	17	100	3
T	15	101	3
O	7.5	11000	5
A	6.1	11001	5
N	3.8	11010	5

字符	使用频率%	代 码	位 数
I	2.6	11011	5
R	2.3	111000	6
S	1.4	111001	6
H	1.2	111010	6
D	1.1	111011	6
L	1.0	1111000	7
C	0.9	1111001	7
F	0.85	1111010	7
U	0.75	1111011	7
M	0.65	11111000	8
P	0.6	11111001	8
Y	0.5	11111010	8
W	0.45	11111011	8
G	0.45	111111000	9
B	0.42	111111001	9
V	0.21	111111010	9
K	0.12	111111011	9
X	0.068	1111111000	10
J	0.027	1111111001	10
Q	0.004	1111111010	10
Z	0.001	1111111011	10

根据这种变长编码表,可以计算出每个字符的平均长度:

$$L = 1×0.35+3×0.32+5×0.2+6×0.06+7×0.035$$
$$+8×0.022+9×0.012+10×0.001$$
$$= 3.209 (\text{bit})$$

可见,变长编码比定长编码要节省不少存储空间,使用 Huffman 变长编码不需要分隔符,可按照它的编码树(如图 10.13 所示)来识别每个字符。例如

1110101100011111011011001111000100011111
0101100011111011

二进制串表示字符串:HOW ARE YOU

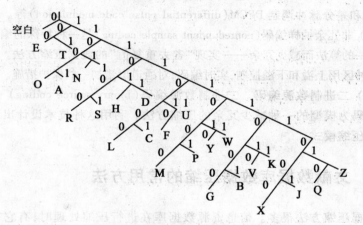

图 10.13 Huffman 编码树

数据库的变长编码节省了存储空间,但增加了译码时间。原有的定长记录又变成了变长记录,使文件组织也复杂化,这些额外的处理会降低系统的响应时间。因此,Huffman 编码适用于其他领域,而对联机数据库并不适用。在后面我们将研究联机数据库的实用变长编码技术。

上述 9 种物理压缩方法,仅是物理压缩方法的代表。数据压缩的方法还很多,有兴趣的读者可以阅读有关数据压缩的文献。

数据库中的数据要进行压缩处理,可采用多种压缩技术。在确定压缩处理之前,一般要先对库内的数据进行分析和统计。只有这样,才能从实际出发,制定出合理的压缩方案,取得比较理想的压缩效果。

第 7 章中已对信息资源数据库进行了分类。对于文献数据库、事实数据库和数值数据库所采取的压缩方法各不相同。在众多的压缩技术中,THOM-AS J·LYNCH 进行了综合分析,提出了四种基本的数据压缩技术。

（1）变换编码。变换编码（transform coding）是对块内的原始实例数据根据一些规则来固定 bit 数目进行线性变换，然后量化处理的压缩方法。变换编码又分多种，如主成分变换（principal component transform）、傅里叶变换（Fourier transform）、哈达马特变换（Hadamard transform）和哈尔变换（Haar transform）等。

（2）预测编码。预测编码（predictive coding）是利用语言的相关性和准周期性来压缩语言信号频带的一种编码方法，这种方法也适用于大多数源数据。对于各种源数据进行预测编码的压缩，其中心也是量化管理。量化到尽可能的小，就实现了预测压缩的目标。预测编码也有多种，著名的有 δ 调制（delta modulation）和差分脉冲调制 DPCM（differential pulse code modulation）等。

（3）非冗余抽样编码（nonredundant sample coding）是一种特殊的编码。它用一些统一的算法而减少冗余——实现"省去重复值"的数据压缩方法。这种编码要求缓冲区用上溢和下溢控制，实时编码，对通道出错加一些保护措施。

（4）二进制数源编码。二进制数源编码（binary source coding）是用二进制数源码为模型的一种减少冗余的压缩方法。利用这种技术设计出最合适的二进制压缩模式。

10.3 文献数据库数据压缩的常用方法

数据压缩方法很多。信息资源数据库在进行压缩处理时，有它自身的特殊性，因而只用了其中一部分。概括起来，数据库的数据压缩常用方法有以下 5 种。

1. 压缩空白字符

在数据库系统中，要求联机服务快速响应，故存储文件一般为随机文件，由于通常的记录为变长记录，故在存储记录中有很多空白字符（在记录尾部），如图 10.14（a）所示。可先将有效字符集中起来，进行组块加索引存储，这样就收回了原数据文件记录尾部的空白空间（如图 10.14（b）所示）。在存取数据库记录时，先查看索引文件，找出记录存放的块号，然后取出所在块就可检索所需要的记录。组块存储犹如集装箱，使用非常方便。这种方法在信息资源数据库中得到了广泛应用。

2. 内码压缩

内码压缩是一种物理压缩方法。它是一种简易的变长编码，但不像 Huffman 变长编码那样复杂。为了使编码和解码简单，方便管理，对字符只作两个长度的编码。一种为 4bit，而另一种为 8bit 编码。对数据库文件进行字符频

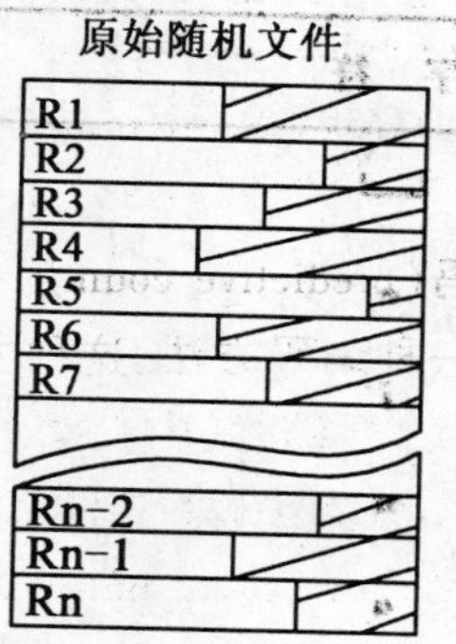

(a)

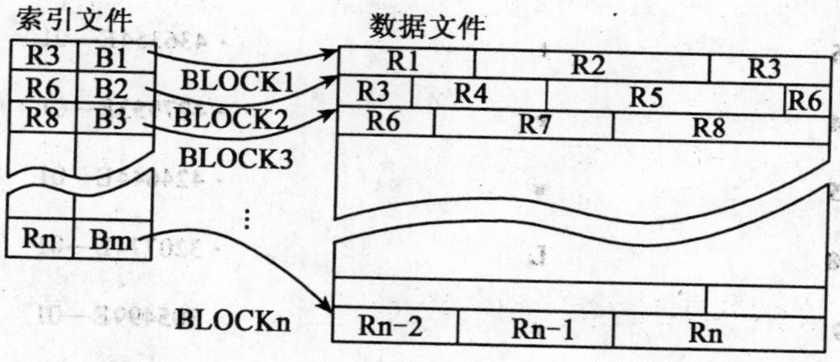

(b)

图 10.14　压缩空白

率统计后,确定具体的编码方案。因为 24 有 16 种状态,故将频率高的 10 几个字符用 4bit 编码,而其余的字符仍用 8bit 编码。为了区分两种编码,在字段前加映像位,对字段的字符数加上控制数。如果该字符为 4bit 编码,则映像位的对应位置置二进制数“1”,否则置二进制数“0”。

例如,在一个数据文件的压缩中,我们先对数据文件作了字符频率统计,其统计情况如表 10.5 所示,其中␣为空白字符。于是,根据统计情况决定了新的编码方案。对频率高的 16 个字符用 4 个 bit 的编码(见表 10.6),其余编码不变(仍为 8bit)。这样,经过内码压缩处理后,节约了大量的存储空间。

3. 前方压缩

前方压缩是去掉冗余存储的有效方法。在数据库的索引文件中,字段值按字典顺序排列,出现了大量的冗余。采用前方压缩方法对原文进行压缩处

表 10.5 字符频率统计表

ASCII 码	字 符	比 重
32	⊔	·10168
101	e	·661405E—01
105	i	·544297E—01
110	n	·483198E—01
111	o	·476324E—01
97	a	·463086E—01
116	t	·436354E—01
114	r	·427953E—01
125	s	·424644E—01
108	L	·320774E—01
99	c	·305499E—01
48	φ	·304735E—01
46	.	·268585E—01
49	l	·253819E—01
104	h	·202393E—01
35	#	·194756E—01
100	d	·187379E—01
109	m	·181263E—01
112	p	·164206E—01
103	g	·154786E—01
117	u	·144857E—01
...		

表 10.6 压缩形式的编码裘

二进制编码	字 符	二进制编码	字 符
0000		1000	s
0001	e	1001	l
0010	i	1010	c
0011	n	1011	h
0100	o	1100	d
0101	a	1101	m
0110	t	1110	p
0111	r	1111	φ

理后(见表 10.7),有效字符的存储明显减少,记录尾部的大量空白空间可组块建索引(高一级的索引)后收回。由于这样的记录很短,因此组块时不作跨块处理。在一块内不够存一条记录的时候,就空着块的尾部不用,该记录存下一块内,以小的空间代价保持了检索操作的快速响应。

表 10.7 前 方 压 缩

原 文	前方压缩后
ROBERTS F. S.	ROBERTS F. S.
ROBERTS P. B.	8P. B.
ROBERTS R. W.	8R. W.
ROBINSION D. W.	3INSION D. W.
ROBINSION G. G.	10G. G.
ROBINSION R. L.	10R. L.
ROBINSION T. C. T.	10T. C. T.
ROBINSION W. B.	10W. B.
ROBINSION W. L.	10W. L.

4. 后方压缩

对数据库文件进行压缩处理时,也可利用关键字排列的顺序来消去关键字后端的重复字符,这种压缩索引的技术叫做后方压缩(Rear-end Compression)法。如图 10.15 所示的实例说明了后方压缩的具体情况。

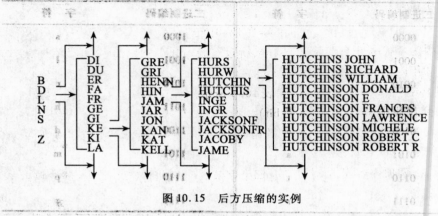

图 10.15　后方压缩的实例

为了更有效地对数据库进行压缩,在索引压缩中,可同时采用前方压缩和后方压缩。如图 10.16 所示就是联合使用这两种压缩方法的具体例子。

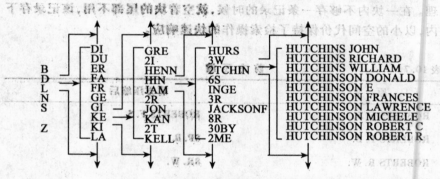

图 10.16　前方压缩和后方压缩的实例

5. 逻辑编码压缩

对数据库记录的字段进行数据分析,将取值范围有规律的字段进行逻辑编码,用二进制数位存储会收到明显的效果。

微机在图书情报部门的应用中,WD—TQGX 文献库对文献索取号进行了编码压缩。在这个应用实例中,文献索取号的内容有四个部分:出版年代、年内记录顺序号(机器流水号)、语种和出版国家与地区。按照习惯的存储方式,出版年代要 4 个字节,年内记录顺序号 5 字节,语种 3 字节,出版国家与地区 3 字节,共需 15 字节,而采用编码压缩后只需 4 个字节就可以表示上述的四个字段的内容。具体编码方案如下:

① 出版年代 (6 个 bit)

$$y = 年代 - 1980$$

因为年代为 6 个 bit,而 $2^6 = 64$,所以出版年代的范围为 1980—2044 年。

② 年内记录流水号 (16 个 bit)。

③ 语种 (3bit),具体编码如表 10.8 所示。

④ 出版国家与地区 (4 个 bit)。

表 10.9 为出版国家与地区的编码表,仅用 4 个 bit 就描述了主要的出版国家与地区。

以上四项内容仅占 29 个 bit,四个字节的空间还留有 3 个 bit 的位置供系统扩充用。

表 10.8

编码值	二进制数	语 种
0	000	未用
1	001	中文
2	010	英文
3	011	法文
4	100	德文
5	101	日文
6	110	俄文
7	111	其他语种

表 10.9

编码值	二进制数	国家与地区	缩写字
0	0000	澳大利亚	AUS
1	0001	加拿大	CAN
2	0010	中国	CAH
3	0011	法国	FRA
4	0100	原东德	DDR
5	0101	原西德	DEU
6	0110	意大利	ITA

编码值	二进制数	国家与地区	缩写字
7	0111	日本	JPN
8	1000	波兰	POL
9	1001	罗马尼亚	ROM
10	1010	原苏联	SUN
11	1011	英国	GBR
12	1100	美国	USA
13	1101	原南斯拉夫	YUG
14	1110	其他	…
15	1111	未用	

文献索取号的压缩存储,不仅大大地节约了存储空间(仅为原有存储空间的 4/15),而且也提高了检索速度。因为直接利用文献索取号可以对语种、出版年代、出版国家和地区进行限定检索,不需要动用文档,没有 I/O 时间。由于都在内存中处理,因而速度很快。

10.4　大型联机数据库数据压缩的实例

数据压缩是信息存储的一个重要课题。它不仅对于微型机的应用至关重要,对于中、小型机的应用也是极其重要的,任何大型机的应用都不能忽视这个问题。下面仅以世界三大国际联机系统之一的 ESA/IRS 为例,从 ESA/IRS 所采用的数据压缩措施来看数据压缩的效益。

ESA/IRS 系统已有 100 多个数据库,数据库的结构如图 10.17 所示。图 10.17 中 IF 文档有多个。一般地,IF 与检索途径相匹配。从图 10.17 中可知,ESA/IRS 数据库由线性文档 LF(Linear File)、线性文档索引 LX(Linear file Index)、倒排档 IF、倒排档索引 IX 和词档 RT 组成。使用数据库的流程如图 10.17 所示。

ESA/IRS 对数据库采取了多种压缩处理措施,对不同的文档采用的压缩方法各异。在介绍各文档的压缩方法中,我们仅以文献库为例。

1. LF 文档的压缩措施

对 LF 文档的压缩分两步进行,首先对字符进行重新编码(简易的变长编码)压缩,然后再进行组块存储。

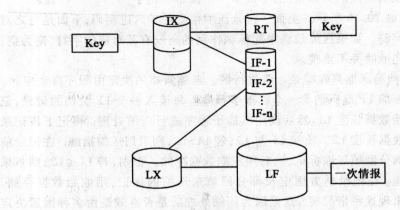

图 10.17　ESA/IRS 数据库结构及检索流程

　　字符代码的压缩在进行字符频率的统计之后确定其编码方案。将字符频率高的字符用 4 个 bit 来编码,而其他字符用 8 个 bit 编码。表 10.10 为 ESA/IRS 所用的字符压缩转换表,其中 ƀ 为空白字符。

表 10.10　　　　　　　　　　　　　　　　**字符编码表**

0　1　2　3　4　5　6　7　8　9　A　B　C　D　E　F(十六进制)


```
 |  ƀ  E  T  A  O  N  R  I  S  H  D  L      (not used)
C|  B  C  F  G  J  K  M  P  Q  U  V  W  X  Y  Z
D|  ·  <  (   +  1  ε  !     $  )   ;  –  /  ,%
E|  -  <  ?     :  #  @  ,  =  "  0  1  2  3  4  5  6
F|  7  8  9  (见下面说明)
```

F3 = X'00'

F4 = X'FF'

F5 = X'80'

F6、F7、F8 留待将来用

F9 = 未定义的字符

FA = 未定义的字符串的开始

FB = 一个小写字符

FC = 空格和一个小写字符

FD = 小写字符串

FE = 空格和小写字符串

FF = 结束,未定义字符结束。

为了说明压缩的具体情况,下面举一个简单的例子。

例:如表 10.10 所示。上面一行是压缩信息的十六进制码,下面是与之对应的实际字符。如果压缩信息中起标识作用的码没有其对应的字符,则为空,实际上在还原时并不出现。

LF 文档的压缩是在记录一级进行的。压缩策略的决定由程序自动控制。

处理压缩 LF 编码的为一个标准子程序。每读入一个 LF 文档的记录,记下它的原始数据长度 L1,然后调用压缩子程序进行压缩处理。再记下该记录压缩后的数据长度 L2。比较 L1 与 L2,若 L1>L2,则采用压缩措施。在记录前方固定长部分回填压缩标记,然后用压缩数据存储。否则,若 L1≤L2,则不采用压缩措施。在记录前方固定长部分回填未压缩的标记,用原始数据存储。为什么会出现这种情况呢?这是因为压缩处理后是否奏效是由多种因素决定的。由于现在的字符已为变长编码,没有分界符,如何分隔字符呢?只有在每个字段的首部加上字符的控制位的信息,这样就增加了一些存储。如果压缩的空间还不足抵消这些开销(即 L1≤L2),则该记录就不必压缩存储。这种情况只是在字段很短、其中的压缩字符很少时而产生的一种特例。

据 ESA/IRS 对 INSPEC 数据库的 LF 文档的压缩情况统计,压缩前每条记录的平均长为 415 字节,而压缩后的每条记录平均长为 285 字节,压缩后节约存储31%。压缩存储 LF,节约了大量的空间。这是以时间代价换取空间的方法。在实际应用中,ESA/IRS 所付出的时间代价并不高。计算出编码时所需的时间如下。

假如对平均 1000 字节的记录进行压缩,每个字符压缩处理需要执行 30 至 50 条指令。那么一条记录的压缩最多需要执行 5 万条指令。ESA/IRS 的计算机为 260 万次/秒,每秒钟可压缩 52 条记录,每万条记录的压缩处理只需要 3 分钟。在联机检索中,将压缩记录解码复原输出,解码时间与压缩编码时间相当。因一次所命中的记录数不可能很多,主机速度快,外设输出慢,因而感觉不到多花了时间。所以,数据压缩不仅实用可行,而且经济效益和社会效益也相当显著。

LF 文档在进行字符简易变长编码压缩之后,随即进行组块加索引的办法组织。这样,不仅收回了记录尾部的空白字符所占的空间,而且生成了 LF 的索引文件 LX。

2. LX 的压缩措施

LF 压缩块存储后就生成了 LX 文件。LX 的存储由 18 个字符压缩到只有 8 个字符。压缩后的 LX 记录格式为:

4	4
Key	Data

其中: Key = Accession Number

　　Data = TTR + Dataset #

TTR 为磁道的相对地址,占 3 字节。Dataset #为数据集号,占 1 字节。

　　LX 文件还可以组块存储,建立高一级的索引。LX 为 ISAM 文件,因而查找速度很快。

　　3. IF 文档的压缩

　　IF 文档的压缩是采用编码按位存储,以提高信息密度来实现的。IF 文档里均为记录的索取号,每条记录 5 个字节,其信息布局如下:

二进制数位	内容
0—4	年(卷)值减去一个基数
5—21	年(卷)内顺序号
22—23	记录标记
24—26	字段标识
	0—CT 控制词
	1—UT 非控制词
	2—TI 标题
	3—CS 团体作者
	4—SP 出版来源
	5—AB 文摘
	6——…未用
	7—前缀词
27—31	句子顺序号
32—38	单词顺序号
39	Major/Minor 标记

这里共 40 个 bit(5 字节)压缩存储了 7 种信息,信息密度提高了,从而大大压缩了 IF 文档的存储空间。同时,文献索取号里的信息(如词间关系、字段限定等)可直接进行限定检索,提高了检索速度。

4. IX 文档的压缩

倒排文档索引 IX 的压缩采用了两项措施。一是前方压缩,去掉了大量的冗余,二是组块建高一级的索引。

ESA/IRS 的 IX 文档分为 PX(primary index)和 SX(secondary index) 两部分。SX 中存放带前缀的词(如 Au = …,CC = …,CO = …等)和相关词表,其余的词存放 于 PX 中。PX 中为 ISAM 组织的文件,按字典顺序排列。PX 的压缩是对块一级进行压缩。其具体做法是:每块的第一个检索词全文存储,其后的词逐一与前一词进行比较,前方一致部分不再重复存储,只在该词前面标上与前一词的重复的字符数。SX 中的前方压缩方法与 PX 相同,其前缀部分在内也一同压缩(见表 10.11)。PX、SX 的压缩效果是很明显的,据统计,其存储空间可压缩 66% 左右。一般来说,文件的规模越大,压缩的效果越好。

表 10.11

原　文	前方压缩处理后
AU = NAKAYAMA, F. S.	AU = NAKAYAMA, F. S.
AU = NAKAYAMA, H.	13H.
AU = NAKAYAMA, I.	13I.
AU = NAKAYAMA, J.	13J.
AU = NAKAYAMA, K.	13K.
AU = NAKAYAMA, M.	13M.
AU = NAKAYAMA, N.	13N.
AU = NAKAYAMA, O.	13O.
AU = NAKAYAMA, P. I.	13P. I.
AU = NAKAYAMA, R.	13R.

10.5　多媒体数据的压缩技术

在第 8 章中,我们已经讨论了多媒体数据的特点,数据量大是它的主要特征之一。仅以声音和视频数据为例,1 分钟声音信息的数据量为:

$$44.1 \times 16 \times 2 \times 60 = 10.584(\text{MB})$$

其中:采样频率为 44.1kHz,采样位(量化位数)为 16bit,双声道立体声,60s 时间声音信息的数据量为 10.5MB,而 1 分钟的视频信息量化后的数据量为:

$$640 \times 480 \times 24 \times 30 \times 60 = 165.888(\text{MB})$$

这里,分辨率为 640×480,采样位为 24bit,那么一帧(frame)图像信息的数据量为 921.6KB,而一般一秒钟需刷新 30 帧,所以 1 分钟的视频信息数据量有 165.888MB 数据量,体积相当大。这样,给多媒体信息的传输与应用存在很大的障碍。为了使多媒体信息实时处理达到实用化水平,必须对多媒体数据进行有效压缩。

10.5.1　采样与量化

研究多媒体信息量化数据的压缩,先从采样与量化原理入手。

1. 什么是采样

在传统的通信系统中,传递的信息一般是模拟信息(如电话、电视等),表现为一种时间连续的信号。而在计算机通信中,以数字方式传送信号。首先,要把连续变化模拟信号转换为离散的数字信号。这种转换(A/D)过程一般分为采样、量化和编码三部分(如图 10.18 所示),将模拟信息转换成 01 代码串的数字形式。

采样(sampling)是按周期性的时间间隔或任意的时间间隔取某一连续变量值的过程。

2. 采样定理(sampling theorem)

在图 10.18 中,A/D 转换为信号等价转换。经过采样所得到的数字信号,通过逆变换(D/A 转换)能恢复出原来的模拟信号,即采样过程不会造成模拟信息的损失。

多媒体信息采样,遵循采样定理:频带为 O-W 的连续信号 f(t) 可以用一系列离散采样值 $f(t_1)$、$f(t_1 \pm T)$、$f(t_1 \pm 2T)$……来表示。只要选择采样率 f ≥ 2f0(f0 为最高采样率),该信号就可由这些采样值完全恢复出来。

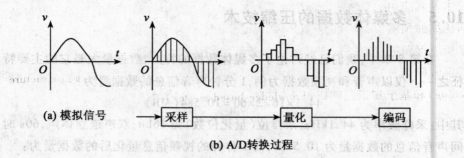

(a) 模拟信号　　采样　→　量化　→　编码

(b) A/D转换过程

图 10.18　信息转换原理图

3. 量化

量化(quantize)是把本来没有量概念的事物转化为数量。量化是数字化的必要步骤。

量化等级通常用二进制的位数 n 表示。例如,$2^8 = 256$,$2^{16} = 65536$,其中 8 和 16 就是量化的位数。

10.5.2　编码与压缩措施

编码就是将各采样点特征量化等级变换成一个 n 位的二进制数串,这个 n 位二进制数就是相应采样点的编码。

多媒体原始信息很多是模拟连续信息,经过采样、量化、编码后转换为离散的数字化信息。由于原始数据量大,一般采用压缩编码,用于传输和存储,而使用多媒体数据时进行解码还原数据,其原理图如图 10.19 所示。

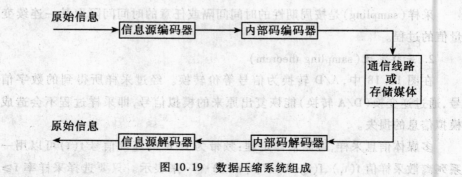

图 10.19　数据压缩系统组成

其中,内部码编码器与内部码解码器是压缩算法与逆运算。随着多媒体技术及其应用的发展,人们研究了许多压缩方法。例如,针对统计冗余进行数据压缩的预测编码(predictive coding)和变换编码(transform coding),根据信息熵原理而进行数据压缩的哈夫曼编码(Huffman coding)、行程编码(RLC)和算术编码等。后来,人们又提出了第二代编码方法,如结构编码(structure coding)和基于知识的编码(knowledge-based coding)等。

10.5.3 实例简介:数据压缩标准

多媒体数据压缩专题研究吸引了世界范围的学者、生产厂商和有关的国际组织。经过长时间的努力,提出了 JPEG、MPEG、P×64 等图像压缩、视频压缩标准。

1. JPEG

JPEG 是联合图片专家组(joint photographic experts group)的缩写,该组织由国际标准化组织(ISO)和国际电报电话咨询委员会(CCITT)联合成立。经过多年的攻关,1991 年 3 月提交了 JPEG 压缩标准。它适用于多灰度静止图像的数字压缩,包括无损压缩、基于离散余弦变换(DCT)和 Huffman 的有损压缩两部分。

JPEG 的基本算法的操作如图 10.20 所示。

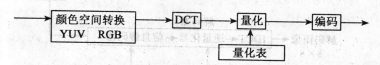

图 10.20 基于 DCT 的 JPEG 过程

(1)颜色空间转换。JPEG 把色彩作为独立的部分进行处理,因而首先进行颜色空间转换,以便压缩使用不同色彩空间的图像数据。其中,YUV 分别表示图像的亮度信号、色度和饱和度,而 R. G. B. 表示图像元素的红(R)、绿(G)、蓝(B)色的值(每个描述点的取值范围是 0 ~ 255)。

(2)DCT。DCT 是离散余弦变换(discrete cosine transform)的缩写。它是面向 $M×N=2^r * 2^β$ 数据块的算法。

$$F(u,v) = \frac{1}{4} C(u) C(v) \sum_{x=0}^{M-1} \sum_{y=0}^{N-1} f(x,y) \cdot$$

$$\left[\cos\frac{2x+1}{2M}u\prod\right]\neq\left[\cos\frac{2y+1}{2N}v\prod\right]$$

$$u=0,1,2,\cdots,M-1$$
$$v=0,1,2,\cdots,N-1$$

其中：$C(u),C(v)=\begin{cases}1/\sqrt{2} & \text{当 }u=v=0\text{ 时}\\ 1 & \text{其他}\end{cases}$

JPEG 采用 8×8 子块的二维离散余弦算法。

（3）量化。JPEG 采用线性均匀量化器，量化过程是对 64 个 DCT 系数除以量化步长并四舍五入取整，而量化步长从量化表中读取。

（4）编码。JPEG 标准对 8×8 子块中 DC 系数采用差分编码（DPCMDifferential pulse code modulation）。因为 64 个变换数位量化后，左上角系数（DC）为直流分量，它由域中 64 个图像采样值的平均值产生。由于相邻的 8×8 子块之间的系数一般有很强的相关性（见图 10.21），所以对相邻子块之间的 DC 系数的差值进行编码，压缩效果较好。

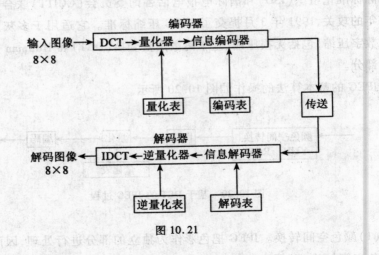

图 10.21

在一个 8×8 子块中，除 DC 系数外，还有 63 个分量（AC 系数），采用 Z 字形扫描（见图 10.22）并使用行程编码。

为了进一步压缩数据，对 DC 码和 AC 码行程编码后可进一步采用 Huffman 和自适应二进制算术编码（adaptive binary arithmetic coding）。

经过一系列的压缩措施后，JPEG 对图像数据进行了有效压缩，一般可达到 40：1 的压缩比。

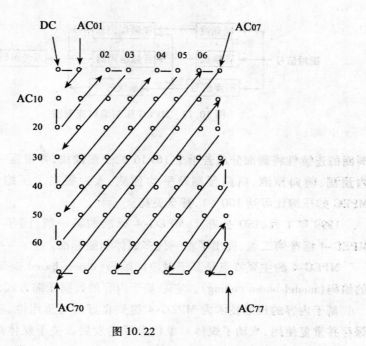

图 10.22

2. MPEG

MPEG 是运动图像压缩标准(moving picture experts group)的缩写。该专家组的工作兼顾了 JPEG 标准和 CCITT 专家组的 H. 261 标准。

1990 年,MPEG 提出了第一个标准草案。该标准分成两个阶段：

第一阶段(MPEG-1),是对传输速率为 1MB/s、1.5MB/s 的普通电视质量的视频信号压缩；

第二阶段(MPEG-2)是对 30Frame/s、720×572 分异率的视频信号进行压缩。在扩展模式下,它可对分辨率达 1440×115 高清晰度电视(HDTV)的视频信号进行有效压缩。

MPEG 标准分成 MPEG 视频、MPEG 音频和视频音频同步三部分,分别编码,然后系统编码合成。其实施流程如图 10.23 所示。

MPEG 压缩算法复杂、计算量大,要实施处理一般要专门的硬件支持。而视频数据流的压缩是 MPEG 的核心。在图像压缩中,MPEG 一是采用帧内编码压缩,二是采用帧间预测和插补编码技术,并且在帧内压缩和帧间压缩中均用 DCT 变换,对视频数据进行了有效压缩。在视频压缩中,利用帧系列相邻

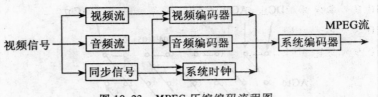

图 10.23　MPEG 压缩编码流程图

画面的连续性将画面分成若干个 16×16 的子图像块,并根据一定条件进行帧内预测、前向预测、后向预测及平均预测,大大提高了压缩比。一般来说,MPEG 的压缩比可达 100:1,甚至更高。

1999 年 1 月,ISO 公布了 MPEG-4 标准的第一版,同年 12 月又公布了MPEG-4 标准第二版,提出了新一代多媒体压缩标准。

MPEG-4 的主要特点是基于对象的编码(object-based coding)和基于模型的编码(model-based coding)。它是基于内容的数据压缩方式。

基于内容的压缩技术为 MPEG-4 提供良好的可重用性,各种媒体对象被保存并重复使用,推动了媒体对象信息库的发展。关于媒体对象数据、模型、参数及操纵合成方法以及存储、查询、管理和动态更新已成为新型数据库的热点研究课题。总之,基于内容的压缩是信息处理的高级阶段,它向人性化、智能化方向迈进了一大步,不仅操作简便,而且更具亲和力。

ISO 还启动了一个新项目"多媒体内容描述接口"(multimedia content description interface),简称 MPEG-7。它的目标是把现在有限的查询能力扩展到多媒体信息形式,支持快速而高效的搜索。MPEG-1、MPEG-2 和 MPEG-4 极大地丰富了 MPEG-7 的内容和应用范围,将信息检索与数据压缩技术提高到一个新阶段。

习 题 10

10.1　什么叫数据压缩?为什么要研究数据压缩?

10.2　数据压缩方法如何分类?简述各类方法的编码原理。

10.3　什么是压缩率?何谓压缩指数?

10.4　文献数据库常用哪些压缩方法?试举例说明。

10.5　组块方法有几种?各有何特色和用途?

10.6 简述 ESA/IRS 数据库的压缩措施,试评价其压缩效率。

10.7 多媒体数据压缩有何特点?常用哪些压缩算法?

10.8 简述 JPEG 的数据压缩方法。

10.9 简述 MPEG 系列标准及特色,它们对视频数据如何压缩?

11 数据库技术的新进展

数据库系统从 20 世纪 60 年代末诞生至今，已经历了第一代数据库系统的成功和第二代数据库系统的辉煌，数据库系统的开发与应用日益广泛，第三代数据库系统的开发速度加快。Internet 的发展加速了数据库新技术的开发与利用。

在近几年中，数据库技术在很多领域都有长足进步。例如，分布式数据库、数据仓库与数据挖掘、知识库与智能数据库、工程数据库、并行数据库、主动数据库、模糊数据库等都有新进展。

11.1 分布式数据库

11.1.1 概念

定义：一个分布式数据库（distributed database，DDB）是一组数据集，它们逻辑上属于同一系统，但是物理上分散在用计算机网络连接的多个节点上。

从上述定义可知：DDB 中的数据分散在计算机网络中的多个节点（两个以上），这些数据逻辑一致，是统一的有机体。

分布式数据库是新近发展起来的一种技术，它是随着数据库技术和计算机网络技术的发展而形成的，是分布式信息处理系统中的一种较理想、符合实际需要的技术。最初，数据库的物理存储是集中存放在一台计算机上，不同场地的用户通过通信网络实现数据库的资源共享，人们称之为集中式数据库系统。随着数据库信息增加，不仅增加了通信网络的负担，而且对维护和管理庞大的数据库带来了很大的困难，因而降低了数据库的可用性和可靠性，而分布式数据库较好地克服了这些问题。在分布式数据库管理系统的控制下运行分布式数据库,供地理位置上分散的用户共享分布式数据库中的数据资源。

11.1.2 分布式数据库的特点

1. 数据分布性好,应用结构合理

例如:① 跨国公司的分布式数据库系统(DDBS),各分公司数据自成体系,就地使用,整个公司有机协调、逻辑一致。② 银行系统通存通兑,总行、分行、各办事处、营业所成千上万个节点,灵活自如,可本地存取,也可异地存、兑。

2. 可靠性和可用性强

可靠性与可用性不仅是系统在特定时刻能达到的能力,而且是在一定时间间隔内系统继续使用的能力。

集中式 DBS,单个节点(node)出了问题,所有系统用户对整个系统都无法使用,而 DDB 避免了这个弱点。某个场地(site)出了故障,其他节点仍能照常工作,这样就大大改善了系统的可靠性与可用性。

3. 经济性能好

用户的大部分数据在本节点解决,减少了通信费用。大数据库并不需要大的投资,可以分散在各地,群体解决,可充分利用计算机资源。

4. 数据透明性好

数据的逻辑分布和各分布数据的分配即数据的物理分布对用户均是透明的。分布式数据库系统的主要目标之一是提供通常所说的"分布透明性",其中包括了"位置透明"和"数据重复透明"。用户和用户程序无须知道任何特定数据项位于何处(即存储在哪个节点上),所有这些分布信息只需存储在全局数据目录中。

5. 可扩充性与数据共享性好

可以扩大老节点的局部数据库,或增设新节点,增加新的局部数据库以扩充已设计好的分布式数据库,使地理位置不同的各个节点能共享同一数据。

11.1.3 分布式数据库系统(DDBS)的分布技术

1. DDBS 的分类

(1)按同构度分类:

①同构型 DDBS——各节点的 LDBMS(局部 DBMS)相同。

②异构式 DDBS——各节点 LDBMS 不一致。

(2)按局部自治度分类:

①无局部自治——对 DDBMS 存取必须通过客户软件局部自治型、联邦

型(federated)DDBMS。

②多 DBS(multidatabase system) 这类 DBS 的每一个服务器软件均为一个独立的自治的集中式 DBMS,每个 LDBMS 有输出模式(export schema)定义非局部用户可共享的数据,而用输入模式(import schema)定义访问全局数据库或多数据库,用户存取多个自治型局部数据库中的数据。

(3)按透明度分:

①没有分布透明度(或模式集成度)——用户必须知道片段、分配、复重等信息结构。

②高度分布透明——用户不需了解集成模式任何信息,则称高透明度。

2. 数据分片

(1)水平分片(horizontal fragmentation)

关系中元组的子集:

例如,EMPLOYEE(ENAME,SSN,BDATE,ADRRESS,SEX,SALARY,SUPERSSN,DNO)

可以按 DNO=5,DNO=4,DNO=1 分出三个水平子集。

又如:PROJECT(PNAME,PNO,PLOCATION,DNUM)

也可按 DNUM=5,DNUM=4,DNUM=1 为条件划分为三个水平子集。

一般地,关系 R 上每一个水平片段可以用关系代数的选择操作 $\sigma_{c_i}(R)$ 来实现,其中 C_i 是一组条件 $C_1,C_2,\cdots,C_n$,满足条件 $C_1,C_2,\cdots,C_n$ 的一组水平片段包括了关系的全部元组。换句话说,R 中的每个元组满足(C_1 或 $C_2\cdots$或 C_i)。我们将这种水平分片称为 R 的完全水平分片。

(2)垂直分片(vertical fragmentation)

EMPLOYEE(ENAME,SSN,BDATE,ADDRESS,SEX,SALARY,SUPERSSN,DNO)

E1(SSN,ENAME,BDATE,ADDRESS,SEX)

E2(SSN,SALARY,SUPERSS,DNO)

关系 R 上垂直片段可以用关系代数的投影操作 $\prod_{L_i}(R)$ 来实现。投影属性列 $L_1,L_2,\cdots,L_n$ 的一组垂直片段包括了 R 的所有属性且只共享 R 的主码属性,我们称这种垂直分片为 R 的完全垂直分片,投影属性列满足下述两个条件:

① $L_1 \cup L_2 \cup \cdots\cdots \cup L_n = ATTRS(R)$

② $L_i \cap L_j = PK(R)$,其中 $i \neq j$

显然,上述 E_1 和 E_2 即为 EMPLOYEE 的完全垂直分片。

(3)混合分片(mixed fragmentation)

将水平分片和垂直分片混合形成混合分片。通常可用一个式子表示：$\Pi_L(\sigma_C(R))$，它通过选择—投影合成操作符得到。

当 $C=TRUE,L\ne ATTRS(R)$，则得到垂直片段；当 $C\ne TRUE,L=ATTRS(R)$，则得到水平片段；当 $C\ne TRUE,L\ne ATTRS(R)$，则得到混合片段。

3. 数据重复和分配

有时为了提高响应速度，DDBS 有意保留一些数据的复本。极端情况是：

（1）完全重复式：DDBS 全部节点有重复数据，每个节点复制一份。

（2）不重复式：DDBS 没有重复数据，一个数据片只分在一个节点上。它更新容易，完整性好，但响应速度慢。

（3）部分重复式：公用数据片有重复，专业性强的按节点需求分布数据，综合效益好、响应时间较快（80% 数据在本节点）。

11.2 数据仓库与数据挖掘

全面、准确地掌握信息资源是知识经济时代的需要。过去利用数据库进行联机事务处理 OLTP，可以回答具体事务级的信息需求。而今由于竞争的加剧，OLTP 已不能为业务部门提供全面、准确的分析统计和决策支持。随着计算机信息系统在全球范围内的广泛应用，许多机构和公司都积累了大量的历史数据，从这些数据中，可以研究过去的经营状况、管理状况，发现和挖掘可以改进的地方，可使决策者很快地对自己的经营情况做出准确的评估，并为制订计划、确定发展规划提供依据。然而，准确地从这成堆的历史数据中挖掘、整理出有用的数据，需要使用新的方法，这就要在联机数据库的基础上建立为决策支持系统和联机分析处理（OLAP）数据源的结构化数据环境。这个数据环境能提供 OLAP 所要求的一切，就如一个包罗万象的数据中心，这个数据中心就叫数据仓库（data warehouse，DW）。

1990 年，W. H. Inmon 在 *Building the Data Warehouse* 一书中提出了数据仓库的概念。这一概念和引入联机分析处理（OLAP）方法解决了在信息技术发展中存在的拥有大量数据及如何利用其中有价值信息的问题，为构筑合理可行的 DSS/EIS 系统提出了解决方案。数据仓库的设计是一个非常重要的基础，国内外诸多研究者对此也提出了许多建模的规划及实现方法。例如，一个公司的业务需求的确定。数据仓库系统的使用者是企业各级的决策和业务人员，他们关心的问题和一般的操作人员不同，他们所要求的数据有：公司最近一周的销售情况（销售量、销售额）如何，是否正常；公司最近一周的各地区的销售情况如何，是否有异常情况；公司历来哪些客户最重要，他们如今销售如何;公司××产品今年按月计在各地区销售走势如何;公司××产品历年销售中各规格比例如何,现在的库存状况是否合理。从这些问题中可以发现这样一些信息:

(1)事实(facts)。如销售量、销售额、库存量、库存额和应收账款等。这些数据是实际分析的基础数据。它们日积月累,数量庞大,一般在若干 TB 级的数量。

(2)维(dimensions)。它是事实信息的属性,如销售发生的时间、客户、部门,销售的是何种产品、何种规格等。它们一般变化不大,数量也相对较小。

(3)粒度(units)。它是维划分的单位,时间维可按日计,也可按旬、按月、按年计;产品维可明细到规格或颜色,也可按款式、面料等较粗的单位来统计。这些信息一般没有变化。事实和维也不是一成不变的,有时也会根据决策者不同的思考角度而发生变化。

数据仓库既是一种数据库,又高于数据库。DW 的关键技术为:数据抽取、存储与管理、数据表现和 DW 设计技术。

整个数据仓库是依据模型方法建立的,在创建数据仓库时需建立下列几类表:

(1)系统信息表。用于维护运行及编程所需,如记录系统时间、数据备份、数据转储和系统数据字典。

(2)档案数据表。系统中各对象数据,商品信息、客户地区、部门信息、系统凭证信息。

(3)原始单据表。记录原始单据备查。

(4)数据仓库数据表。数据仓库的主题表与维表,如多维数据包括销售数据、库存数据、应收数据。

(5)转换对照表。用于数据源至数据仓库转换中的客户对照、产品对照等。

上述几类信息表需要专用软件来管理。例如,在系统的数据传送与采集方面的一些专用软件有:

(1)远程数据采集模块。如点对点通信(用于连锁店)数据传送程序;外地公司拨号上网数据传送程序;外地分公司网间互联路由器方式数据传送程序。

(2)未转换数据缓冲表生成模块。如从远程或本地采集来的数据,转入一定格式的未转换数据缓冲表。

(3)完整性检测模块。未转换数据缓冲表对数据进行一定的检测与整理,如代码统一化,过滤同一对象多个实例,使之形成一个数据仓库所需的标准接口数据,模块涉及的代码设对照关系表,最后形成待载入数据仓库的标准数据表。

(4)数据载入模块。主要用于异构环境下数据转移和数据仓库的数据载入。具体是从标准数据表将数据载入数据仓库中的数据表。

数据源确定与数据载入完成后,下一步就是数据仓库的数据存储问题。存储包含了数据不同视图的存放形式,其存储管理系统,正如前面环境设计所讨论的,主要有关系数据库管理系统(RDBMS)或多维数据库管理系统(MDD-BMS)。

由此可见,数据仓库一般由五个功能部分组成:数据源的确定与采集;数据的转换;数据的载入与存储;数据的查询分析;元数据。元数据(meta data)是其他四个部分的基础,是管理数据仓库的控制参数。元数据和数据仓库数据一样,对数据仓库开发者非常重要。数据仓库环境需要在一些元素(element)基础上的原数据。这些元素数据从 OLTP 中选取出来,包括它们的域、有效性、采集规则以及将这些元素数据转换成数据仓库集成视图的规则。元数据库是描述数据仓库的数据库。

数据挖掘(data mining)技术是从大量的数据中发现隐藏的规律或数据间的关系,它通常采用机器自动识别的方式,不需要人工干预。

数据挖掘技术是数据仓库技术中的一个重要的应用程序,具有相对的独立性。采用数据挖掘技术,可以为用户决策分析提供智能的、自动化的辅助手段。数据挖掘涉及数理统计、模糊理论、神经网络和人工智能等多种技术,技术含量大,实现难度较大。

数据仓库和数据挖掘是 21 世纪数据库应用新的增长点。数据库的应用从信息检索发展到知识发现(knowledge discovery based in database,KDD)阶段。要在数据海洋中寻找知识,建立数据仓库是基础,进行数据挖掘是关键。

11.3　知识库和智能数据库系统

长期以来,数据库与人工智能 AI(artificial intelligence)都是计算机学科两个十分重要的领域,20 世纪六七十年代是互相并行的学科,后来又相互渗透。

数据库系统目前发展的方向之一是与人工智能相结合。将数据库的思想、方法应用于人工智能领域便产生了知识库(knowledge base,KB),将人工智能应用于数据库便产生了智能数据库(intelligent database,IDB)。知识库是人工智能的基础,它在专家系统、知识工程等人工智能应用领域具有极其重要的地位。智能数据库在信息检索系统、辅助决策支持、办公室自动化等应用系统中发挥着重要作用。

定义1：知识库是用来存储大量知识的规则库与事实库,具有语义处理与推理求解功能,可以根据不同需求进行知识管理和问题求解,以提供知识共享。

KB 与 DB 的关系:二者既有差异,又相互联系,因此有人统称"信息库"。

传统的 DB 与 AI 差别太大:

DBS——能处理海量数据,高速检索,但不能理解数据。

AIS——启发式搜索与推理,能处理上千条规则,上万个事实数据。

实际上,知识库系统(KBS)是新一代的数据库系统(DBS)。

定义2：管理知识库的计算机软件称之为知识库管理系统(knowledge base management system,KBMS)。

KBMS 的功能:

(1)具有传统 DBMS 的一切功能(存取、处理事务的功能)。

(2)KDL(knowledge description language)(概念、事实、规则管理)。

(3)管理大量知识。

(4)有一个推理机构(inference engine)。

(5)采用逻辑语言(如 Prolog,datalog …)。

定义3：知识库系统是一个进行知识获取、知识管理、问题求解的系统。它的构成如图11.1所示。其中,KBA 为知识库管理员。

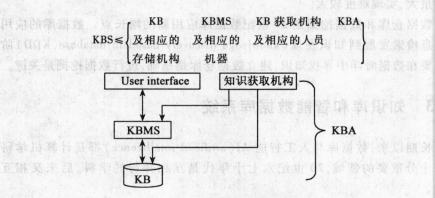

图 11.1 知识库系统示意图

KBL(knowledge base language)

KBL 一般为逻辑语言。它具有描述、推理、归纳等功能,比较著名的 KBL

有 Prolog 和 Datalog 语言等。

Prolog 语言是一种基于一阶谓词的逻辑程序语言,但它并非是纯逻辑式程序语言,用 Horn 子句描述。

谓词(predicate):肯定或否定数理逻辑中的一个或多个命题。

谓词字母(predicate letter):在谓词演算中,表示谓词的字母。常用大写拉丁字母表示。

谓词演算(predicate calculus):数理逻辑的基础部分。在谓词演算中,不仅把命题看作整体,而且还要分析命题的内部结构,把命题的内部结构分析为具有主语和谓语的逻辑形式,由命题函数、连接词和量词构成命题,研究其中的逻辑推理关系。和命题演算相比,谓词演算引进了全称量词和存在量词。

一阶谓词演算(first order predicate calculus)。

若在二阶谓词演算中,除普通变量外不允许有其他任何变量(如函数变量或谓词函数变量),则称为一阶谓词演算。

知识库系统的实现方式有多种,下面是一些常用方法。

(1)基于 DBMS 的 KBS(智能 DBS),如图 11.2 所示。

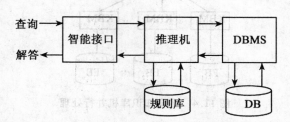

图 11.2 智能数据库系统

其特点是实现容易,但需要知识语言、数据语言、知识语言二次转换,系统开销大、效率低。

(2)改进的 RDBS(improved relational DBS),如图 11.3 所示。

(3)多个知识库机(knowledge base machine,KBM),如图 11.4 所示。

多个 KB 机并行处理,完成推理机的功能。

KB 在实际工作中的应用十分广泛。例如,它在 CAD 中的应用,支持数据模型的复杂性,可用两个基本点简单函数制作奥运会会旗:

Ring(x,y,r,r',color)

$R(x_1,y_2,x_2,y_2)$

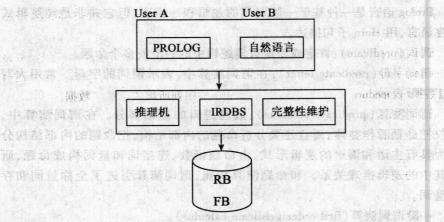

图 11.3　改进的关系数据库系统

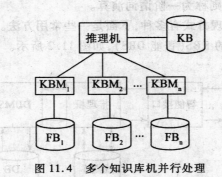

图 11.4　多个知识库机并行处理

　　此语句可根据不同场合要求,立即绘出不同规格的彩色五环旗。

　　任何复杂的图形可以分解成不同单元,每个单元由一个模型表示。它支持数据模型动态变化、快速查询,还支持版本管理和支持智能化的 CAD。知识库在智能决策支持系统(IDSS)中发挥了重要作用。

11.4　工程数据库

　　计算机的广泛应用产生了许多分支。CAx 就是其中的一种。人们把计算机辅助设计 CAD(computer aided design)、计算机辅助生产 CAM(computer aided manufacturing) 以及 CAP(computer aided production)、CAS(computer aided system)、CAT(computer aided testing)、CIM(computer Integrated manufacturing)

统称 CAx 。在此基础上，人们开发了工程数据库(engineering database,EDB)。

EDB 是用于存储工程数据的一个数据集合。它是一种数据存储仓，是持久数据的存储手段，可以是文件或 DB。

EDB 里的数据类型有图形数据(graphic data)、文本数据(text data)、数值数据(numerical data)、超文本数据(super-text data)和模糊数据(fuzzy data)，另外还有过程数据(procedure data)。过程数据是动作的序列所组成的一组数据。

工程数据库的特点：

(1)记录型多，每个记录型有大量实例。

(2)记录型之间关系复杂、关系密切。

(3)长期相对稳定，支持版本管理。

(4)数据量大，变长，介质多样化。

什么是工程数据库管理系统(engineering data base management system)呢？工程数据库管理系统是管理工程数据和工程流程的支持系统，简写为 EDM/EWM(engineering data management/engineering workflow management)。它实际上是 engineering data access interface(EDAI)。

工程数据库管理系统的主要功能：

(1)支持动态模式的修改和扩展。

(2)支持设计的反复性。

(3)支持复杂实体的处理。

(4)支持非结构数据实体的处理。

(5)支持图形数据处理。

(6)支持多个 DB 版本。

(7)支持工程事务的处理。

(8)支持设计规则检验与一致性约束的实施。

EDB 的模型方法有多种：

(1)扩充的关系模型(extended relational model)。它由 1NF 加上过程类型和抽象数据类型。

(2)关系和网状混合模型(hybird relational-network model)。整体结构为网状混合模型，节点为关系，整体结构为网状结构。

(3)关系—层次式混合模型(hybird relational-hierarchical model)。

(4)语义数据模型(semantic data model)。

(5)非第一范式的关系模型(non first normal form relational model)。

允件属性为一个关系的 DM，实际上为嵌套的关系数据模型(Nested relation model)。

323

　　不管模型方法有多少种,但其功能相似,它们均需描述以下四种对象：控制结构、控制流程、数据结构和数据流程。

　　下面以美国空军集成计算机辅助制造研究项目定义 Integrated computer aided manufacturing DEFinition(IDEF)为例,讨论它建立的模型方法(有 IDEF0 和 IDEF1 等)。

　　1. IDEF0 方法

　　SADT(structured analysis and design technique)是一种活动模型方法,IDEF0 采用了这种结构分析与设计方法,它的核心是用图形逐层地表示一个系统及其各模块的功能和它们之间的联系。其基本图形如下：

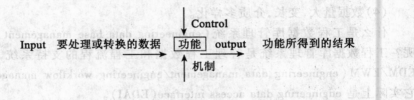

　　控制位于上方,表示指导、支配、影响功能的处理和转换的因素。

　　机制位于下方,表示功能实现时可供使用的手段或方式(如人员、工具、规划、政策等)。总的处理方法：可以逐级细化,逐级展开,描述数据流程。它可以建立一个 CIM 系统的数据流程图。

　　2. IDEF1 方法

　　IDEF1 是对 IDEF0 的细化,它负责对实体、联系、属性进行具体定义。

　　IDEF1X 是 IDEF1 的扩充。IDEF1X 方法的基本结构是：

　　(1)包含数据的事物,如人、概念、物、地点,用框表示。

　　(2)事物之间的联系,用连接框的直线表示。

　　(3)事物的特征用框中的属性表示。

　　实际上,IDEF1X 是一种作图方法,它负责对实体、联系、属性进行具体定义。

　　工程数据库还具有处理长事务和版本管理的能力。

11.5　并行数据库

11.5.1　并行计算与并行数据库

　　为了提高处理速度,并行算法与并行计算机是热点研究课题之一。目前,并行数据库所依赖的并行计算机结构主要分四种:全共享资源结构(shared everything,SE 结构);共享主存储器结构(shared memory,SM 结构);无共享资源结构(shared nothing,SN 结构);共享磁盘结构(shared disk,SD 结构)。

SN 结构具有通过最小化共享资源带来的干扰最小化、可扩充性好并在联机处理过程中可获得接近线性的加速等优点,所以,人们选择 SN 结构是支持并行 DBS 的最好并行结构。

在并行体系结构的支持下,实现关系操作的并行化,以提高 RDB 的效率,这种数据库就是并行数据库(parallel database,PDB)。

并行 DB 与分布式 DB 的关系:

(1)相同点:数据分布,全局 DD,片段的划分,事务处理,恢复等。

(2)相异点:网络通信方面,分布式网络大部分为串行方式,时延大;并行式系统使用内部并行网,时延缓解,效率高。

11.5.2　PDB 技术

超大规模集成电路(VLSI)技术的发展,不断改变着硬件环境。现有三种基本结构:流水线计算机、陈列计算机和多处理机系统。出现了并行体系结构,也就有了并行计算机。

PDB 的出现源于 RDB 中数据操作的低效和 VLSI 技术的迅速发展,它是数据库技术和并行技术相结合的产物。

PDB 技术包含以下两个方面:

(1)并行体系结构,包括:

流水线向量处理机;

SIMD——single instruction-multiple data 结构;

MIMD 结构;

超立方体结构——布尔 N 维立方体互联结构。

它有 2 的 N 次方个节点,每个节点有它自己的 CPU 和 LOCAL 存储器,所有节点处理机构相同,每个节点都与 N 个相邻节点相连。地址由 N 位二进制表示,相邻节点仅一位不同,它有如下特点:递归性好,可扩充;网络直径小;通信路径多;拓扑相容性好。

(2)并行算法——主要指并行联结算法,还有数据分配、倾斜处理。并行联结算法是指 PDB 中并行联结顺利、高效地运行的一种策略。主要解决数据在各个处理节点的分配问题,比较成熟的算法有并行哈希(hash)算法及其变异的算法。

基于哈希函数的联结算法(hash based join algorithm)是并行联结中数据分配的一种策略。特点是在数据分配之前,将其存储桶静态地分给每个处理节点,然后再将数据通过哈希函数分配到各存储桶。

11.5.3 PDBMS

PDBMS 是在并行操作系统和并行程序设计语言环境下的 DBMS,它负责对存储在各节点的并行 DB 进行并行检索、并行联结、并行插入、并行删除、并行修改等并行操作。其中,最困难的是并行联结,它要进行并行联结关系对的划分及处理机的分配等操作。PDBMS 的各种操作效率较之单机的 DBMS 的效率要高几十至几百倍。

11.6 主动数据库(active database)

11.6.1 为什么要研究 aDBS

我们知道,传统的数据库系统只能被动地执行用户请求的相应操作,因此它是一个被动的 DBS。

$$DBS = \{DB, DBMS, Users\}$$

其中,Users 为一般终端用户、程序员用户和 DBA 等,用户是主动的请求者,而 DBS 是被动的执行者。

在实际应用中,人们还希望在某种外来的紧急情况发生时,DBS 还应有相应的主动报告或处理功能。

例如,生产管理系统(DB 应用系统)原料出现短缺、产品达到一定库存、资金出现临界点应主动报警、亮红灯,并指出解决问题的办法。

假定我们管理一个电视机厂的数据库应用系统要求:

元件数量够一个月的生产量;

库存量少于半个月的生产量;

流动资金不少于 3000 万元。

这就要在数据库系统中设置一定数目的规则(建规则库 rules base)和一定的事件监视用的触发器(trigger)。

我们把这一定的规则库及自动生成规则的知识库简称事件库(EB),把事件库的相应监视(触发)器称为 EM,这样:

$$aDBS = DBS + EB + EM$$

所以 aDBS 是发展的需要,它是更高层次的 DBS。

这里 aDB 不仅包含了数据与数据之间的联系,而且还包括:驱动事件的知识库——规则库、事实库、语义网络、简称事件库、管理与控制运行的事件监视器,这样就增加了一定的智能及主动反映、自动处理的能力。因而,主动 DB 比一般的 DB 更复杂。

11.6.2　在 aDB 中应解决的几个问题

目前,在 aDB 中应解决的问题分别是:aDB 的 DM 和知识模型、执行模型、条件检测、事务调度、体系结构和系统效率。

1. aDB 的 DM 与知识模型

所谓知识模型就是在 aDBMS 中描述、存储管理 ECA(event-condition-action)规则的方法。由此,必须扩充传统的 DM,使它能支持对 ECA 规则的定义、操作及规则本身的一致性保证。此外,知识模型还应支持有关时间的约束条件。

传统 DB 的 DM 其描述能力有限。虽然引入了触发器机制来保证数据完整性控制,但这一机制方式简单,不符合发展要求。因而 aDB 的数据模型是在传统的 DM 上增加规则部分,即知识模型。一些 aDBS 采用 OODM,用对象统一描述数据和规则。

2. 执行模型

执行模型指 ECA 规则的处理、执行方式、包括 ECA 规则中事件—条件,条件—动作之间各种耦合方式及其语义的描述,规则的动作和用户事务的关系,它是对传统事务模型的发展和补充。

在 aDB 中,提出了立即执行、延时执行、紧耦合/松耦合等多种多样的执行 ECA 规则的方式,可以灵活地定义 aDB 的行为。

3. 条件检测

在 aDB 中,条件检测是系统实现的关键技术之一。它的条件复杂,可以是动态条件、多重条件、交叉条件。所谓交叉是指条件可以互相覆盖,即其中某些子条件可以属于其他主条件。

目前已取得的成果:

(1)多重条件同时求值算法;

(2)求值过程中,中间结果的生成和维护方法;

(3)递增求值方法;

（4）求值时利用规则动作部分知识；

（5）代价模型和启发式方法。

其优化有待进一步研究。

4. 事务调度

事务调度就是如何控制事务的执行次序，使得事务满足一定的约束条件。

在传统 DBMS 中并发事务的调度执行应满足可串行化要求，以保证 DB 的一致性。

在 aDB 中，对事务的调度不仅要满足并发环境下的可串行化要求，而且还要满足对事务时间方面的要求，如事务中操作的开始时间、终止时间、所需的执行时间。这就要求 aDB 不仅要有新的框架和新的调度模型，而且要有以此为基础的调度策略和调度算法。

5. 体系结构

由于 aDBS 大部分是在传统 DBS 的基础上扩充而成的，因而它的体系结构应具有更高的模块性和灵活性。aDBMS 还有事务管理部件和对象管理部件以支持执行模型和知识模型，并增加了条件检测器、规则检测器和事务管理器，当各种事件发生时可发出相应的信号。aDBMS 的体系结构如图 11.5 所示。

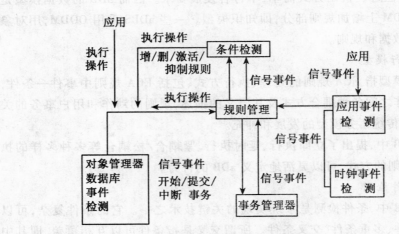

图 11.5　aDBMS 体系结构图

其中：条件检测器——接收要检测的条件并进行优化求值；

规则管理器——控制规则的执行；

事务管理器——当事务开始、提交或中断时发出相应的信号。

6. 系统效率

一般地,对 aDB 的研究必须包括对不同体系结构、算法运行效率的比较和评价。

系统效率是主动 DB 研究中的一个重要课题。为了提高系统效率,进行了不同方案和试验课题的研究。例如:

(1)把条件计算和动作执行从触发事务中分离开来,用启发式调度算法和条件检测法;

(2)在分布环境和多处理机环境下的系统资源分布策略、负载平衡的研究等。

11.6.3　aDB 模型

主动 DB 是在被动 DB 的基础上发展起来的,主要是增加了"事件驱动"等模块。"事件驱动"是"数据驱动"的一种推广,因为事件的表达要比数据表示复杂得多。

欧美一些国家的研究机构和大学从 20 世纪 80 年代开始对 aDB 进行了专门研究,把 aDB 说成是"带规则的 DBS"。

例如,IBM 公司的 Alert 系统的体系结构如图 11.6 所示。

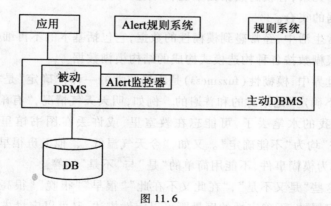

图 11.6

前面我们已列出一个 aDBS 的一般模型:

$$aDBS = DBS + EB + EM$$

其中:DBS 为一个传统的数据库系统;EB 为事件库,它是一组事件驱动的知识集合;EM 是监视 EB 中的事件是否发生的监视模块。

前面已讨论了 KB ={规则库,事实库,语义网络}。

下面讨论规则定义的一些情况。

Alert aDBS 用扩充的 SQL 语言,定义了规则的激活和抑制(activation & deactivation)。rule activation 即规则激活命令定义规则执行模型,其命令格式如下:

activate <Rule name>

　TransCoupLing = Same ∣ Separate,

　TimeCoupLing = Sync ∣ Async

　Assertion = Immediate ∣ Deferred

该命令执行后返回一个唯一的规则标识 rule-id,规则抑制命令格式为:

deactivate <rule id>

11.7 模糊数据库(fuzzy database)

11.7.1 概述

定义:在计算机的外存储器上,按一定的模式组织在一起,相互关联且具有最小数据冗余,有较高数据独立性、一致性、完整性和安全性,可供数据共享的模糊数据的集合。

在日常生活中,经常碰到模糊性的数据,它包括基本的不再细分的各种模糊数和由模糊数按各种构造模式构成的结构模糊数据。

客观世界中,模糊性(fuzziness)是不确定性的一种,“确定”是相对的和个别的,而“不确定”是绝对的和普遍的。例如,明天天气情况,“有雨还是无雨”不能确定,我的水笔丢了,可能忘在教室里,或许丢在图书馆里?这些“可能”、“或许”均为“不能确定”。又如,“今天气温低”、“他上班很早”、“他下班很晚”等均为模糊事件,不能用简单的“是”与“不是”回答。

以上这些“是又不是”,“在此又不在此”“很早”“很晚”“很高”“很低”等均为不确定属性,不确定性的度量既可以定性描述,又可以定量描述。

例如,对一个普通集合 X 而言,任意一元素 x,它或者属于 X($x \in X$)或者 $x \in X$,不可能有第三种状态。它可用一个特征函数 c(x)描述。

$$C(x) = \begin{cases} 1 & \text{当 } x \in X(\text{或称 } x \text{ 在 } X \text{ 之内}) \\ 0 & \text{当 } x \in X(\text{或称 } x \text{ 在 } X \text{ 之外}) \end{cases}$$

由此可见,X 有一个明确的“边界”,把整个世界 U(或称论域)明确划分为 X 之内和 X 之外两部分。一个特征函数就刻画了一个普通集合,两者之间具有一一对应关系。美籍伊朗数学家扎德(Zadeh L. A.)于 1965 年提出了模糊集合(fuzzy set)的概念。他提出用一个定义在整个论域 U 上取值[0,1]的所谓"隶属函数"(membership function):

$$\mu_A(X) : U \to [0,1], \quad x \in U$$

来表示一个模糊集合 A。用[0,1]之间的数 $\mu_A(X)$ 表示论域元素 X 隶属于 A 的程度。

$\mu_A(X)$ 0 表示 $x \in A$

                 1 表示 $x \in A$

0～1 间的实数值越大,x 属于 A 的程度越高。Zadeh 引进了模糊集合上的各种运算,建立了模糊集合论。由于模糊集合总可能性认为是论域的边界不清的一个子集,故一般称为模糊子集。

论域(universe of discourse):欲讨论对象(或元素)的全体所组成的集合,为模糊集合的定义划定了一个有关的对象范围,或欲讨论的对象范围(域)。论域中的元素原则上是任意对象,特别地,也可以是一些模糊集合。

隶属度(membership degree):在模糊集合中用以表示论域中元素隶属于模糊集合的程度的一种度量。一般用[0,1]间的实数表示:0 表示 $\in$,1 表示 $\in$,而(0,1)间的数值越大,隶属程度越高。

例如:很大,较大,较小,很小……

综上所述,在现实世界中,确切的值只是特例,而模糊的值却更一般、更自然。研究模糊数据和模糊数据库有着重要的理论价值和现实意义。准确性只是模糊性的特例,模糊性便是准确性更一般的情况。因此,我们要分专题研究模糊数据库,因为数据的模糊性大大拓展了数据库所能表示客观事物的范围。

11.7.2 模糊数据库的特点

我们知道,在模糊数据库中,数据的模糊性是 F-DB 的第一个公共属性(模糊数、模糊字符、模糊字符串、模糊布尔量(亦称模糊逻辑量)、模糊结构等),而数据间联系的模糊性称为 F-DB 的第二个公共属性。同样,约束条件、数据操作、查询语言、用户视图与外模式、数据冗余、数据间函数相关性(依赖性)等都是具有模糊性的。

1. 数据的模糊性

以前我们所讲的数据(数值、字符、逻辑量、结构等)一般为准确数据,它们只是客观世界的特例,而在实际生活中,大量的是一般化的数据——模糊数据。

所谓模糊数据就是包含模糊性的数据,它包括基本的不再细分的各种模糊数和由模糊数按各种构造模式构成的各种模糊数据。

例如,模糊复数(包括整数和实数)、模糊数集合、模糊向量、模糊元组,甚至还可以包括模糊框架、模糊关系等。

2. 数据间联系的模糊性

由于元组的模糊性、属性的模糊性,从而构成了数据间的联系被分成不同的层次,每个层次都有模糊性。

age>36⇒age > 40 ? age > 50 ?   age>60?

当然,数据间的联系包括静态联系和动态联系。

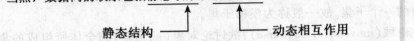

静态结构 ——   —— 动态相互作用

它们的联系也有不确定性。

3. 约束条件的模糊性

DB 中的约束条件很多,例如,完整性约束、一致性约束、实时性约束、安全性约束,这些条件也有相应的模糊化特点。

$$(Key_1 + Key_{-2} + Key_{-3})\ \text{加权选择}$$

若 $V_1 + V_2 + V_3 > 6$ 则在 Subset 中,否则它不在 Subset 中。

在信息检索中,对检索词的检索不要求完全一致,而只要求基本一致(前方一致、中间一致、后方一致)就命中。这些均为约束条件的模糊性。

4. 数据操作的模糊性

所谓数据操作的模糊性,指对数据操作是以某种模糊的方式进行的,或在对某些模糊数据或对象进行(数据)操作之后仍得到模糊的结果。

(1)模糊运算:模糊算术运算   若 A<40,B<45 则 A+B<85

模糊关系运算 $\sigma, \pi, *, \div$

模糊字符串运算   +,-

模糊逻辑运算 $\wedge, \vee, -$

模糊函数

模糊检索(或选择),Join,Project 等;

(2)模糊集合上的运算结果仍为模糊值。

5. 查询语言的模糊性

① DDL 的模糊化:Fuzzy data,Fuzzy E-R,约束条件模糊。

② DML 的模糊化:查询条件模糊化,语言解释模糊化。

6. 子模式与用户视图的模糊性(fuzzy of subschema & user view)

①子模式与用户视图的边界是模糊的,数据库中的数据是否属于该子模式或用户视图,有一个隶属度。

②在子模式或用户视图中可用什么样的模糊操作应有相应的描述,用户在 FDB 中的可见部分的模糊性。

7. 模糊数据的冗余性

数据冗余度,或冗余性就是 DB 的重复数据,在 FDB 中,不仅把重复数据叫冗余数据,而且把"相似"和"相近"到一定程度的数据也叫冗余数据。

显然 FDB 的冗余性比常规 DB 的冗余性大。

8. 数据间依赖关系的模糊性

DB 中一个重要概念是数据间的函数相关性(function dependence,FD)

(1)码(key)的概念模糊化。码有唯一性标识作用,如候选码、主码等。由于 FDB 中属性值为模糊数,可能用一个集合来表示候选码或主码。

(2)范式(Normal Form)的模糊化。用模糊函数、模糊映像定义规范化形式(NF),即模糊规范化形式。

11.7.3   模糊数据模型(FDM)

数据模型是数据库的核心。研究模糊数据模型是研究模糊数据库的基础,模糊数据模型也分多种,如模糊关系数据模型、模糊网状数据模型、模糊层次式数据模型、模糊 E-R 模型、面向对象的模糊数据模型、模糊逻辑模型和模糊知识库模型等都是它的选择方案。

模糊数据库是数据库应用的发展方向之一。掌握模糊数据库技术,让它为人类服务,这是我们研究的目标。

11.8   XML 数据库

XML(可扩展标记语言,eXtensive Markup Language)由于其自身的优点,已经成为互联网环境下数据表示和数据交换的基础。XML 应用日益广泛,应用领域跨越电子商务、Web 服务、网格计算等众多领域。为了支持 XML 数据的组织、存储和利用,出现了以存储和查询 XML 数据为主的数据库。

11.8.1　XML 数据库的分类与特点

在 XML 数据的组织、存储和查询方面,存在两种方法:

(1)在关系数据库系统或面向对象数据库系统的基础上,扩展其功能以支持 XML 数据,这类数据库被称为支持 XML 的数据库(XML Enabled Database,XED)。

(2)专门存储和管理 XML 数据的数据库,被称为原生 XML 数据库(Native XML Database,NXD)。

XED 在原有的数据库系统上扩充了对 XML 数据的处理功能,使之能适应 XML 数据存储和查询的需要。一般的做法是在数据库系统之上增加 XML 映射层,映射层管理 XML 数据的存储和检索,但原始的 XML 元数据和结构可能会丢失。因此,XED 不能充分表达 XML 数据自身的特点,如结构化、自描述性等特征,在处理 XML 数据时要经过多级转换,如存储 XML 数据时要将其转换为关系表或对象,在查询时要将 XML 查询语言如 XPath、XQuery 等转换为 SQL 或 OQL,查询结果还要转换为 XML 文档。

NXD 数据库充分考虑到 XML 数据的特点,以一种比较自然的方式来处理 XML 数据,能够从各方面很好地支持 XML 数据的存储和查询。NXD 具有如下特征:

(1)为 XML 文档定义相应的逻辑模型。基于该逻辑模型进行 XML 数据的存储和查询,该模型要包含 XML 文档中的元素、属性和 PCDATA,并保持文档顺序。

(2)以文件作为其基本逻辑存储单位。正如关系数据库以表中的记录作为基本逻辑存储单位一样,在 NXD 中,以 XML 文档为基本的逻辑存储单位,并支持对文档内部各个元素、片段的检索。

(3)不要求只能使用某一特定的底层物理模型或某种专有的存储格式。例如它可以建在关系型、层次型或面向对象的数据库之上,或者使用专用的存储格式,比如索引或压缩文件。许多 NXD 都采用了专用的 XML 数据存储格式,以提供索引和快速存取手段。

11.8.2　NXD 的基本结构

NXD 是面向 XML 数据的,因此其管理的对象为 XML 文档,在数据存储、索引编制、存取控制和数据查询等方面有其特殊性。但从数据库管理系统的功能层面看,查询处理、事务管理、数据库管理和维护、索引管理、存储引擎等都是其必须具备的功能,典型的 NXD 系统结构如图 11.7 所示。

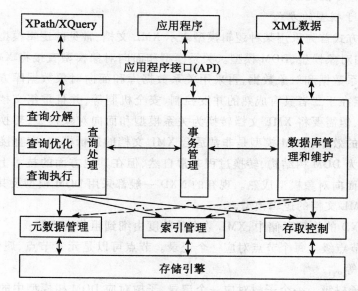

图 11.7　NXD 系统结构

11.8.3　NXD 的存储机制

NXD 要对 XML 文档进行存储,理想情况下,应该满足如下目标:

（1）支持无模式的 XML 数据的存储;

（2）提供针对模式的存储和优化;

（3）能有效地存储以文档为中心和以数据为中心的 XML 文档;

（4）能够高效精确地还原 XML 文档;

（5）支持高效查询和更新;

（6）支持并发和恢复;

（7）支持多版本 XML 文档的存储。

从现有的 NXD 数据库来看,存储 XML 数据的方案大体有下述两种。

1.　基于文本的方式

基于文本的方式将 XML 文档看做是字节流,将其存储在文件系统的文本文件或数据库的 BLOB 字段中,然后对文本文件或 BLOB 字段建立索引,再通过索引检索 XML 数据。这种方式可以快速检索 XML 文档片段,精确还原

XML 文档,但是在重组文档或提取文档结构时,效率较低,必须通过额外的文档解析操作才能完成。

2. 基于模型的方式

这种方式首先采用某种逻辑模型表示 XML 文档,常见的逻辑模型有关系模型、面向对象模型、DOM 模型。关系模型和面向对象模型直接将 XML 文档表达为关系数据和对象数据,再采用关系数据库和面向对象数据库方式进行存储,优点在于二者具有成熟的并发控制、安全机制等,并且重组文档片段时速度较快,但需要将 XML 文档转换为关系模型和面向对象模型,转换过程会降低系统的效率;DOM 模型是非常适合 XML 文档的逻辑模型,它直接将 XML 文档转换为 DOM 树结构,转换过程非常自然,但在其他方面的技术上不如关系模型和面向对象模型成熟。现有的 NXD 一般都采用 DOM 模型及其变体作为存储 XML 文档的逻辑模型。

在 NXD 的物理存储中,XML 数据的粒度由细到粗分为三层:

(1)节点级。每个节点对应一个记录。节点可以是元素节点、属性节点、文本节点等。

(2)子树级。一个子树对应一个记录,子树对应 DOM 树模型中的子树。

(3)文档级。将整个文档作为一个记录。

在物理存储中,粒度越高,XML 文档被划分得越细,记录间的联系越多,存储效率较低,但重组文档时无需转换和解析;反之,粒度越粗,构造记录、插入元素等涉及细节数据的操作就越复杂。

11.8.4 NXD 的索引

NXD 中普遍采用索引提高查询效率。由于 XML 数据的半结构化特性,在查询时可以对"值"和"结构"作查询。其中结构查询体现在对 XPath 和 XQuery 语言的使用上,二者在查询过程中,不仅包括对"值"的查询,还体现在对 XML 文档中各元素路径的限定上,而这可以通过对 XML 文档的"结构"索引来完成。

NXD 中的索引有三类:值索引、节点索引和路径索引。值索引在节点内容和属性值上建索引,节点索引在元素节点和属性节点的标记上建索引,路径索引在 XML 文档 DOM 树中由边组成的路径上建索引。NXD 中采用的具体的索引技术包括 B+树索引、Fabric 索引、Patricia Trie 索引等。

11.8.5　NXD 的查询

关系数据库采用 SQL 语言进行数据库查询,因此其基础为 SQL;NXD 则是建立在 XML 文档树基础上的,因此采用基于树结构的 XPath 和 XQuery 作为查询语言。XPath 和 XQuery 都为 W3C 标准,其中 XPath 可以遍历和定位 XML 文档中元素和属性,并提供了 XPath 函数对元素和属性进行限定。XQuery 是用于 XML 数据查询的语言,它对 NXD 的作用类似 SQL 对关系数据库的作用,XQuery 被构建在 XPath 表达式之上,并被大部分 NXD 和商业数据库厂商所支持。

以下面的 XML 文档(book. xml)为例,根节点为 bookstore,代表书店信息,书店包含图书,对应 book 元素,book 元素又包括 title、author、year、price 四个子元素。

```
<? xml version = "1.0" encoding = "ISO-8859-1"? >
<bookstore>
  <book category = "COOKING" >
    <title lang = "en" > Everyday Italian</title>
    <author>Giada De Laurentiis</author>
    <year>2005</year>
    <price>30. 00</price>
  </book>
  <book category = "CHILDREN" >
    <title lang = "en" >Harry Potter</title>
    <author>J. K. Rowling</author>
    <year>2005</year>
    <price>29. 99</price>
  </book>
</bookstore>
```

下面的 XPath 用于输出价格小于 30 的 book 元素。

```
doc("books. xml")/bookstore/book[price<30]
```

该 XPath 语句可以转换为 XQuery 语句。

```
for  $x in doc("books. xml")/bookstore/book
where $x/price<30
order by  $x/title
```

return $x/title

其中 $x 为临时变量,where 为条件子句,order by 为排序语句,return 为输出语句。该查询语句还通过排序语句按照 title 元素值升序排列,并将满足条件的 book 元素中的 title 元素输出。

下面的 XQuery 语句用于查询:类别为"CHILDREN"的图书中,价格大于 30 的图书标题元素。@ 符号说明 category 为属性,"[   ]"内包含的是对 book 元素的条件限定。

for $x in doc("books. xml")/bookstore/book[@category="CHILDREN"]

where $x/price>30

order by $x/title

return $x/title。

XPath 和 XQuery 的最新版本分别为 XPath 2.0 和 XQuery 1.0,其详细的标准规范内容请参考 W3C 官方网站:XPath 2.0(http://www.w3.org/TR/xpath20/),XQuery 1.0(http://www.w3.org/TR/xquery/)。

11.8.6 典型的 NXD 数据库系统

在学术界和工业界的共同推动下,雨后春笋般地诞生出大量 XML 数据库原型系统和商用产品,大致可分为四大类型:

(1)商业类:如 Ipedo、Tamino、Natix、Xyleme 等。其中,美国 Ipedo 公司的 Ipedo XML Database 和德国 Software AG 公司的 Tamino 是其中的佼佼者,成为目前市场上的主流产品。

(2)研究类:如 Stanford 大学早期开发的 Lore 等。

(3)开放源码类:其中影响较大的是 Berkeley DB XML、dbXML、XDB、Xindice、BaseX、eXist 等。

(4)原型系统类:这些原型系统具有学术性质,较为著名的有密歇根大学安阿伯分校的 Timber、西雅图华盛顿大学的 Tukwila、威斯康星大学麦迪逊分校的 Niagara、多伦多大学的 Tox。其中影响最大的是 Timber,在该系统的实施过程中,产生了许多有关 XML 数据库的新的概念和方法,多伦多大学的 Tox 则具有出色的索引结构。

值得一提的是,中国人民大学孟晓峰教授领导的 IDKE 实验室,于 2002 年研发出了国内第一个 NXD 数据库管理系统 OrientX,是国内唯一被 W3C 网站收录的 XML 数据库系统,并于 2009 年发布了最新版本 OrientX 3.5。

习 题 11

11.1 什么是分布式数据库？它有哪些特点？

11.2 什么是数据仓库？什么叫数据挖掘？

11.3 研究数据仓库有何意义？

11.4 什么是知识库？它的主要构成是什么？

11.5 简述数据库系统智能化的方法。

11.6 工程数据库是如何诞生和发展的？

11.7 何谓主动数据库？

11.8 什么是模糊数据库？它与常规数据库有何关系？

11.9 为什么要研究并行数据库？它的基础是什么？

11.10 简述 XML 数据库的应用前景。

12　RDBMS 实例

目前,关系数据库管理系统(RDBMS)仍是 DBMS 的主流产品。从国内的 DBMS 市场来看,Oracle、SQL Server、DB2、Sybase、Informix 等比较流行。在小型数据库领域,Access 和 VFP 较为流行。所以,本章将讨论这些系统的基本情况。

12.1　Access 系统

Microsoft Access 2000 是一个小型 RDBMS。它是微软公司 Access 97 的升级版本。由于微软公司 Windows 操作系统的市场占有率高,而 Access 又是随 Office 套件捆绑发行,因而它的发行量很大。Access 也是一种功能很强的小型关系数据库管理系统。

1. Access 2000 的特点

(1)对资源要求不高,适应性强。Access 2000 仅需要下列条件就可安装运行:奔腾 75MHz 以上的 PC 机,Windows 95/98 操作系统(也可在 Windows NT Workstation 4、Windows NT Service Pack 3 以上的版本上运行),内存 16MB (建议使用 32MB)、100MB 的磁盘空间,VGA 适配器、键盘、鼠标等设备。

(2)采用 SQL 语言,通用性好。

(3)数据共享性好。Access 2000 不仅可以与 Office 软件中其他应用(如 Excel、Word 等)交换数据,而且还能与 xBASE、Lotus、FoxPro、Paradox 等和其他配置有 ODBC 的数据库系统交换数据,实现更大范围的资源共享。

(4)方便与 Internet 连接。利用因特网与任意节点交流信息。Access 能将表、查询、窗体和报表导出为 HTML 格式,又能直接访问 Internet 和 Intranet、显示 Web 页面,实现超级链接。

2. Access 数据类型

Microsoft Access 2000 数据库由表、查询、窗体、报表、宏和模块组成(见图 12.1),管理某特定主题或目的的信息集合。Access 的数据类型有 Binary, Bit, Byte, counter, currency, datetime, single , double, sort, long, text, longtext, longbinary 共 13 种。还可以用 guid 实现超级链接。

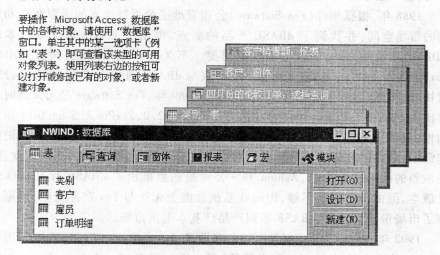

图 12.1

从理论上讲,一个 Access 数据库的规模限制在 1GB 以内,但是 longtext 可以链接 1.2GB 的数据,而 longbinary 又能 OLE 多媒体对象,也可达 1.2GB。因而,Access 的数据量仅受磁盘空间的限制。

3. Access 操作

Microsoft Access 的数据定义语言由 create table , create index , alter table, constraint 和 drop 等语句组成。负责对表、索引进行定义或删除。

Access 的数据操作语言由 SELECT, SELECT…INTO, INSERT INTO, UPDATE, DELETE, INNER JOIN, UNION 等语句组成。

12.2 VFP 系统

Visual FoxPro (VFP) 系统是目前国内外最流行的 RDBMS 之一。它的诞生与发展经历了激烈竞争和技术创新的考验。优胜劣汰,适应者生存的市场法则得到了充分体现。

1. Visual FoxPro 的发展历程

20 世纪 80 年代初,Ashton Tate 公司推出的 dBASE Ⅱ(此前并没有推出 dBASE Ⅰ,这完全是一种商业策略)、dBASE Ⅲ 逐渐成为微机 RDBMS 的主流产品。由于它要求的硬件资源不多,用户接口友好,操作简便易行,因而风行一时,曾一度享有"大众数据库"的美称。

1988 年,银狐软件(Fox Software)公司看准了关系数据库的无限商机和广阔的市场空间,并找到了 dBASE 产品的弱点,推出了 FoxBASE 1.0 版本的 RDBMS 新软件,适应了市场发展的需要。不久,Fox Software 公司又推出了 FoxBASE 2.0 和 FoxBASE 2.1 版。它不仅与 dBASE Ⅲ 完全兼容,而且运行速度快、价格低,因此很快占有了市场份额。1989 年,Fox Software 公司又适时地推出了 FoxPro 1.0 版。1991 年、1992 年 FoxPro 2.0、FoxPro 2.5 for DOS 相继问世,巩固了 FoxPro 的优势。该软件完全采用图形用户界面,用户无须记操作命令,只需通过菜单和对话框对系统进行操作,因而深受广大用户的欢迎。在激烈的市场竞争面前,Ashton Tate 公司虽然也推出了 dBASE Ⅳ 和 dBASE Ⅴ 版本,但由于它创新不够,因而在系统性能上无法与 Fox 产品竞争,逐渐丢掉了市场份额。目前,dBASE 系列产品已基本退出市场。

1992 年,微软(Microsoft)公司宣布收购 Fox Software 公司,微软公司的 Window 技术支持使 FoxPro 如虎添翼,很快推出了 FoxPro 2.5、FoxPro 2.6 for Windows。它的功能强大,运行速度快,并拥有报表、菜单、表单生成器,优化了 Rushmore 技术,应用程序可编辑成可执行(.exe)文件。

1995 年,Microsoft 公司推出了 FoxPro 3.0 for Windows,它是基于 Windows 95 的 32 位系统,它纠正了过去 dBASE 系统和 FoxBASE 系统不准确描述的缺点,完备了关系数据库概念,而且采用了可视化技术和自动生成技术,使 VFP (Visual FoxPro)技术加快了推广应用的步伐。不久,Microsoft 公司又推出了 VFP 5.0(没有 VFP 4.0 版,完全是为了与 Microsoft 公司其他软件产品同步)。Microsoft Visual FoxPro 6.0 版问世之后,适应了因特网发展的需要。它的强劲工具和面向对象的程序设计(OOP)使之成为构造现代集成客户机/服务器结构的 DBS 体系结构的理想选择,FoxPro 由幼年期走向了成年。

2. Visual FoxPro 6.0 的新特点

VFP 6.0 提供许多内置应用程序中使用的可重用组件,减少了开发人员的学习难度,提高了工作效率,比 VFP 3.0 和 VFP 5.0 版更容易学习和使用。这些组件具体体现了如下特点:

（1）Active 文档：创建可在浏览器中启动 VFP 应用程序 Active 文档。

（2）Active 控件：VFP 从目前可用的 6000 多个第三方开发的 Active X 控件中精选出了一批控件用于扩展和增强 VFP 应用程序。

（3）基础类库：类库中提供的预制的可重用基类，使得开发人员可以轻松地往自己的应用程序中加入数据处理、数据检索及相关的功能模块。

（4）应用程序向导和应用程序生成器：VFP 应用程序向导和应用程序生成器提供了一个简单易用的面向对象的框架结构，使用户能方便地创建自己的应用程序。

（5）运行优化器（coverage profiler）：利用 VFP 提供的运行优化器可以测试和调试各程序段的运行情况，然后进行优化处理，提高程序质量。

（6）构件库（component gallery）：利用构件库来创建和组织可重用构件，不仅提高了开发速度，而且增强了应用程序的功能。

（7）向导：VFP 提供了 20 多个向导，使用户能自动生成应用模块，完成各类任务。

（8）OLE 拖放：VFP 使用 OLE 拖放可以实现与其他应用程序的资源共享，VFP 可以直接使用 Word、Excel 和 Explorer 建立的各种数据资源。

（9）支持 Microsoft Transaction Server：使用微软事务服务器，可自动管理、配置和调整 VFP COM 构件。

（10）优化的 COM 支持：VFP 可创建定制的在本地运行或通过 DCOM 远程运行的 COM 构件，并改善了与其他应用程序及工具的集成度。

（11）Web 支持：因特网的广泛应用为数据库应用开辟了新领域，VFP 可创建 Web 应用程序，使信息资源数据库在网上更大范围的得到共享。

另外，VFP 系统注重保护脑力投资，对过去在 FoxPro 2.x 下开发的应用程序都可以原封不动地运行。VFP 6.0 的向下兼容性好。

随着应用技术的发展，微软又不断推出了一些新版本。

12.3 DB2 系统

12.3.1 DB2 的产生与发展

DB2 通用数据库（DB2 UDB）是 IBM 公司的产品。由于 IBM 公司在计算机行业的地位和竞争力，决定了 DB2 UDB 是一个流行的关系数据库管理系统（RDBMS）。

DB2 起源于 SYSYTEM R，并在实践中不断发展与提高。

1983 年,IBM 发布了 DATABASE2（DB2）for MVS,DB2 从此诞生。

1987 年,IBM 发布了 DB2 for OS/2,Unix and Windows 的雏形产品 OS/2 V1.0 扩展版。

1993 年,IBM 公司发布了 DB2 for OS/2 和 DB2 for RS/6000 V1 增强了在多操作系统平台上运行的产品。

1994 年,IBM 发布了 DB2 for MVS V4,引入了分布式数据库的产品。同年推出的 DB2 for RS/6000 SP2,解决了并行数据库的支撑条件,同时引入了大型数据仓库和复杂查询功能。

1995 年,IBM 推出 DB2 Common Server V2,它能在多个平台上支持面向对象的功能,支持 Web 和异构数据库存取数据的能力。支持数据挖掘和多媒体(图像、大文本、音频、视频等)信息资源管理。而 DB2 WWW Connection V1 for OS/2 and AIX(Net. Data)解决了因特网的连接问题。

1996 年,IBM 推出的 DB2 V2.1.2 版本,它是一个支持 Java 和 JDBC 的数据库产品。同年,IBM 公司将 DB2 更名为 DB2 UDB。

1998 年,DB2 UDB V5.2 增加了对 SQLJ、Java 存储过程和用户自定义函数的支持。并着手解决了电子商务实现方案。

1999 年,IBM 公司推出的 DB2 UDB 卫星版和 DB2 Everywhere(即现在的 Everyplace)解决了移动计算并提供对 XML 的支持。

2000 年,IBM 将 Visual Warehouse 集成到 DB2 中,为 RDBMS DB2 内置了数据仓库的管理功能。

2001 年,IBM 发布的 DB2 OLAP Server 增加了数据挖掘功能。

2003 年,IBM 推出的 DB2 Information Integrator 统一为信息管理成品。使 DB2 成为信息资源管理的利器。

DB2 RDBMS 是 IBM 电子业务软件战略中的重要组成部分。电子业务应用程序框架(E-Business application framework)为构建电子业务应用程序设计了一个开放的蓝图。DB2 作为 IBM 电子业务应用程序框架中的核心部分,它推动着企业管理向电子业务转变。图 12.2 显示了电子业务对信息资源的要求。在这些应用程序中,有代表性的模块包括:电子商务(E-Commerce)、企业资源计划(ERP)、客户关系管理(CRM)、采购和物流管理(PLM)、供应链管理(SCM)等。在这些应用项目中,最基础的资源依靠数据库(当然,包括 XML 文档、音频文件、视频文件等)的支撑。

12.3.2 DB2 产品的类型

在分布式环境下,DB2 UDB 提供多个级别、不同版本的产品。这些产品

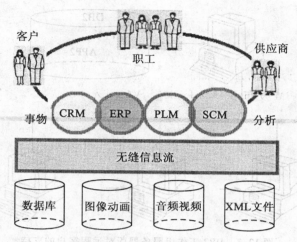

客户　　　职工　　　供应商

事物　CRM　ERP　PLM　SCM　分析

无缝信息流

数据库　图像动画　音频视频　XML文件

图 12.2　电子业务对信息的要求

包括:企业服务器版、工作组服务器版、个人版和 Everyplace 版等。

1. DB2 企业服务器

DB2 企业服务器版是用于构建任务关键型应用系统的 RDBMS,该版本通常用于大型应用系统、支持大规模的部门级应用和大型企业级数据仓库。它不仅提供最大程序的连通性,而且支持异构平台上的 DB2 数据库,并与第三方厂商提供的数据库产品实现数据资源共享。它既能在单 CPU 机器上运行,又能在多 CPU 机器上运行,还可以在大型系统中充分发挥效能。

DB2 企业服务器支持面向对象的处理能力。既能管理结构化数据,又能管理非结构化数据,特别是具有处理多媒体信息(图像、大文本、动画、视频、音频、空间数据、XML 文档等)的能力,数据库的规模可达 TB 级。

2. DB2 工作组服务器

DB2 工作组服务器版是为局域网环境而设计的 RDBMS,它提供对本地客户端和远程客户端的支持。

在图 12.3 中,App1 和 App2 均为本地数据库应用程序。如果设置恰当,远程客户端也可以执行 App1 和 App2 程序。DB2 工作组服务器可以在 Unix、Windows 和 Linux 等多种操作系统环境下运行,它使用 TCP/IP、NetBIOS、Named Pipes 和 SppC 通信协议实现与客户端通信。

3. DB2 个人版

DB2 个人版也是一套完整的 RDBMS,它既可以自成系统单独处理本地数

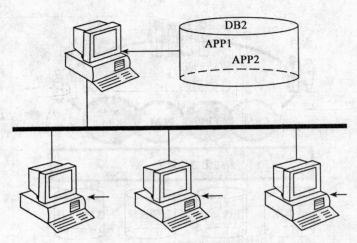

图 12.3　DB2 工作组服务器版对远程客户的支持

据存取,也可以作为 DB2 服务器的远程终端存取在服务器上的数据。在 DB2
个人版的系统中包含了图形化工具,利用可视化方法操作,既可以管理本地工
作站,也可以管理远程 DB2 服务器上的数据与性能调节,允许以最小开销支
持 DB2 系统运行。

　　4. DB2 Everyplace

　　DB2 Everyplace 的前身是 DB2 Everywhere,它是一个微型“指纹”RDBMS。
系统规模大约 180K,主要用于个人数字助理(PDA)、手持个人计算机(HPC)
和嵌入式设备。DB2 Everyplace 可以在 Palm Computing Planform、Linux、Win-
dows CE、Pocket PC、Symbian 和 QNX Neutrino 等环境下运行,它为移动设备和
嵌入设备提供了一个用于存储关系型数据的本地数据库。

　　DB2 Everyplace 的长处是支持移动设备、手持设备,用最小的系统开销实
现电子业务信息管理(见图 12.4)。它的应用程序构建器的特色是:

　　(1)支持各类手持设备可视化地构建报表;

　　(2)支持安装 DB2 Everyplace 数据库;

　　(3)支持通过脚本化语言设计应用程序;

　　(4)可以通过其他工具集成来完成应用程序的测试与调试。

12.3.3　DB2 UDB 的特点

　　1. 兼容性

　　DB2 UDB 可以在多种系列机,多种操作系统平台上运行。提供多种类型

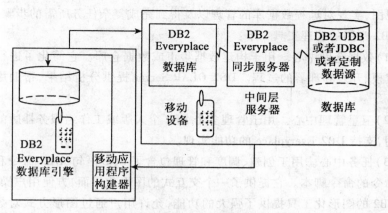

图 12.4　DB2 Everyplace 工作原理图

的数据库产品为用户服务。

2. 开放性

DB2 UDB 是一个开放性的系统，可以与许多系统集成，支持 Oracle、SQL Server、Sybase、Informix、Lotus Notes 以及纯文本文件的资源共享。

3. 支持面向对象的功能

DB2 RDBMS 提供了对图像、文本、音频、视频、XML 文档等非传统数据的处理能力，它将这些非结构化数据的属性、结构和方法利用面向对象的技术封装起来，并将这些信息存储起来进行有效管理。

4. 支持数据复制

DB2 Replication 可以将数据从一个地方复制到另一个地方。DB2 有专门的复制中心（replication center），它是一个允许 DBA 建立和管理数据复制环境的图形工具。复制中心的主要任务是完成注册复制源、监控复制进程、运行 Capture 和 Apply 程序、定义警报条件、有效控制数据复制工作。

5. 支持联邦数据库功能

DB2 的兼容性与开放性决定了它具有支持联邦数据库的机制。联邦数据库是分布式数据库环境，可以看做是一个虚拟数据库。DB2 Relational Connect 支持 SQL 语句透明地连接、存取多种数据源的数据。多种数据源既有关系型数据源（Oracle、Informix、SQL Server、Sybase 等），又有非关系型数据源（如 IMS），还有众多的文件（如 XML 文档等）。

6. 功能强大的控制工具和可视化接口

DB2 通用数据库的核心工具集中存放在控制中心（control center）。通过控制中心,用户可以方便地调用所需的数据库管理工具,查看整个系统的清晰结构视图,实现对远程数据库的管理以及得到完成复杂任务所需的步骤指导。

DB2 常用的管理工具如下:

(1)数据仓库中心。用于构建数据集市或数据仓库。它简化了进行数据仓库建模、开发和部署的过程。DB2 OLAP Server 提供分析结果,帮助用户决策。

(2)卫星管理中心。用于管理多个 DB2 个人版或工作组服务器版的安装与使用,支持 DB2 Everyplace 的功能实现。

(3)任务中心。用于创建、调度和管理包含了 SQL 语句、DB2 命令和操作系统命令的命令脚本。它提供了一个交互式的图形化界面,方便用户操作。

DB2 的图形化工具提供了强大的功能,允许用户通过图形方式对数据库系统进行管理和存取,大大减少了管理开销,深受用户欢迎。

DB2 系统的可视化接口还体现在系统提供的多个生成器(VisualGen)方面。例如,Visual Explain 完全用可视化工具可以将 DB2 执行 SQL 语句的存取计划以图形的方式直观地显示给用户,形象、直观地告诉用户如何调整策略,更有效地操作与管理数据库。

DB2 中的图形化工具支持下列功能:

① 数据库、表空间、表、视图、索引、触发器、模式、用户与用户组等对象的创建、更新与删除。

② 对表中的数据的导入和导出,对表中的数据重新组织和统计。

③ 对作业的调度,使作业自动运行。

④ 数据库的备份与恢复,数据复制的策略控制。

⑤ 通过对存取路径的分析调节 SQL 语句,进而实现对系统性能的监控与调节。

综上所述,可视化工具(viaulizer)实现了数据库对象的可视化生成、可视化查询、可视化统计、可视化提供等功能。

12.4　Informix 系统

Informix DBMS 是国内外最为流行的 RDBMS 之一。它是美国 Informix Software 公司的主要产品。Informix 公司诞生于 20 世纪 70 年代,当时,人们对信息的收集、管理和分析的需求增长很快,而 Unix 操作系统又非常流行,于是开发者们有意将 Information 与 Unix 完美地结合在一起,从而产生了

Informix。

1. Informix RDBMS 简介

Informix 关系数据库管理系统的第一个版本在 1983 年问世,1988 年推出第一代数据库服务器产品 Informix TURBO。为了适应市场竞争的需要,Informix Software 公司兼并了 Illustra,得到了 Illustra 的技术。Informix 公司从 1991 年起花了三年时间重写了 Informix 内核,推出了 Informix-Online Dynamic Server 系统,其目的在于充分发挥对称多处理器 SMP 的能力,并使数据库在可伸缩性、管理性和并行处理性能等方面均有突破,它是第二代客户机/服务器数据库产品。Informix-Online DS 是动态的可伸缩性的体系结构(DSA)。

从 1993 年开始,Informix Software 公司先后陆续推出了 Informix-Online 6.0/7.0/8.0 系列产品,而后来又推出的 Informix-Online 9.0 产品为对象—关系数据库系统。

2. Informix RDBMS 系列产品的特点

Informix 系统的系列产品主要包括:数据库服务器、网络连接软件、应用开发工具和最终用户工具。

Informix RDBMS 是关系数据库管理系统的佼佼者,它管理的数据类型范围广、应用生成器多。

Informix 管理的数据共分字符型、数字型、SERIAL 型、时间型和二进制大对象数据型,5 类共 13 种:

(1)字符型数据又分为 CHAR(n)、VARCHAR(m,r)两种。其中:

m 为数据项的最大长度,r 为保留长度,即该数据项长度的下限。

(2)数字型数据又分 INTEGER、SMALLINT、FLOAT、SMALLFLOAT、DECIMAL(P)、DECIMAL(P,S)和 MONEY 7 种。其中:

INTEGER	四字节	$-2^{31}+1 \sim 2^{31}-1$
SMALLINT	两字节	$-32767 \sim 32767$
FLOAT	八字节	保留 16 位数字
SMALLFLOAT	四字节能	保留 8 位数字
DECIMAL(P)	P 为保留精度	10^{-128}
	(1+P/2)个字节	$\sim 10^{128}$
DECIMAL(P,S)	P 为数字位的总和	
	S 表示小数点的位数	
	可存 32 位整数	
MONEY	与 DECIMAL(P,S)类似,它前面还有一个字节的货币	

符号。

（3）SERIAL 型数据

SERIAL 型数据为特殊的 INTEGER 型,该字段型在一张表中只能定义一个属性。由于它由数据库服务器产生,新的行中的 SERIAL 的值总相异,因而它适合定义为表的主码。

（4）时间类数据又分为:

DATE   日历日期   4 字节

DATETIME   日期时间系列,可存储年、月、日、时、分、秒等多种信息

INTERVAL   表示两个时间点间的时间跨度

（5）二进制大对象数据型又分为 TEXT 和 BYTE 两种,

TEXT:存放大数据块。

BYTE:可存储图像、声音、动画等信息。

Informix Online DSA 系统管理的数据类型多,功能强大,它有下列显著特点:

① 采用多进程、多线程机制,并行处理能力强,能实现并行查询、并行排序、并行数据装载等功能,能充分利用 CPU 资源。

② 能方便地处理图像、文本、声音信息,建立和利用多媒体数据库。

③ 提供透明的分布式 Client/Server 功能,并支持不同平台上的数据复制功能。它既能在不同节点的多个数据库中的数据进行连接、检索与更新,又能利用提交协议透明地保证整个分布式数据库中数据的一致性。

④ 完整性支持。Online DS 提供了遵循 ANSI SQL 标准的完整性支持,利用存储过程和触发器保证了数据完整性。

⑤ 系统效率高。Online DS 并行处理性能好,还支持全系统共享的内存缓冲区和优化策略,并有磁盘镜像、联机备份、快速恢复等措施,因而不仅可用性好,而且系统工作效率高。

3. Informix 的新成果

Informix 系统现已跨越了操作系统限制,推出了支持 Windows、Windows NT、Netware、Macintosh 等多种平台的 RDBMS。扩大了用户范围。

同时,Informix 正向对象—关系 DBMS 方面发展。Informix MetaCube 产品支持数据仓库(data warehouse)与数据挖掘(data mining)以及决策支持系统(Decision Support System,DSS)。Informix Web DataBlade 模块是为 Web 应用专门设计的应用开发环境,它允许将 SQL 语句嵌入 HTML 中,能根据数据库内容生成动态 HTML 页面。

12.5 Ingres 系统

INGRES 是 Interactive Graphics and Retrieval System 的简称,它是美国加利福尼亚大学伯克利分校的产品。INGRES 于 1975 年研制成功并投入运行,后来成立了 INGRES 公司,推出了一系列的版本。

INGRES 是著名的关系数据库管理系统。关系数据库管理系统的许多关键技术都是在 INGRES 系统中首次出现的,因而有人称它是关系数据库技术的鼻祖。1990 年 INGRES 公司由 ASK Group 公司收购,而 1994 年 ASK 又被CA(Computer Associate)集团公司收购,因而 INGRES 于 1994 年又转为 CA 集团公司。

1994 年,INGRES 又推出了两个新产品:Open INGRES 和 Open Road。它们都是新一代数据库产品。Open Ingres 是对象关系型数据库,它支持多媒体和空间数据,还具备主动数据库的特征。Open Road 是开放的快速对象应用程序开发环境,包括图形应用程序的自动代码生成器,面向对象的 4GL 语言,它是独立于数据库的开发工具。

Ingres 系列产品适应现代企业信息系统需求的挑战,是企业信息管理的优选方案。

Ingres 不仅可以用于信息管理(如图 12.5 所示),还可用作知识管理和对象管理。

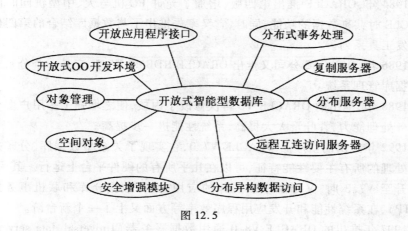

图 12.5

在数据管理中,Ingres 采用开放的客户/服务器体系结构,能建立和管理分布式数据库。在系统管理层并实现了数据、知识、对象的结合。Ingres 是最早在关系数据库中引入对象管理的数据库管理系统。

12.6　ORACLE 系统

ORACLE 系统是著名的大型 RDBMS 之一。1977 年,三名青年 L. Ellison、B. Miner 和 E. Oates 联手组建开发关系数据库管理系统的软件公司。由于它成功地完成了美国政府招标的代号为"ORACLE"的项目,因而公司更名为 ORACLE。ORACLE 既是产品的名称,又是公司的名字。

12.6.1　ORACLE 系统的发展历程

1979 年,该公司推出的 ORACLE 第一版是世界上首批商用的 RDBMS 之一。它较早地采用了 SQL 语言作为数据库系统语言,而 SQL 语言已先后成为 ANSI 标准和 ISO 标准,因而它的通用性好,易推广应用。1983 年,ORACLE 系统第三版的内核用标准的 C 语言改写,使其独立于硬件系统和操作系统。

目前,该系统已安装在 70 多种大、中、小型机和微型机上,在 DOS、Windows、Unix、VMS、XENIX、AIX、ULTRIX、RSX-IIM+、AOS/VS、DG/UX、HP/UX、AEGIS、VOS、GCOS、PRIMOS、VS、UTS、VM/CMS 等几十种操作系统平台上运行。它是一个开放性的系统,由于它功能强大,适应面广,因而占有较多的市场份额。

1984 年,ORACLE 推出第四版,增加了允许 PC 机与大、中型机同时使用 ORACLE 时共享数据的功能,同时,它又率先推出了与数据库结合的第四代语言开发工具系列。

1986 年,ORACLE 公司又推出 ORACLE RDBMS V5.1,它是一个分布式关系数据库管理系统。

1988 年,推出的 ORACLE V6 再次修改了内核,使之增强了多用户多个联机事务处理能力,吞吐量大大提高,系统性能进一步提高。

1992 年推出的新产品 ORACLE V7.0,它实现了关系型数据库、分布式数据库处理的所有主要性能特征,可以在几乎所有的硬件平台上运行。其后,当版本升至 V7.3 时,又增加了多媒体的应用,支持数据仓库和联机事务处理(OLTP),在系统性能和开发应用程序效率等方面又上了一个新台阶。

1997 年推出的 ORACLE V8.0 通用数据服务器(Universal data server)是基于网络的系统,它的 client/server 结构支持 Web 数据库应用。

随后 Oracle 公司又分别推出了 Oracle 9i 和 Oracle 10g 等新版本。

12.6.2 ORACLE 系统的特点

1. 兼容性(compatibility)

ORACLE 采用标准的数据语言 SQL，它与 IBM 的 SQL/DS、DB2 和 IN-GRES 完全兼容，可直接使用现有的 IBM 数据库系统的数据和软件资源。

2. 可移植性(partability)强

由于 ORACLE RDBMS 可以在 70 多种类型的计算机系统、20 多种操作系统的环境下运行，因而它是目前世界上唯一具有很宽范围的硬件和 OS 适应性的 RDBMS，它不仅能在大型机、中型机、小型机上运行，而且通过裁剪技术，还可以把它移植到多种微型机上，得到了广泛的推广应用。

3. 可连接性(connectability)好。

由于 ORACLE 在各种机型上使用相同的软件，使得联网更加容易实现分布式处理功能。它支持 TCP/IP、DECnet、LU6.2、X.25 等各种标准网络协议，提供与非 ORACLE 的 DBMS 接口，能够使在某些 ORACLE 工具上建立的 OR-ACLE 应用连接到非 ORACLE DBMS 上，具有存储地址的独立性、网络独立性和 DBMS 独立性。因此，ORACLE 是具有很好的可连接性的系统。

4. 高的生产率(high productivity)

ORACLE 系统的研制者为各类用户着想，它为程序员用户提供两类编程接口：预编译程序接口 Pro * ORACLE 和子程序调用接口 Pro * SQL，为一般终端用户(应用开发人员)提供了应用生成器(SQL * FORMS)、菜单管理(SQL * Menu)、报表生成(SQL * Report)、电子表格(SQL * Calc)、交互式图形工具(SQL * Grahp)等接口，方便用户。

5. 开放性

ORACLE 系统几乎能在所有硬件平台上运行，其良好的兼容性、可移植性、可连接性与高的生产率，使 ORACLE RDBMS 具有良好的开放性。

12.6.3 ORACLE 系统的体系结构

ORACLE RDBMS 是一个典型的关系数据库系统。它安装到计算机系统中后，从硬件设备到应用程序有一个逐步调用的关系，其系统结构如图12.6所示，其操作是外层可以调用内层的资源。

ORACLE 软件结构中还包括下述模块。

1. 系统全局区 SGA(System Global Area)

SGA 是位于主存或虚存中的一个共享存储区。它包含数据缓冲区、索引缓冲区、表定义区、列定义区和锁表等部分。SGA 的大小由系统中的 IOR 程

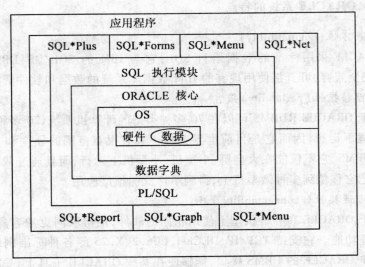

图 12.6

序分配。在 ORACLE 运行中,SGA 是数据活动的中心。

2. 清理 CLN(clean up)

CLN 的作用是标明并注销异常终止的进程,使数据库能正常运行或停止,并负责对死锁的检测与处理。

3. 缓冲区写入进程 BWR(Buffer Writer)

BWR 为 ORACLE RDBMS 的一个后台进程。它是唯一负责往 AIJ 文件和数据库文件中写入数据的进程。当新数据块申请缓冲区时,BWR 把 SGA 缓冲区中已修改过的数据写入到数据库文件中。若 AIJ 是活动的,则还要写入到 AIJ 文件中。

4. 后镜象日志文件(AIJ 文件——after image journal files)

AIJ 文件用来记录已被提交的事务,对于所有数据库文件的更新都要在 AIJ 文件中登记,以便数据库出现故障时,用 AIJ 文件进行恢复。AIJ 文件至少有一个,一般设三个。

5. 数据库文件(database files)

所有的用户数据、索引以及 ORACLE RDBMS 生成的数据字典表均存放在数据库文件中,该文件由 DBA 使用 CCF 程序创建,每个系统至少含有一个数据库文件,根据不同的操作系统环境,一个系统可以拥有 16～128 个数据库文件。例如,MS-DOS 允许建立 16 数据库文件,Unix 允许建立 32 个数据库文件等。

6. 异步提前读出 ARH(Asynchronous Read Ahead)

ARH 的功能是从数据库文件中读取数据传送到 SGA 中,由于它与用户进程并行,因而当执行像 SELECT 这样的命令扫描整个文件时能提高查询速度。

7. 前景象(BI)文件(before image files)

BI 文件中包含数据或索引被修改前的备份。它的作用是保证数据的完整性。一个事务除非已完整、一致地做完并由用户提交,否则不形成长久性的改动。当出现硬件或系统故障时,则用 BI 文件进行向后恢复(Rollback recovery),BI 文件由 DBA 用 ccf 程序创建,一个 ORACLE 系统只有一个 BI 文件。

8. 前景象写入进程 BIW(Before Image Writer)

BIW 进程是唯一负责写入 BI 文件的后台进程。BIW 将 SGA 中的前景象文件缓冲区中的数据块拷贝到 BI 文件中。当系统出现故障时,则利用 BI 文件进行恢复,以保持数据的完整性与一致性。

12.6.4 ORACLE OLAP & ORACLE WebServer

ORACLE OLAP 是 ORACLE 系统数据仓库解决方案的产品,它主要包括 ORACLE Express Server、ORACLE Express Objects 和 ORACLE Express Analyzer 工具等。ORACLE Express Server 为联机分析处理服务器。ORACLE Express Objects 是生成 OLAP 应用软件的可视化工具,而 ORACLE Express Analyzer 用于扩充使用 ORACLE Express Objects 编写的应用软件,它们都是为了提高多维分析效率。联机分析处理服务器基于多维数据模型、支持用户多维分析、优化决策。ORACLE OLAP 还提供对第三方软件开放的应用编程接口。

ORACLE WebServer 是为解决 Internet 资源共享而提供的产品。它主要由 ORACLE Weblistener, ORACLE WebAgent 和 ORACLE Server 组成。ORACLE WebListener 是一个进程,主要接收从 Web 浏览器上发出的用户查询请求,并将查询结果生成 HTML 页面返回给用户。ORACLE WebAgent 是用 CGI (公用网关接口)实现过程化网关,负责 Web 与 ORACLE Server 之间的协调。

高版本的 ORACLE WebServer 还配备有 Java 解释器和 Live HTML 解释器,允许用户使用 Java、Live HTML、C++等工具开发应用软件。

12.6.5 Oracle 9i 安装

1. 准备工作

Oracle 9i RDBMS 软件,可以通过以下几种方式获取:

一是购买光盘,获得正版软件。二是从 Oracle 网站下载试用版:http://www. oracle. com/technology/software/products/oracle9i/index. html。

然后,准备磁盘空间:安装系统软件及创建数据库需要近 3G 的磁盘空间。在安装前请关闭其他在运行的程序,接着按照下列步骤进行系统安装。

2. 安装步骤

(1)插入安装光盘 1 或运行 Setup. exe 安装程序,出现欢迎画面(见图 12.7)。

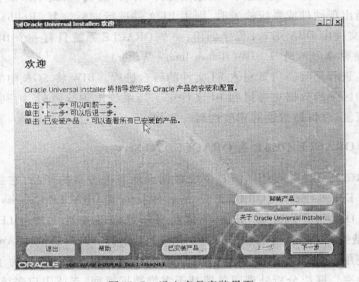

图 12.7　进入产品安装界面

(2)点击"下一步",出现下列文件定位画面。在"来源"中选择安装程序所在文件夹中的 stage 文件夹里的 products. jar 文件,在"目标"中设置 Oracle 安装目录,对文件定位(见图 12.8)。

(3)点击"下一步",将会装载产品列表,装载完毕,在"可用产品"中选择"Oracle9i Database 9.0.1.1.1",点击"下一步"。

(4)在"安装类型"中选择"企业版",点击"下一步"(见图 12.9)。

(5)在"数据库配置"中选择"通用",点击"下一步"(见图 12.10)。

(6)在"数据库标识"画面,设置"全局数据库名",这里设为"orcl. world","SID"使用默认的"orcl",点击"下一步"。

(7)指定"数据库文件位置",这里使用默认目录。

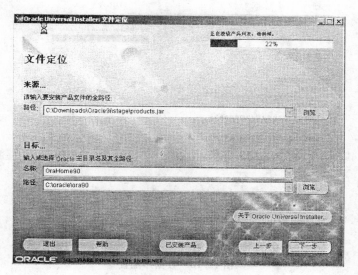

图 12.8　文件定位与安装

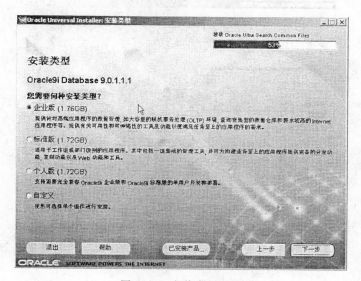

图 12.9　安装类型选择

（8）"数据库字符集"选择"使用缺省字符集"，点击"下一步"继续装载。

（9）装载完毕，出现安装"摘要"。请确定系统有足够的磁盘空间，开始安装（见图 12.11）。

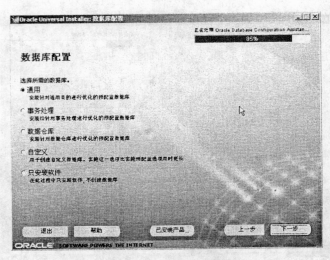

图 12.10　数据库配置

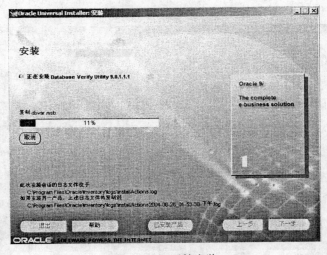

图 12.11　开始安装

　　(10)当出现如图 12.12 所示的画面时,插入第 2 张安装光盘。如果是下载的安装程序,请选择第二个压缩文件的解压目录。后面要求插入第 3 张光盘的情况与此类似。点击"确定"继续安装,直到安装完毕(见图 12.13)。

　　系统安装完毕,将自动进行数据库配置,其中"Oracle Database Configura-

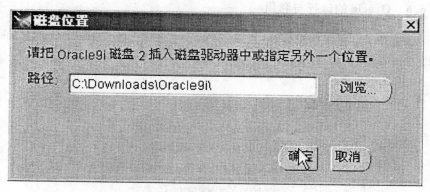

图 12.12　更换光盘

tion Assistant"配置时间较长(约 20 分钟),如果长时间没有完成,请查看是否磁盘空间不够。

如果数据库创建成功,将出现以下画面,为了安全起见,可以更改 SYS 用户和 SYSTEM 用户的默认口令。

安装结束,点击"退出",退出安装程序(见图 12.13)。

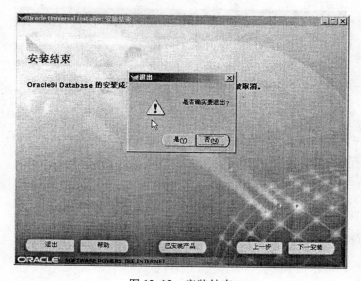

图 12.13　安装结束

12.6.6　Oracle 的运行与利用

启动 Oracle 系统的操作是：点击"开始"→"程序"→"Oracle Ora9iHome"，可以看到如图 12.14 所示的界面。选择"Enterprise Manager Console"。

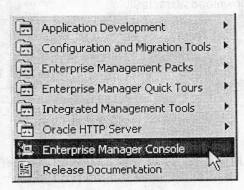

图 12.14　选择界面

选择"独立启动"，在登录画面中输入用户名和密码（见图 12.15）。

图 12.15　登录用户名和密码进入系统

这时将连接到名为"ORCL"的数据库，在每个菜单下面有相应的一些功能（见图 12.16）。

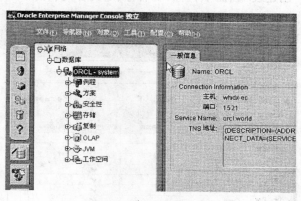

图 12.16　连接数据库

　　在打开的"创建用户"画面中,在"一般信息"栏中,输入用户名称、口令等信息:

　　在"角色"栏中,赋予该用户一定的角色,各角色功能请查阅有关资料:

　　在"系统权限"栏中,赋予该用户可拥有的权限,其他的使用默认选项,点击"创建"。

　　1. 关于"表"的操作

　　(1)创建表。在"方案"下拉列表中,可以看到"表"项,点击右键选择"创建"(见图 12.17)。

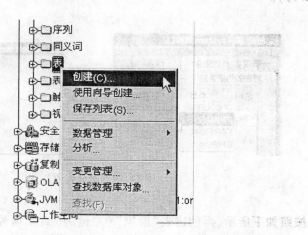

图 12.17　创建表

在打开的"创建表"画面中,输入表名称、定义各列(见图 12.18)。

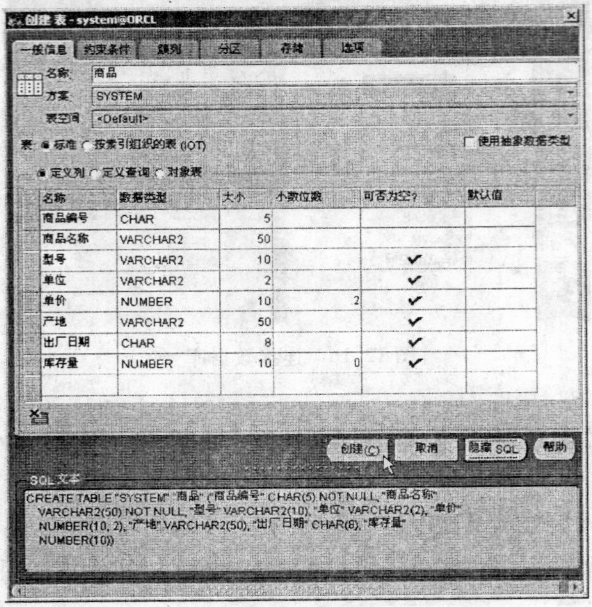

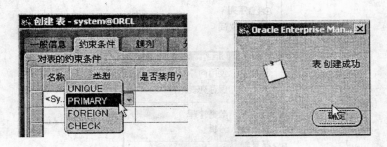

图 12.18　定义表

在"约束条件"栏中,定义主键为"商品编号",其他默认,点击"创建"(见图 12.19)。

图 12.19　定义主码

按照如下所示,再创建表"商家"(主键为"商家编号")、"批发记录"(主键为批发日期、商品编号、商家编号的属性组合),如图 12.20 所示。

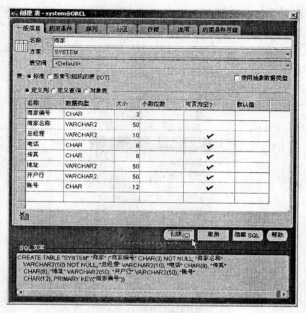

图 12.20　创建"商家"表

表结构定义后,还必须指定约束条件等内容(见图 12.21)。

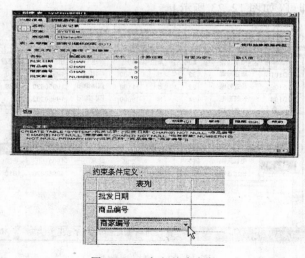

图 12.21　定义约束条件

（2）表数据的编辑：包括记录的增加、删除、修改等。

在表名"商品"上点击鼠标右键，选择"表数据编辑器"（见图 12.22）。

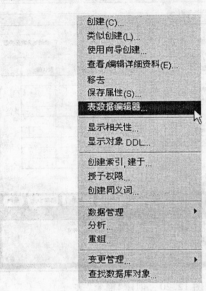

图 12.22　表数据编辑

在打开的表编辑器中，可以进行记录的添加、删除、修改等操作，操作完毕点击"应用"即可（如图 12.23 所示）。

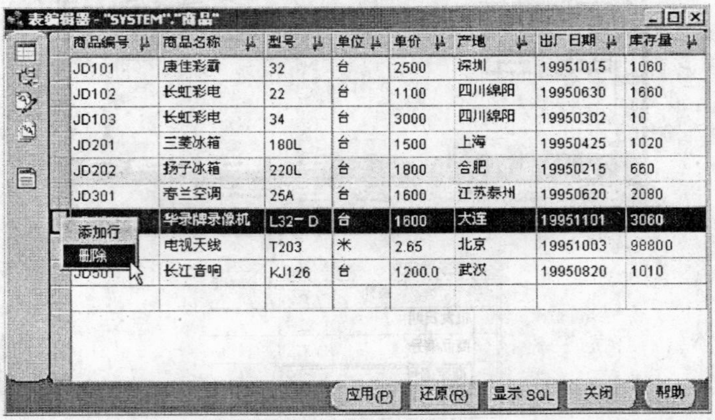

图 12.23　编辑表数据

接着,以同样的方法,再对表"商家"、"批发记录"进行数据的编辑(见图12.24)。

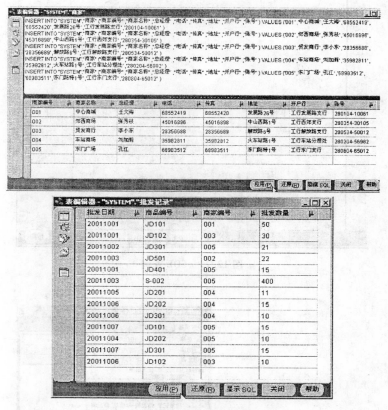

图 12.24　编辑"商家"和"批发记录"

(3)如果要通过输入 SQL 语句进行操作,则只需在表数据编辑窗口中,选择下面黑圈所示按钮。在里面输入 SQL 语句,点击"应用"即可执行该 SQL 操作(见图 12.25)。

2. 关于视图的操作

在"方案"下拉列表中的"视图"上点击右键,选择"创建"。在打开的"创建视图"窗口中,输入视图名称和相应的 SQL 语句等,这里创建了一个名为"ECVIEW_ALL"的视图,"方案"使用默认的 SYSTEM(见图 12.26)。

在"方案"下拉列表下的"视图"下拉列表中,打开"SYSTEM"方案,可以

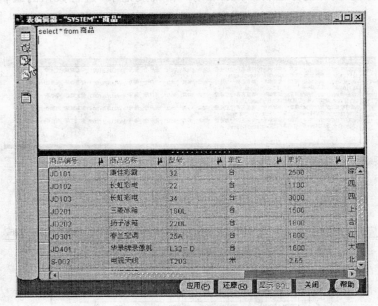

图 12.25　SQL 查询

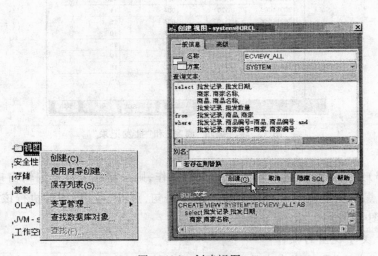

图 12.26　创建视图

看到"ECVIEW_ALL"视图,如图 12.27 所示。

在上面点击鼠标右键,选择"显示内容",即可查看由该视图所查询得到

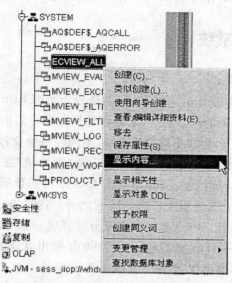

图 12.27 显示视图数据

的数据(见图 12.28)。

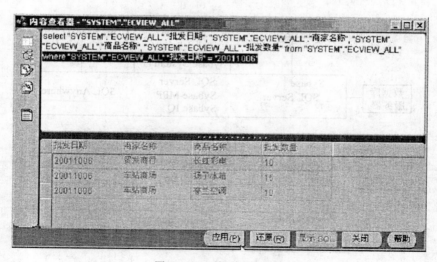

图 12.28 利用视图查询

同理,我们可以根据实际需要,完成对数据库各种对象的操作。在 9.6 节中,我们已讨论了利用 JSP 连接 Oracle 数据库完成对数据库的各种操作的方法。

12.7　Sybase 系统

1. Sybase 系统简介

Sybase 是一个数据库公司的名字,也是一个大型 RDBMS 的名字。Sybase 是 System 和 Database 的巧妙结合,它的原意是在当时集中式数据库向分布式数据库发展的背景下,解决不同操作系统、不同网络协议和不同数据库系统在同一环境下协同工作的问题。它着眼于开发"客户机/服务器数据库体系结构"和服务器软件。因而,Sybase 是基于 C/S 结构的数据库系统。Sybase 公司于 1984 年成立,它是数据库厂商的后起之秀。1987 年,Sybase 公司正式推出了 Sybase 的第一版。1989 年推出能充分发挥客户机/服务器(C/S)结构优势的开放互连产品——Open Interfaces,1990 年推出互连的网关产品——IBM MVS CICS,1991 年推出支持整个应用生命周期的工具,1993 年推出 Sybase System10,它是企业范围关键应用的企业级客户/服务器产品系列。

2. Sybase 系统结构

1995 年末又推出 Sybase System 11,其结构如图 12.29 所示。

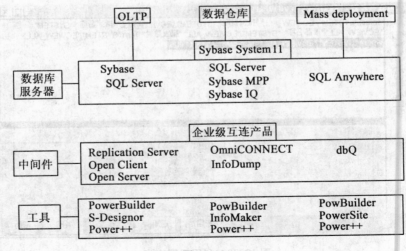

图 12.29

(1)数据库服务器层:包括 Sybase SQL Server、Sybase MPP、Sybase IQ、SQL

Anywhere 等。其中 Sybase System11 为高性能的 RDBMS。

Sybase SQL Server 为结构式查询语言服务器,它是可视化的数据库管理软件,并以图形方式实时监视系统。

Sybase MPP 为大规模并行处理优化选件。

Sybase IQ 为 BitWise 索引技术选件,它为数据仓库提供快速查询。

SQL Anywhere 为基于 PC 的全功能 SQL DBMS。

(2)中间层:中间层是介于数据库层和使用数据库的工具层的一些中间件构成的一个软件层。它是专为企业级设计的互联产品系列。它包括 Replication Server、Open Client、OpenServer、Omni CONNECT、InforDump 和 dbQ 等。其中:

Replication Server 为复制服务器,可以在分布环境下实现多个厂商数据库间的数据复制。

Open Client 是专为要访问 Sybase SQL Server 的客户应用而设计的一个通用接口。实际上,它是一组库函数,实现客户应用与 Sybase SQL Server 之间的通信。

Open Server 是一个可配置的服务器工具箱。开发人员利用它可以把任何数据源或服务器应用构成一个多线程的服务器,方便用户进行信息资源管理。它也是一组库函数,任何用户通过它可以访问其他的 DBMS 或数据源。这些数据源可以是主机文件、实时反馈信号、多媒体信息、E-mail 等信息。Open Client/Open Server 构成了 Sybase 开放式客户机/服务器互连的基础。它为实现异构环境下系统的互操作性提供了有效途径。

Omni CONNECT 是用于连接的专用模块。它使用户对整个企业范围内的任何异构数据源进行完全透明的存取。

InfoDump 为转储信息模块。它被用来在异构数据库之间进行数据迁移。

dbQ 为数据库消息排队服务系统。它使分布在不同节点间相互独立的商业应用软件之间协调一致。

(3)工具层:Sybase 为用户提供了良好的开发环境和开发工具。系统本身提供了一组工具,而且还提供上百个 Sybase 合作伙伴的产品供用户选用。其中:

PowerBuilder 是基于图形界面的面向对象开发工具。它是深受用户欢迎的客户机/服务器前端工具之一。它不仅是 Sybase 的开发工具,还提供了与 ORACLE、Informix 等第三方数据库的接口,为多个 DBS 服务。

S-Designor(现名 Power Designor)是一组集成的计算机辅助软件工具

（CASE），用于对数据库应用进行分析设计，创建和维护。

Power++（又名 Optima++）是一组支持快速应用开发的工具。它主要包括拖放编程、无缝 OLE 构件集成，客户机/服务器开发环境的 C++软件。

Info Maker 是用于客户机/服务器和数据仓库应用的综合报表和数据分析工具。

Power J 是基于开发 Java 应用的快速开发工具。它基于组件的开发环境，提供高效率的数据库连接和服务器端的应用开发。

Power Site 是创建动态数据库内容的 Web 应用开发工具。

3. Sybase 采用事务型结构化查询语言 T-SQL（transact structured query language）

它以 SQL89 为基础，对其进行了扩充。事务（transaction）是数据操纵的逻辑工作单元，也是并发控制的逻辑工作单元。

4. Sybase 的数据仓库与 Internet 解决方案

在浩如烟海的信息资源网环境下，如何共享信息资源？这就要解决两个问题，其一是系统能与世界上任何一个节点，不管它是何种类型的数据库，都能方便地获取它的信息。二是在信息海洋中发现自己感兴趣的信息。这就是 Web 数据库与数据挖掘研究的课题。

Sybase 的数据仓库解决方案是 Sybase Warehouse Works 体系结构，它是一个集成方案。Sybase 通过 EnterPrise CONNECT 互操作体系结构实现多种不同数据源的透明存取，通过复制服务器（replication server）捕获用户感兴趣的数据。

Sybase 的 Internet 解决方案是 Sybase Web Works 体系结构。它包括 Sybase SQL Server、中间件和工具的综合体系框架。Sybase SQL Server 用 CGI 或 Web 服务器专用的 API 接口实现 Web 服务器与 Sybase SQL Server 的连接。用户只需将 SQL 语句嵌入 HTML 中就可以根据数据库的内容生成动态的 HTML 页面以及更新数据库。Web SQL 能处理数据库请求，访问 Sybase 数据库，并将输出结果生成 HTML 文本返回 Web 服务器。

12.8　Microsoft SQL Server

12.8.1　SQL Server 的诞生与发展

微软公司在操作系统领域的辉煌业绩，迅速向其他软件领域扩展。数据库管理系统软件的庞大市场对其具有极大吸引力,Microsoft 公司对 DBMS 领域的进入采用了多种方法,一是对小型公司收购,例如,1992 年微软宣布收购 FoxPro 软件公司,迅速推出 FoxPro for Windows 系列产品就是一个成功的例证,随后推出 Visual FoxPro(VFP)深受用户欢迎。二是与有实力的公司合作,Microsoft SQL Server 就是 Microsoft 公司与 Sybase 公司和 Asbton-Tate 公司合作的成果。Microsoft SQL Server 起源于 Sybase SQL Server。

1988 年   微软推出了 SQL Server for OS/2 的版本 Microsoft SQL Server 正式问世。

1992 年   推出了 MS SQL Server for Windows NT 版本。

1996 年   推出了 MS SQL Server 6.5 版,随后又推出 SQL Server 7.0 版本。

2000 年   推出了 SQL Server 2000 for Windows NT/2000 版本。

现在 SQL Server 2000 被广泛应用于 Windows NT/2000/XP 平台上,提供 C/S 模式、B/S 模式的各种服务。我们可以使用多种方法访问 SQL Server 2000 数据库,例如,可以在 Visual Basic,Visual C++,Access,Power Builder,Delphi 和 Visual FoxPro 中访问 SQL Server 2000 数据库。因此,MS SQL Server 2000 已成为一种通用的大型数据库管理系统。同时,分布式事务支持充分保护任何分布式数据更新的完整性。复制同样使用户可以维护多个数据副本,确保单独的数据副本保持同步。这样,可以将一组数据复制到多个移动的脱机用户,使这些用户独立自主地工作,然后将它们所做的修改合并回传给服务器。

12.8.2 SQL Server 的特点

作为 B/S 式的数据库系统,SQL Server 2000 具有下列特点:

1. 集成性

SQL Server 系统具有数据集成和功能集成。

在数据集成方面,SQL Server 2000 程序设计模型与 Windows DNA(data network architecture)构架集成,支持数据访问对象(DNA)、远程数据对象(RDO)、ActiveX 控件、OLE 数据库、ODBL、DB-Library 和其他第三方提供的开发工具访问 SQL Server 数据库。现在可以使用 URL 通过 HTTP 访问 SQL Server 2000 数据库。

在功能集成方面,SQL Server 2000 支持 English Query 和 Microsoft 搜索服务等功能,在 Web 应用程序中包含了用户友好的查询和强大的搜索功能。

2. 分布性

正由于 SQL Server 的集成功能,使得 SQL Server 数据库的数据不仅可以分片、分存于多个物理节点,而且也可以是多种格式、多个系统,只需 ODBC 和 OLE DB 即可实现整合。

3. 易用性

SQL Server 2000 中包括一系列管理和开发工具,而这些工具改进在多个站点上安装、管理和使用 SQL Server 2000 的过程,并实现无缝连接,SQL Server 的应用程序可以方便使用,用户只需最小的安装与管理开销即可实现资源共享。

4. 完整性

SQL Server 2000 数据库引擎充分保护数据完整性。由于它支持当今苛刻的数据处理环境所需的功能,所以能管理上千个并发修改数据库的用户使其开销减到最小。SQL Server 2000 分布查询使用户可以引用来自不同数据源的数据,就好像这些数据是 SQL Server 数据库的一部分一样。

5. 扩展性

SQL Server 2000 对 SQL Server 7.0 版作了全面提升与扩展,在数据类型、函数定义、元数据描述方法、管理的数据类型、业务范围、数据挖掘、知识库管理等多方面进行了扩展:

(1)增加了多种新的数据类型,允许用户自定义函数。

(2)元数据描述,不仅可以用 SQL DDL 进行,也可以用 XML 进行描述。

(3)增强了图像管理功能和数据转换服务(DTS)功能。

(4)增加了数据挖掘组件。

(5)支持新的知识库引擎功能,扩展了知识库技术。

(6)采用可视化接口和全文检索。

(7)SQL Server 2000 新增了大规模在线事务处理,数据仓库和电子商务应用等功能。

6. 可伸缩性

SQL Server 支持裁剪技术,占用资源可大可小。同一个数据库引擎可以在不同的平台上使用,小到 64M 内存的便携式电脑,大到大型平台服务器均可运行,调用自如。

12.8.3　Microsoft SQL Server 2000 企业版安装

安装 Microsoft SQL Server 2000 企业版需要合适的软件和硬件配置。计算机要求 Pentium 166 MHz 或更高,内存至少 64 MB,建议 128 MB 或更多,

磁盘空间 1GB，至少 500MB 以上。可在 Windows NT/2000/XP 操作系统的
支持下运行。

下面以 Windows 2000 Advanced Server 操作系统为例，具体介绍安装 SQL
Server 2000 企业版的过程。

软件来源可以购买 SQL Server 2000 企业版光盘，也可以到微软公司的如
下网址下载试用版：http://www.microsoft.com/china/sql/downloads/default.
asp。

将企业版安装光盘插入光驱后，出现以下提示框。请选择"安装 SQL
Server 2000 组件"，出现下一个页面后，选择"安装数据库服务器"（见图
12.30）。

 安装 SQL Server 2000 组件(C)   浏览安装/升级帮助(B)

 安装 SQL Server 2000 的先决条件(P)   阅读发布说明(R)

 访问我们的 Web 站点(V)

退出(X)

图 12.30　选择安装的组件

第 2 个页面如图 12.31 所示。

在下图中选择"下一步"，然后选择"本地计算机"进行安装（见图12.32）。

在"安装选择"窗口，选择"创建新的 SQL Server 实例…"。对于初次安装
的用户，应选用这一安装模式，不需要使用"高级选项"进行安装。"高级选
项"中的内容均可在安装完成后进行调整。

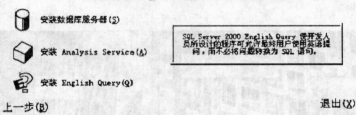

图 12.31　安装组件

在"用户信息"窗口,输入用户信息,并接受软件许可证协议(见图12.33)。

在"安装定义"窗口,选择"服务器和客户端工具"选项进行安装。我们需要将服务器和客户端同时安装,这样在同一台机器上,我们可以完成相关的所有操作。如果你已经在其他机器上安装了 SQL Server,则可以只安装客户端工具,用于对其他机器上 SQL Server 的存取(见图 12.34)。

在"实例名"窗口,选择"默认"的实例名称。这时本 SQL Server 的名称将和 Windows 2000 服务器的名称相同。例如笔者的 Windows 服务器名称是"Darkroad",则 SQL Server 的名字也是"Darkroad"。SQL Server 2000 可以在同一台服务器上安装多个实例,即用户可以重复安装几次,这时就需要选择不同的实例名称了。建议将实例名限制在 10 个字符之内。实例名会出现在各种 SQL Server 和系统工具的用户界面中,因此,名称越短越容易读取。另外,实例名称不能是"Default"或"MS SQL Server"以及 SQL Server 的保留关键字等。

在"安装类型"窗口,选择"典型"安装选项,并指定"目的文件夹"。程序和数据文件的默认安装位置都是"C:\Program Files\Microsoft SQL Server\"。

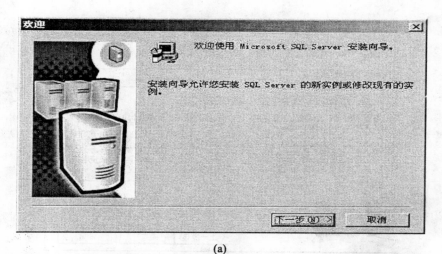

(a)

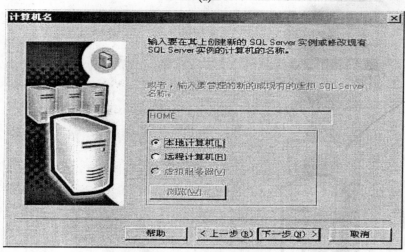

(b)

图 12.32　选择安装

因为 C 盘是系统区、D 盘是应用区,因此选择了 D 盘。注意,如果您的数据库数据有 10 万条以上的话,请预留至少 1G 的存储空间,以应对需求庞大的日志空间和索引空间(见图 12.35)。

在"服务账号"窗口,请选择"对每个服务使用统一账户…"的选项。在"服务设置"处,选择"使用本地系统账户"。如果需要"使用域用户账户"的

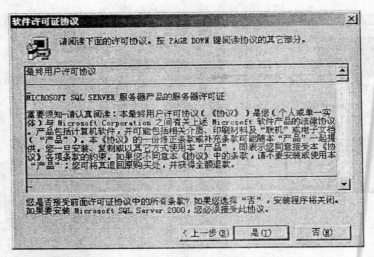

图 12.33　接受软件许可协议

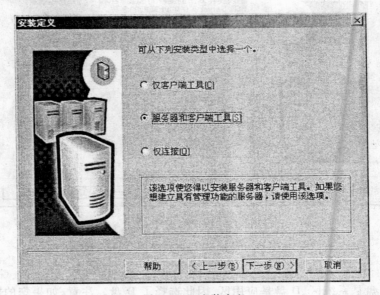

图 12.34　安装定义

话,请将该用户添加至 Windows Server 的本机管理员组中。

在"身份验证模式"窗口,请选择"混合模式…"选项,并设置管理员"＊＊＊"账号的密码。如果需要更高的安全性,则可以选择"Windows 身份验

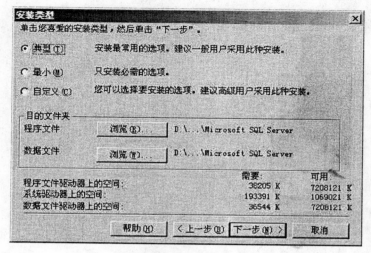

图 12.35　安装类型选择

证模式"，这时就只有 Windows Server 的本地用户和域用户才能使用 SQL Server 了。

在"选择许可模式"窗口，根据您购买的类型和数量输入(0 表示没有数量限制)。"每客户"表示同一时间最多允许的连接数，"处理器许可证"表示该服务器最多能安装多少个 CPU。

然后就是约 10 分钟左右的安装时间，安装完毕后，出现该界面，并新增了相关菜单(见图 12.36)。

打开"开始"、"程序"、"Microsoft SQL Server"程序组，可以看到如图12.37 所示的图样。

这样，我们就完成了一次安装。接着可以进行具体应用。

12.8.4　SQL Server 数据库的建立与利用

下面以教学管理数据库 teachmanage 的建立与应用程序的建立为例，来讨论数据库的建立问题。

1. **建立数据库**

为了建立数据库，首先需要启动服务管理器，服务管理器启动后，启动"企业管理器"进行数据库的建立(见图 12.38)。

点击数据库节点，右键选择"新建数据库"，在"常规"选项卡中输入数据

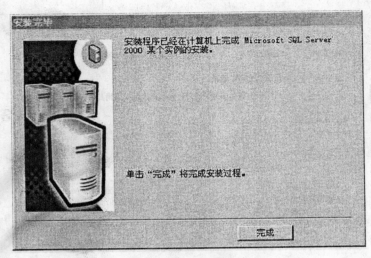

图 12.36　完成安装

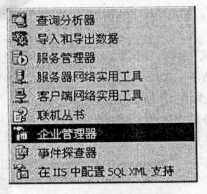

图 12.37　程序组选择安装

库的名称"teachmanage"作为数据库名(见图 12.39)。

在"数据文件"选项卡中,设置数据文件名、存储路径、初始大小等,设置文件属性,在"事务日志"选项卡中,设置日志文件名、日志文件存储路径(见图 12.40)。

在"企业管理器"的"控制台根目录"可以看见新建数据库"teachmanage"(见图 12.41),数据库建立成功。

图 12.38 启动"企业管理器"

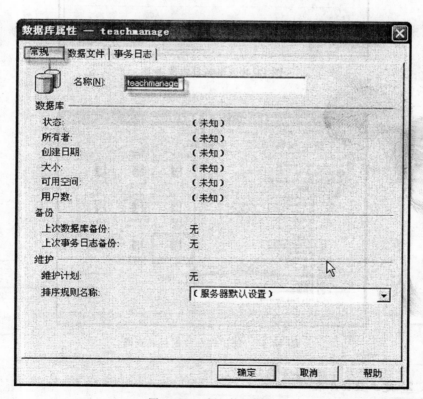

图 12.39 定义数据库名

在 teachmanage 数据库中建立教师情况表，并输入数据

个表，它应该具有、包括职工号和姓名以及 SCI 学位等基本信息的字段，并建立这

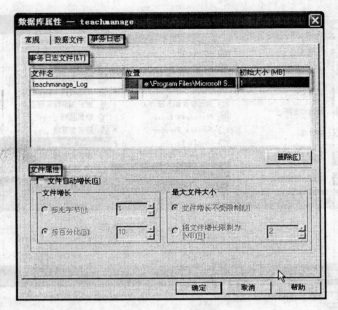

图 12.40　事务日志选项卡

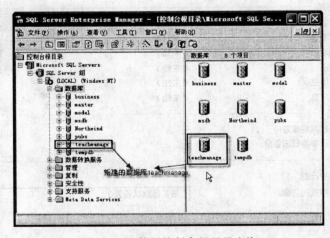

图 12.41　使用控制台根目录查询

2. 建立数据库表

　　点击 teachmanage 的表选项,右键选择新建表,开始建立新的表,本例有三个表:S(学生信息表)、C(课程信息表)和 SC(学生选课信息表)。其建立过程如图 12.42 所示。

图 12.42　创建新表

建立学生表 S,各属性对应:学生编号 sno、姓名 sname、性别 sex、年龄 age、所在系 dept、宿舍号 room。如图 12.43 所示。

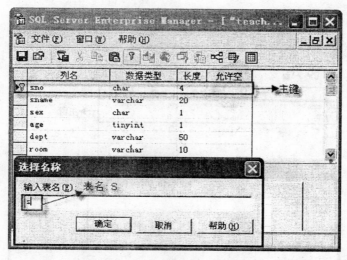

图 12.43　建立学生表 S

建立课程信息表 C,其各属性为:课程编号 cno、上课地址 loc、课程名 cname、开课日期 ctime、课程学分 cform。如图 12.44 所示。

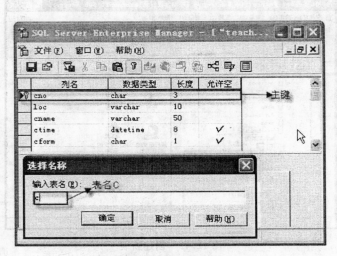

图 12.44 创建课程表 C

学生选课信息表 SC,各属性为:学生编号 sno、课程编号 cno、成绩 g(见图 12.45)。

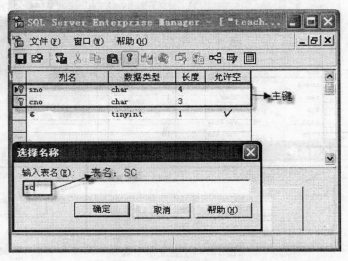

图 12.45 创建选课表 SC

3. 建立数据库关系

数据表 S、C、SC 建立完成后,要建立数据库关系,将各个表有机地联系起来。建立方法如图 12.46 所示。

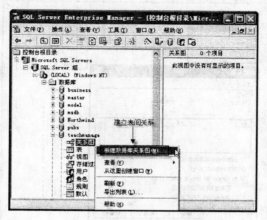

图 12.46　创建关系图

添加关系会涉及一些表,此处关系涉及 S、C、SC 三个表。创建 SC 与 S 的关系,S 的主键 sno 对应 SC 的外键 sno(见图 12.47)。

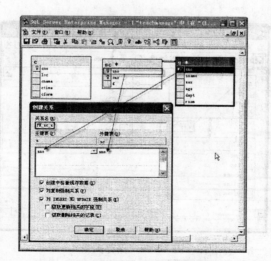

图 12.47　创建 S 与 SC 之间的关系

创建 SC 与 C 的关系,C 的主键 cno 对应 SC 的外键 cno,如图 12.48 所示。

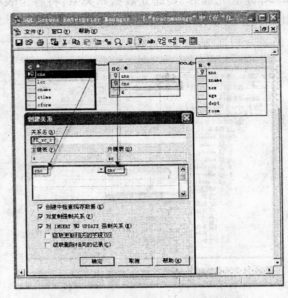

图 12.48　创建 SC 与 C 之间的关系

建立数据库关系的连接等关系定义后立即保存关系(见图 12.49)。

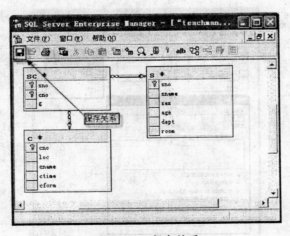

图 12.49　保存关系

4. 设置索引和 CHECK 约束

为每个数据表创建索引,在表建立完毕后,SQL Server 自动为主键建立了聚簇唯一索引,如图 12.50 所示。

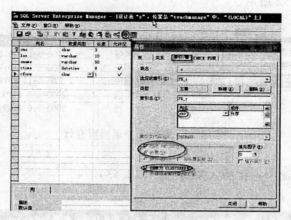

图 12.50　创建索引

为表 S 创建 CHECK 约束,使得性别属性只能用字符"m"或"w"表示、年龄 age 小于等于 100 并且大于 10(见图 12.51)。

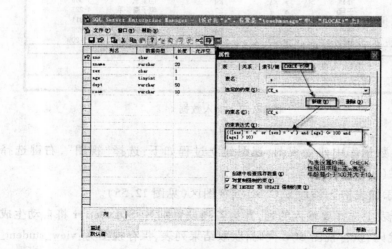

图 12.51　建立约束条件

5. 插入数据、新建视图

表建立完毕、索引和 CHECK 约束设置完毕后,要进行数据录入。录入过程如下:首先选择要录入数据的表,右键选择"打开表",再选择"返回所有行"。如图 12.52 所示。

图 12.52 打开表并返回所有行

在如下界面中直接插入数据(见图 12.53)。

图 12.53 插入数据

可以在数据库中建立视图,视图建立过程如下:选择"视图",右键选择"新建视图"(见图 12.54)。

选择"添加表格",添加 S、C、SC 到视图区(见图 12.55)。

在每个表中选择要输入的列,并为各列设置别名,SQL Server 将自动生成视图 SQL 代码,执行视图 SQL 代码,获取结果列表,保存视图为:view_student_course。如图 12.56 所示。

通过上述操作,我们已建立了数据库、数据表、数据库关系等对象,并设置了索引与约束条件。同样,我们可以建立各种数据库对象、开发其应用程序。

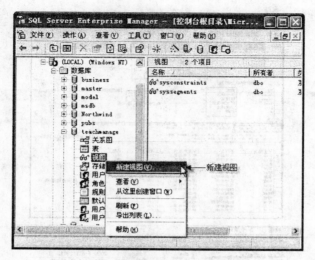

图 12.54　新建视图

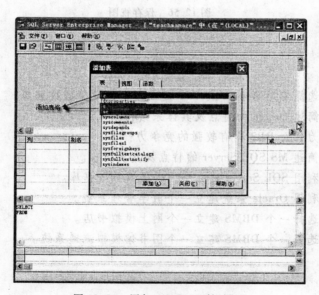

图 12.55　添加 S、SC、C 到视图区

限于篇幅,这里就不一一讨论了。相信读者通过上机实践完全可以达到预期
目标。从某种意义上来说,最聪明、最有才能的是具有实践经验的研究者。

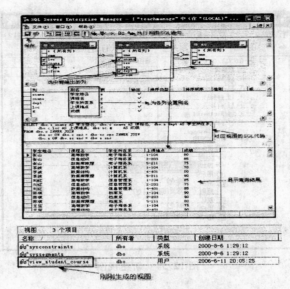

图 12.56　保存视图

习 题 12

12.1　选择使用 Access 或 VFP 建立一个教学管理数据库。

12.2　简述 Oracle 的特点及其体系结构。

12.3　为什么 DB2 具有较强的竞争力？

12.4　简述 MS SQL Server 的特点及发展历程。

12.5　利用 SQL Server 建立一个电子商务数据库。

12.6　利用 Oracle 系统建立一个教学管理系统。

12.7　选择一个 DBMS 建立一个网上模拟书店。

12.8　选择一个 DBMS 建立一个图书馆模拟流通系统。

主要参考文献

[1] C. J. Date. 数据库系统导论(第7版). 孟小峰,王珊,等,译. 北京:机械工业出版社,2000.

[2] Peter Rob, Carlos Coronel. 数据库系统设计、实现与管理(第5版). 陈立军,等,译. 北京:电子工业出版社,2004.

[3] E. Navathe. 数据库系统基础(第四版). 张伶,杨健康,王宇飞,译. 北京:中国电力出版社,2006.

[4] George Baklarz, Bill Wong. DB2 UDB V8.1 for Linux, Unix, Windows 数据库管理(第5版). 龚玲,张云涛,王晓路,译. 北京:机械工业出版社,2003.

[5] Abraham Silberschatz, Henry F. Korth, S. Sudarshan. 数据库系统概念. 杨冬青,唐世渭,等,译. 北京:机械工业出版社,2003.

[6] M. V Mannino. 数据库设计、应用开发和管理(第三版). 韩宏志,译. 北京:清华大学出版社,2007.

[7] Raghu Ramakrishnan, Johannes Gehrke. 数据库管理系统原理与设计(第三版). 周立柱,张志强,等,译. 北京:清华大学出版社,2003.

[8] Ramez Elmasri, Shamkant B. Navathe. 数据库系统基础高级篇(第5版). 邵佩英,徐俊刚,王文杰,等,译. 北京:人民邮电出版社,2008.

[9] 万常选,刘喜平. XML 数据库技术(第二版). 北京:清华大学出版社,2008.

[10] Michael Abbey, Michael Corey, Ian Abramson. Oracle9i 初学者指南. 王海峰,莫伟锋,李位星,等,译. 北京:机械工业出版社,2002.

[11] Joline Morrison, Mike Morrison. Oracle 数据库指南. 蒋蕊,王焱,王磊,等,译. 北京:机械工业出版社,1999.

[12]何玉洁,张俊超. 数据库技术·应用及实验指导. 北京:机械工业出版社,2005.

[13]萨师煊,王珊. 数据库系统概论(第3版). 北京:高等教育出版社,2000.

[14]王珊,陈红. 数据库原理教程. 北京:清华大学出版社,1998.

[15]李昭原. 数据库原理与应用. 北京:科学出版社,1999.

[16]史忠植. 知识发现. 北京:清华大学出版社,2002.

[17]徐洁磐,马玉书,范明. 知识库系统导论. 北京:科学出版社,2000.

[18]李春葆,曾平. 数据库原理与应用——基于SQL Server 2000. 北京:清华大学出版社,2006.

[19]王晟,马里杰. SQL Server 数据库开发经典案例解析. 北京:清华大学出版社,2006.

[20] C. J. Date. An Introduction to Database Systems. Hardcover, Version 8, 2003.

[21] B. Francois. Building an Object Oriented Database System：the Story of O2. Paris Kailish, 1992.

[22] Elias M. Awad Gotterer Malcolm H. Database Management. Boyd & Fraster Publishing Company, 1992.

[23]郑若忠,宁洪,等. 数据库原理. 北京:国防科技大学出版社,1998.

[24]李昭原,罗晓沛. 数据库技术新进展. 北京:清华大学出版社,1997.

[25]刘振中,董道国,薛向阳. 对XML数据索引的回顾. 计算机科学,2004, (4).

[26]李骥,陈福生. Native-XML 数据库综述. 计算机工程与设计,2004,(6).

[27]冯建华,钱乾,等. 纯XML数据库研究综述. 计算机应用研究,2006, (6).

[28]渠本哲,王潜平. Native XML 数据库关键技术综述. 计算机工程与设计,2007,(1).

[29]施伯乐等. 数据库系统导论. 北京:高等教育出版社,1995.

[30] M. Stonebraker, D. Moore. 对象-关系数据库管理系统——下一个浪潮. 杨冬青,唐世谓,裴芳,等,译. 北京:北京大学出版社,1997.

[31] E. F. Codd, S. B. Codd, C. T. Salley Providing OLAP to User-Analysts：An IT Mandate http：//www. Cs. Toronto. Edu/ ~ Mendel/dwbib. Html (2009-10-22).

[32] http：//java. Sun. com/products/jdbc/index. Jsp (2009-10-22).

[33] M. Stonebraker, The Integration of Rule Systems and Database Systems.

IEEE Transaction on Knowledge and Data Engineering. 1992,4(5); 415 - 423.

[34]高级 DBMS 功能委员会. 第三代数据库系统宣言. 计算机科学,1991 (1):56-58.

[35]XPath2.0 规范. (http://www.w3.org/TR/xpath20/)(2010-3-30).

[36]XQuery1.0 规范. (http://www.w3.org/TR/xquery/)(2010-4-2).

[37]XML database, 维基百科 http://en.wikipedia.org/wiki/XML_database (2010-4-1).

[38]XPath 教程. http://www.w3school.com.cn/xpath/index.asp(2010-3-29).

[39]XQuery 教程. http://www.w3school.com.cn/xquery/index.asp(2010-3-27).

[40]The Dublin Core Metadata. http//dublincore.Org/dc/(2009-08-25).

[41]The State of Dublin Core Metadata Initiative Stuart Weibel. D-Lib Magazine, April, 1999 http://www.dlib.org/dlib/april99/04 weibel. Html (2009-08-25).

[42]周宁, 林容, 严亚兰. 都柏林核心元数据研究的新进展. 情报科学, 2000(6):568-571.

[43]MARC 21 Concise Format for Bibliiographic Data. 1999 English Edition http://www.Loc.gov/marc/(2009-10-18).

[44]http://www.dialogweb.com/products/dialogweb/(2009-08-22).

[45]http://www.People.Com.cn/rmrb/html(2009-08-23).

[46]价格数据库 http://www.Chinaprice.Gov.cn/chiaprice/free/index.htm (2009-08-22).

[47]科学数据库 http://www.Sdb.ac.cn/(2009-10-15).

[48]http://www.Wanfangdata.com.cn/search/Resourse Browseaspx(2009-09-18).

[49]http://www.alibaba.com/(2009-10-22).

[50]周宁, 林容. 信息资源索引数据库的研究. 情报学报 1999(5):435-440.

[51]Joe Salemi. 客户/服务器数据库指南(第2版). 秦其英, 译. 北京:电子工业出版社,1995.

[52]杨学良. 多媒体计算机技术及其应用. 北京:电子工业出版社,1995.

[53]钟玉琢. 多媒体计算机技术. 北京:清华大学出版社,1995.

[54]微软 MSDN. ASP. NET 应用程序生命周期概述 http://msdn.microsoft.

com/zh-cn/library/ms178473(v=VS.80).aspx.(2010-4-2).

[55]ADO. NET 概述,微软 MSDN. http://msdn. microsoft. com/zh-cn/library/ e80y5yhx(VS.80).aspx.(2010-4-2).

[56]PHP 概述,PHP 官方网站 http://php. net/(2010-4-3).

[57]PHP 在线手册,PHP 官方网站 http://www. php. net/manual/en/(2010-4-2).

[58]PHP 介绍及历史,维基百科 http://zh. wikipedia. org/wiki/PHP(2010-4-2).

索　引

高等学校信息管理学专业系列教材书目

欢迎广大教师和读者就系列教材的内容、结构、设计以及使用情况等，提出您宝贵的意见、建议和要求，我们将继续提供优质的售后服务。

联系人：詹 蜜（电话：027-6875 2374）
E-mail：mimide06@sina.com

武汉大学出版社（全国优秀出版社）